당신의 아이는 잘못이 없다

심리학과 후성유전학이 밝혀낸
민감성과 발달의 비밀

당신의 아이는 잘못이 없다

토머스 보이스 지음 | 최다인 옮김

시공사

질, 앤드루, 에이미에게

예민하고 소심한 아이는 작은 스트레스에도 힘들어하고, 우울증 위험이 높다고 알려져 있다. 소아과 의사이자 아동발달학자인 토머스 보이스는 대범하고 무던한 민들레 같은 아이도 있지만 난초 같은 섬세한 기질을 타고난 아이가 있으며, 이는 개인의 특성일 뿐임을 분명히 말한다. 난초 같은 아이는 환경에 반응성이 높고 민감한 성향을 가졌기에 나쁜 환경을 만나면 훨씬 힘들어하나 좋은 환경과 적절한 지원하에선 이점을 재빨리 흡수해 회복하고 성공할 수 있다. 반응성이 높다는 것은 위기이자 동시에 기회다. 난초 같은 고반응성 아이의 특징을 이해하고 건강하게 키울 방법을 찾아야 한다. 내 아이가 예민하고 소심해서 걱정이라면 먼저 이 책을 읽어보길 바란다. 평생 연구하고 진료하며 아이들과 함께해온 할아버지 대가의 연륜이 다정한 안심을 줄 것이다.

하지현 건국대학교병원 정신건강의학과 교수, 《엄마의 빈틈이 아이를 키운다》 저자

저자인 토머스 보이스는 저명한 소아과 의사이자 아동 발달에 관해 오랫동안 연구해온 학자이다. 어린 시절부터 심각한 신체적, 정신적 질병에 시달리며 고생하다 생을 마감한 여동생을 향한 평생에 걸친 고민이 책의 깊이를 더해준다. 그는 여동생처럼 매우 섬세하며, 잠재력을 발휘하기 위해서 도움과 보살핌이 필요한 아이들을 "난초"라고 표현한다. 반면 어려움을 잘 견디지만 평범한 결과를 내는 아이들을 "민들레"로 칭한다. 저자는 진료실에서 경험한 수많은 '난초'들이 역경을 극복하고 훌륭한 성인으로 성장하는 것을 지켜보면서 "우리 중 가장 취약한 이들을 돌보고 보호해야 할 책임은 누구에게 있을까?"라는 의문을 제기한다. 사실과 연구에 바탕을 둔 이 책은 그동안 발간된 아동, 청소년의 마음을 다룬 서적과는 확실히 차별화된다.

전홍진 성균관 의대 삼성서울병원 정신건강의학과 교수, 《매우 예민한 사람들을 위한 책》 저자

민감성을 둘러싼 개념과 연구를 한데 모은 이 책은, 영유아와 아동의 향후 발달에 영향을 미치는 태아기와 출생 직후에 관해 의미심장한 요소들을 보여주는 인상적이고 중요한 작품이다. 보이스 박사는 전형적으로 발달하는 아동, 다시 말해 '민들레' 집단 속에서 아웃라이어outlier(통계에서 표준을 확연히 벗어나는 값이나 사례 – 옮긴이)에 해당하는 특수한 아동, 즉 '난초' 집단의 존재를 밝혀낸다. 난초 아이는 고도로 섬세하며, 이들이 잠재력을 최대로 실현하려면 특별한 보살핌이 필요하다. 민들레 아이는 더 굳세고 웬만한 어려움은 다 극복하지만, 평균적이거나 평범한 결과를 낼 때가 많다.

보이스 박사는 아동의 발달이 유전자와 환경 간의 개별적 상호작용에 따라 각기 매우 다른 양상을 보인다는 주장을 펼치며 아

주 신빙성 있는 연구 결과를 근거로 제시한다. 상호작용은 자궁 안에서 이미 시작되며, 태아는 출생 전부터 스트레스 요인, 영양 상태, 엄마의 감정에 영향을 받는다. 엄마와 아직 태어나지 않은 아기는 마치 출생 후의 환경에 대비하려는 것처럼 이러한 영향에 미리 적응하려는 모습을 보인다. 그러므로 출산 전 엄마가 스트레스를 받거나 제대로 먹지 못하거나 우울증을 겪으면 태아는 스트레스 호르몬 수준이 높고 경계심이 과도하며 무언가를 쉽게 배우는 능력이 적은 신생아로 태어난다. 반면 스트레스나 우울증을 겪지 않고 출산을 기대하며 잘 먹고 잘 자던 엄마의 아기는 배울 준비가 잘되어 있으며 친밀한 인간관계를 맺고 순조롭게 발달한다. 이런 아기들은 자기 조절 능력도 더 쉽게 학습한다(예를 들어 기분이 좋지 않을 때 손가락을 빨면서 진정하는 법을 배움). 즉시 아기를 먹이고 안아주고 쓰다듬고 보살피고 아기에게 상냥하게 말을 거는 엄마는 건강하고 긍정적인 발달에 필요한 궁극적 재료를 건네주는 셈이다.

보이스가 보여준 대로 이런 생애 초기 사건은 아기의 후성유전체에 영향을 미쳐 난초 또는 민들레 아이의 출현으로 이어진다. 모든 부모는 처음부터 아기의 기질과 개인적 차별성을 이해할 필요가 있다. 이런 이해를 높이기 위해 소아과 의사, 신생아 전문의 또는 임상 간호사는 아기의 특성을 설명하고 아기의 행동이 유용한 언어로 역할한다는 점을 가르쳐줌으로써 부모가 적절하고 유연하게 자기 역할을 해내도록 도울 수 있다. 자기 아이와 아이의 행동을 이해하는 부모는 더욱 세심하게 아이를 보살필 수 있다.

매사추세츠 케임브리지에서 소아과 의사로 일하는 동안, 사랑하는 마음에서 아이를 모든 종류의 스트레스로부터 보호하려는 부모를 보고 우려를 느꼈다. 아기와 어린이는 일찍부터 스트레스와 어려움에 대처하는 자기만의 방식을 발달시키는 것이 중요하다. 난초든 민들레 아이든 어린 시절 내내 자기 조절 메커니즘을 획득하고 연습해서 모든 어린이가 결국 맞닥뜨리기 마련인 역경에 맞설 준비를 해두어야 한다.

《당신의 아이는 잘못이 없다》는 서로 다른 아이들이 어떻게 발달하고 성장하는지 더 잘 이해하기 위해 모든 부모와 전문가(의사, 간호사, 아동 전문가, 교사 등)가 읽어야 할 책이다. 특히 아동을 대하고 가르치고 보살피는 전통적 방식이 잘 통하지 않는 아이를 양육하는 가장 좋은 방법을 이해하는 데 큰 도움이 될 것이다.

T. 베리 브레이즐턴Berry Brazelton, 하버드 의대 소아학과 명예교수

어린 환자들의 삶과 우여곡절을 담아내는 것을 목표로 삼는 의사가 쓴 이 이야기를 보면, 시인이자 의사인 윌리엄 카를로스 윌리엄스William Carlos Williams에게 배우던 의대생 시절이 떠오른다. 윌리엄스 박사는 종종 왕진을 다녔고, 그렇게 함으로써 자기가 만나는 어린이들이 어떻게 지내고 어떻게 시간을 보내며 심지어 살면서 마주치는 도전, 기회, 시련을 어떻게 생각하는지까지 전부 알게 되었다. 보이스 박사도 마찬가지다. 그는 의사로서 자신이 관

심을 쏟고 치료한 어린이들의 삶을 우리와 같은 운 좋은 독자들에게 보여주고 알려줌으로써 그 아이들을 직접 만나는 것처럼 느끼게 해준다. "오직 연결하라"는 E. M. 포스터의 말을 충실히 따른 이 책에서 우리는 다양한 아이들이 인생의 장애물을 마주쳤을 때 어떻게 반응하는지 살펴보며, 보이스의 노련한 눈, 귀, 정신과 마음을 통해 인간의 고통뿐 아니라 많은 이들이 어린 시절부터 발휘하는 용기와 인내를 이해할 수 있다.

로버트 콜스Robert Coles, 하버드 의대 정신의학과 명예교수

셀 수 없이 많은 어린이, 그리고 그 아이들을 사랑하는 어른의 삶을 바꿀 힘이 있는 획기적 연구.

수전 케인Susan Cain, 《콰이어트》 저자

모든 부모, 교사, 심리학자가 반드시 읽어야 할 책.

존 가트맨John Gottman, 《내 아이를 위한 사랑의 기술》 저자

토머스 보이스는 아동 성장과 발달 분야에서 세계 최고 수준의 학자다. 나는 그의 책이 각계각층의 독자에게 깊은 인상을 남기리라 믿어 의심치 않는다.

레너드 사임Leonard Syme, UC 버클리 역학·공중보건학과 명예교수

가장 걱정스러운 아이가 실은 가장 큰 가능성을 품고 있다면? 혼란과 역경으로 얼룩진 삶을 사는 어린이야말로 가장 밝고 창조적인 미래를 손에 넣을 아이라면? 언뜻 보면 문제가 많고 힘든 시기를 보내는 아이가 적절한 격려와 지원이라는 조건하에서는 긴밀하고 다양한 인간관계를 맺으며 탁월한 성공을 이루는 어른으로 성장한다면? 보기 드문 연약함이라는 심각한 약점이 적절한 관심을 받고 인간 특유의 탄력성이라는 뚜렷한 장점으로 바뀔 수 있다면? 간단히 말해 명백한 연약함을 드러내고 혼란을 겪는 아이들이 가족이나 공동체의 보살핌과 관심으로 완전히 달라지고 구원받을 수 있다면 어떨까?

이 책은 바로 그런 놀라운 구원의 이야기다. 수많은 아동 발달 연구에서, 그리고 한때는 젊었던 소아과 의사이자 축복과 행운으로 아버지가 되고 할아버지가 되고 머리가 하얗게 센 노련한 아동 및 가족 상담사가 된 이가 거의 평생에 걸쳐 관찰한 내용에서 뽑아낸 이야기다. 과학적인 동시에 사적인 이 이야기는 아이들을 가르치고, 보호하고, 보살피고, 키우고, 걱정하는 모든 사람뿐 아니라 어린 시절부터 사람마다 다른 고통의 원인을 이해하려고 애써온 이들에게 희망과 격려를 선사하는 것을 목표로 삼는다. 여러분의 삶이 내 삶과 조금이라도 닮았다면, 여러분 또한 아이의 행복과 미래에 끊임없이 마음을 졸이고 어떤 식으로든 아이가 부모 탓에 고생과 시련을 겪는 것은 아닌지 고민했으리라. 더불어 아이의 성장과 성공에 짜릿함을 느끼고, 아이의 애정을 위해 살고, 아이의 성취에 뿌듯해하고, 아이의 고민과 슬픔을 염려했으리라.

며느리가 첫 손주를 가졌을 무렵, 곤히 잠들었던 아내 질과 나는 침대 옆에 두었던 전화기가 갑자기 울리는 바람에 잠에서 깼다. 거의 5,000킬로미터 떨어진 뉴욕 브루클린에 사는 아들에게서 걸려온 전화였다. 임신 6개월 차였던 며느리가 옆구리와 골반에 계속 날카로운 통증을 느껴 잠을 자지 못한다고 했다. 통증이 심하기도 했고, 아기와 임신에 관해서는 초보였던 아들과 며느리는 매우 놀란 모양이었다.

졸린 눈을 비비며 질(간호사)과 나는 아들 부부에게 질문을 하며 통증의 정확한 위치와 특징, 예상 원인을 파악하려 애썼다. 드러내놓고 말하지는 않았으나 가장 걱정스러웠던 것은 이 통증이 이른 진통은 아닐까 하는 점이었다. 아직 32주밖에 되지 않았으므로 산모와 아기가 둘 다 위험할 수 있었다. 하지만 자세한 설명을 들어보니 익숙하지 않은 크기의 배를 감당해야 하는 몸집 작은 임신부가 침대에서 갑자기 돌아눕다가 종종 생기는 근육 경련임이 거의 확실해 보였다. 우리는 기다리면 통증이 저절로 사라질 테니 따뜻한 찜질을 하며 누워서 쉬면 더 빨리 좋아질 거라고 아들 부부를 안심시켰다.

　통화를 마친 뒤 나는 아내 쪽으로 돌아누워 우리 아이들이 짝을 만나고 자기 가족을 꾸리게 되어 진심으로 기쁘지만, 걱정하고 마음을 써야 할 사람 수가 두 배로 늘어날 것까지는 미처 예상치 못했다고 지친 목소리로 투덜거렸다. 우리 부부는 거의 30년 동안 줄곧 두 아이의 사소한 병이나 생채기에도 법석을 떨고 마음을 졸였지만, 이제는 신경 써야 할 사람이 며느리, 사위, 32주짜리 태아까지 세 명이나 늘어났다![1] 물론 행복했지만 그래도 걱정은 걱정이었다.

　하지만 이건 대체로 평범하고 비교적 특별할 것 없는 걱정, 평범한 부모로 살다 보면 누구나 밟게 되는 종류의 지뢰였다. 예를 들어 두 살짜리 딸은 개수대에 쉬를 하려다 넘어져서 입술이 찢어지고, 다섯 살짜리 아들은 유치원 교실에서 외롭고 쓸쓸하다고 느낀다. 열두 살이 된 아이는 자기를 쓰레기통에 밀어 넣는 '친구들'에게 괴롭힘을 당하기도 하고, 열다섯 살에는 부모가 집을 비우면 친구들을 불러 파티를 열어서 부모를 경악하게 한다. 이런 것들은 아이를 키우다 보면 거의 모든 부모가 어떤 형태로든 맞닥뜨리게 되는 지극히 평범한 사건이다. 나중에 생각해보면 웃어넘길 수도 있는 일이지만, 당시에는 상당한 고민과 스트레스의 원인이 되기도 한다.

　하지만 약물 남용, 비행, 우울증, 해로운 교우 관계에 대한 집착 같은 심각한 문제가 있는 자녀를 둔 부모가 느끼는 고통은 완전히 다른 차원의 감정이다. 건전한 삶의 길에서 벗어나 위험하고 때로는 되돌릴 수 없는 결과를 감수하려 하는 아이를 지켜보는 부모의 걱정은 물리적 고통에 가깝다. "심장이 철렁 내려앉는 느낌", 토할 것 같은 기분이 드는 절박함과 잠 못 들게 하는 불안 탓에 일도 손에 잡히지 않고 오해와 분노, 실망 탓에 견고했던 결혼 생활마저 흔들리기도 한다. 중독, 학교 폭력, 범죄 등에 빠지는 아이를 보는 부모는 말로는 표현 못 할 괴로움을 느낀다. 부모로서 나는 이런 수준의 고민에 빠진 적은 없지만, 내 동생으로 인해 생애 상당 기간에 걸쳐 그런 고통을 바로 옆에서 똑똑히 지켜봤다.

내가 이 책을 통해 가장 열렬히 이루고자 하는 목표는 그런 고통받는 '가족'에게, 아이를 되찾을 수 있다는 자신감을 잃어버린 부모와 교사, 형제자매에게, 아이의 타고난 선함과 잠재력에 대한 믿음이 흔들려 괴로워하는 이들에게 위로와 희망을 전하는 것이다. 이 책이 제시하는 난초와 민들레 비유에는 고통의 근원과 삶의 구원에 관한 심오하고 유용한 진실이 담겨 있다. 가정에서, 교실에서, 공동체에서 우리가 만나는 아이들은 대부분 민들레와 같아서 어디에 뿌리를 내리든 상관없이 무럭무럭 잘 자란다. 다수를 차지하는 이 아이들은 민들레처럼 체질적 내구력과 강인함만으로 건전한 성장을 보장받는다. 하지만 난초를 닮아서 세심한 보살핌 없이는 시들어버리는 아이가 따스하고 다정한 손길을 받으면 드문 아름다움과 섬세함, 우아함을 지닌 존재로 피어날 수 있다.

세상에는 삶이 주는 시련에 '취약한' 아이와 '탄력성 있는' 아이가 있다는 오래된 통념이 있지만, 우리와 다른 이들의 연구 결과에 따르면 이렇게 취약성/탄력성으로 나누는 이원론은 옳지 않으며 (또는 최소한 오해의 소지가 있으며) 불충분한 이론임이 점점 확실해지고 있다. 아이들을 약함과 강함, 또는 여림과 억셈이라는 두 가지 기질로 분류하는 것은 아이들이 난초와 민들레처럼 자기 주변 환경과 자원을 받아들이는 감수성과 민감성 면에서 각자 다를 뿐이라는 진실을 가리는 잘못된 이분법이다. 환경이 지독히 열악하고 야만적일 때를 제외하면 민들레를 닮은 대다수 아이는 무사히 자라나지만, 난초를 닮은 소수의 아이는 주위 어른들이 보호하고 보살피는 방식에 따라 아름답게 피어나거나 헛되이 시들어버리기도 한다. 이것이 바로 이 책이 밝히는 구원의 비밀이다. 난초 아이는 실패하거나 시들 수도 있지만, 얼마든지 독특한 방식으로 싱싱하게 피어날 수도 있다.

이 책이 전하는 과학적 이야기에 독자 여러분이 귀를 기울여야 할 이유는 또 있다. 여러분 중에는 놀라울 정도로 성향이 각기 다른 아이들을 잘 키우려고 애쓰다 보니 '모든 아이에게 잘 맞는' 프리 사이즈 육아법은 없다는 점을 깨닫고 고민하는 부모도 있을 것이다. 부모가 보기에는 분명히 뛰어나고 많은 가능성을 품은 아이인데도 학교생활이나 삶에 적응하지 못하고 몹시 힘들어하는 자녀를 둔 사람도 있다. 또는 자기가 가르칠 (그리고 보살필) 책임을 맡은 가지각색의 아이들을 더 잘 이해할 방법을 필사적으로 찾는 교사일지도 모른다. 아니면 늘 느끼고는 있었으나 꼭 집어 말하거나 이해할 수 없었던 자기 상황을 난초와 민들레라는 비유가 정확히 설명해준다고 느끼는 사람일 수도 있다.

나는 이 책에서 다양한 과학적 발견과 함께 난초뿐 아니라 민들레 아이의 삶에도 적용 가능한 조언을 제시할 예정이다. 난초보다 위험 요소가 적기는 하나 민들레에게도 그들만의 생리적, 심리적 특성이 있으며, 이런 점을 정확히 이해하면 더 큰 성공과 만족스러운 삶을 손에 넣는 데 큰 도움이 된다. 더불어 잔혹한 환경이나 운명의 장난에 직면하는 민들레 아이도 있다. 자연에서 식물을 관찰해보면 알 수 있듯, 아무리 원기 왕성하고 강인한 식물일지라도 생의 어느 시점에서는 시들어버릴 수도 있다. 이 책은 어린이의 사회정서적 감수성을 출발점으로 삼지만, 정서적 본질과 감수성은 중장년을 넘어 노년까지도 계속 우리를 변하게 한다는 점을 잊지 말아야 한다. 이런 특성은 인간을 연약한 종으로 만드는 것이 아니라 끝없이 자기계발과 개선이 가능한 강인한 존재로 만들어준다.

앞으로 이어질 내용에서 내 소박하지만 진지한 목표는 넓은 범위의 독자에게 유용한 지식과 도움을 제공하는 것이다. 우선 아동 발달과 정신 건강에 영향을 미치는 스트레스와 역경에 관한 연구의 **초기 발생 과정**을 살펴볼 예정이다. 가끔은 과학적 발견이 우연이나 뜻밖의 행운으로 이루어진다는 사실을 솔직히 인정하면서, 사회적 환경에 대한 신경생물학적 민감성의 커다란 차이를 처음 파악하게 된 경위를 알아본다. 난초와 민들레 아이가 생겨난 **발달상의 기원**에 관한 내용을 설명하고, 정확히 똑같은 가정환경에서 자라는 어린이가 왜 없는지, 인간의 특성을 결정하는 유전자-환경 상호작용을 이해하는 데 **후성유전학**이 얼마나 혁명적인 영향을 미쳤는지 알아본다. 난초와 민들레 아이의 차이점이 건강 유지와 만성 질병의 발병, 발달과 학업 성취, 예방 조치에 대한 긍정적 반응 등에서 발현된 다양한 방식을 요약해서 보여준다. 난초의 특성을 지닌 자녀, 학생, 환자, 또는 자기 자신을 사랑하고 지지하고 격려하는 여러 가지 방법과 함께, 우리가 가꾸고 창조할 사회적 환경에서 인간 난초가 어떤 식으로 빛나는 잠재력을 펼칠 수 있는지 살펴본다. 난초 아이에게 세상은 때로 두렵고 부담스러운 곳이지만, 이미 밝혀진 바와 같이 든든하고 애정 어린 도움이 있다면 이들은 또래 민들레 아이만큼, 혹은 훨씬 더 싱싱하게 자라나는 놀라운 모습을 보여준다. 결국 난초를 정의하는 특징은 취약성이 아니라 **민감성**이며, 적절한 지원을 받으면 그 민감성은 커다란 기쁨과 성공, 아름다움이 가득한 삶으로 이어질 수 있다.

난초 아이의 삶을 정의하는 특성을 다루는 동시에 나는 민들레 아이와 존재 방식이 비슷한 나 같은 이들에 관해서도 설명하고, 조지 엘리엇이 "점점 늘어나는 세상의 선함"이라고 표현한 개념에 난초 같은 사람들이 얼마나 중요하고 꼭 필요한 존재인지 짚고 넘어가려 한다.[2] 여러 면에서 뛰어나기는 하지만, 민들레 아이 또한 살아가면서 우리가 이해하고 정의해야 할 필요가 있는 그 나름의 어려움과 문제를 겪는다. '난초'와 '민들레'라는 편리한 유형

분류 아래에는 민감성 스펙트럼, 즉 세상 모든 사람이 각기 다른 위치를 차지하는 연속체라는 더 정확한 진실이 숨어 있다는 사실도 살펴본다. 결국 우리가 기억해야 할 것은 난초와 민들레 아이의 놀라운 상호 보완이다. 난초와 민들레 아이는 서로 돕고 종종 서로 사랑하며 인류의 이야기와 역사에서 대칭과 상호 관계를 통해 조화롭게 자기 역할을 해낸다.

지금 우리는 취약한 사람들을 보살피고 보호하는 데 전례가 없을 정도로 무관심해진 시대에 살고 있다. 문제는 우리 사회에서 힘없는 이들 중에서도 가장 예민하고 민감한 존재, 살아남으려면 자비와 선의에 의지할 수밖에 없는 이들이 바로 **어린이**라는 현실이다. 스스로 생계를 책임질 수 없고, 보호나 도움 없이는 혼자 설 수 없으며, 국가적 차원의 실패와 몰지각에 가장 취약한 것도 우리 아이들이다. 앞으로 살펴볼 내용대로 우리가 아이들을 대하고 보호하는 방식에 특히 민감하고 큰 반응을 보이는 것은 난초 아이들이지만, 인간 사회와 공동체 전체라는 넓은 범위로 볼 때 **모든 어린이**가 세상의 난초에 해당한다는 점을 잊지 말자.

차례

1장

두 아이
이야기

기적과도 같이

꽃은 일어선다

다른 꽃에 기대어

사랑스러움이 똑 닮았다

마치 거울처럼

그런 완벽함은

아무리 보아도

질리지 않으리니

침묵이 그들을

그 공간에 묶는다.

- 윌리엄 카를로스 윌리엄스, <진홍색 시클라멘>

이건 구원에 관한 이야기다. 난초와 민들레를 닮은, 환경과 조건에 반응하는 민감성에서 극적인 차이를 보이는 아이들의 이야기이자 25년간 실험실과 현장 연구를 통해 느리면서도 꾸준히 쌓아온 이야기이며, 이 이야기의 토대가 되는 연구에 참여한 연구자 중 한 명인 동시에 이야기가 시작되기도 전부터 그 이야기를 고통스럽고 강렬하게 직접 겪은 아이였던 화자가 자신의 과학적 지식과 사적 경험을 쏟아부은 이야기이기도 하다.

난초와 민들레의 이야기는 1950년대 중반 캘리포니아의 한 중산층 가족에서 두 살 터울로 태어나 쌍둥이에 가까울 만큼 비슷한 어린 시절을 보낸 두 빨간 머리 남매에게서 시작된다. 두 아이는 부모의 사랑과 희망, 전후 세대 특유의 낙천적 기대 속에서 자라며 서로 가장 가깝고 진실한 친구가 되었고, 남매가 대개 그렇듯 성격과 감수성 면에서 큰 차이를 보이지 않았다. 하지만 가족

전체의 삶이 커다란 변화와 혼란을 겪는 중대한 시기를 거치며 두 아이의 인생은 달라졌다. 하나는 학문적 성취를 거두며 친구들과 우정을 다지고 행복한 결혼 생활을 오랫동안 유지하며 민망할 정도로 운 좋은 삶을 누렸다. 다른 하나는 점점 심해지는 정신장애와 외로움, 퇴행적 변화를 겪다가 심각한 정신병과 절망으로 빠져들었다.

내 여동생 메리는 주근깨 가득한 얼굴이 귀여운 소녀였고, 나중에는 놀라울 만큼 아름다운 여성으로 성장했다. 어린 시절 생김새와 성격이 천사 같았던 메리는 웃을 때면 보조개가 여럿 생기는 쾌활한 표정과 수줍어하는 태도, 파란 눈동자 뒤에서 반짝이는 영민함으로 주변 모든 사람에게서 귀여움을 받았다. 사춘기 중반에 접어든 동생은 이름을 베티에서 메리로 바꾸었다. 아마도 다른 이름으로 새로 출발함으로써 망가져가는 자신의 삶을 다시 시작하려는 안타까운 시도가 아니었나 싶다. 하지만 고통으로 점철된 삶으로 조금씩 미끄러지는 동안에도 진정으로 뛰어난 동생의 다양한 재능은 조금씩 모습을 드러냈다. 예술가의 눈을 지닌 메리는 아름답고 매력적인 환경을 알아보고 창조하는, 본능에 가까운 능력이 있었다. 다른 생에서라면 유명한 디자이너나 실내장식가가 되고도 남을 정도였고, 지금도 동생이 아끼던 그림, 의자, 골동품, 장식용 소품은 여전히 그녀의 형제, 딸, 조카들의 집에서 빛을 발하고 있다.

하지만 메리의 가장 뛰어나면서도 어쩌면 가장 눈에 띄지 않았던 재능은 바로 특출한 지적 능력이었다. 본격적으로 공부를 시작한 뒤에야 점점 드러난 이 능력 덕분에 메리는 스탠퍼드 대학교에서 학사 학위를, 하버드에서 석사 학위를 받았다. 교수들은 메리가 성실하고 전도유망한 학생일 뿐 아니라 많지 않은 나이에도 특별한 통찰력과 총명한 정신을 소유한 재능 있는 학자라고 평가했다. 누가 봐도 우리 가족 중에서 가장 지적이고 창의성 있고 똑똑한 사람은 메리였고, 나는 동생에 비하면 그림자일 뿐이었다. 기질과 성향 면에서 확실히 내성적이고 수줍음이 많았던 메리는 아이 티를 벗을 무렵에는 다른 아이들의 관심과 애정을 얻어 친밀하고 만족스러운 우정을 쌓는 능력을 익혔다. 이후 메리의 건강이 급격히 나빠졌음에도 메리가 초등학교에서 맺은 인간관계는 대체로 성인이 된 뒤까지 유지되었다.

　내가 세 살 되던 해, 부모님이 집으로 데려온 빨간 곱슬머리 갓난아기는 곧 내 첫 번째이자 최고의 친구, 언제든지 함께 게임을 하고 정교한 이야기를 지어내고 환상의 세계를 탐험하는 놀이 상대가 되었다. 함께 있으면 지루한 줄 몰랐던 우리는 갖가지 모험 이야기를 끝없이 만들어내며 마법과 상상의 세계에서 뛰어놀았다. 어느 잊을 수 없는 낮잠 시간에 메리는 작은 상자에 든 건포도를 한 알씩 전부 코에 밀어 넣는다는 기막힌 시도를 해 나를 감탄하게 했고, 결국 병원 신세를 졌다. 만 세 살짜리의 납작한 코에 믿을 수 없을 만큼 깊이 들어간 핀셋이 콧물 범벅이 된 건포도 수십 개를 하나씩 끄집어내는 광경은 정말 놀라웠다. 메리는 차를 오래 타면 꼭 멀미를 했고, 어김없이 우리 사이의 좌석에, 한 번은 내게, 또 한 번은 용서할 수 없게도 소중한 내 '인디언 텐트'에 토해서 매번 큰 소리로 화를 냈다. 바닷가에서 메리를 구하려고 황급히 달려가야 했던 적도 있었다. 바람을 불어 넣은 튜브를 허리에 꼭 맞게 낀 채로 발랑 뒤집어져서 엉덩이와 다리를 공중에 쳐들고 버둥대던 메리는 내가 일으켜 세우자 바닷물을 분수처럼 토해냈다. 메리와 나는 남매인 동시에 단짝이었고, 터무니없는 상상력을 한없이 펼쳐 만들어낸 황당하고 시끄러운 놀이를 즐기는 대등한 파트너였다. 당시에는 그렇게 말하지 못했지만, 나는 다섯 살짜리가 여동생을 사랑할 수 있는 한계까지 진심을 다해 메리를 사랑했고, 메리도 나를 사랑했다.

메리가 태어나고 거의 10년 뒤에 막내 남동생이 태어나자 우리는 각자 오빠와 누나 노릇을 하는 기쁨을 한껏 즐겼고, 갑자기 찾아온 당근 머리 아기를 부모님과 함께 무작정 애지중지했다. 남동생 짐이 2개월 되었을 때 가족사진으로 만든 1957년 크리스마스카드를 보면 우리가 아기를 둘러싸고 애정을 쏟는 모습이 고스란히 담겨 있다. 우리는 줄곧 그걸 '동방박사의 경배 카드'라고 불렀다. 메리와 나는 아기의 강림을 맞아 때로는 경쟁의식을 불태우면서도 결국에는 늘 함께 즐거워하며 더욱 가까워졌다. 사춘기가 시작되며 몸과 마음에 변화가 생길 무렵, 우리는 함께 쌓은 추억과 가족 간의 두터운 정으로 더욱 굳건해진 남매 관계를 유지하며 세상의 본질과 인생의 목표에 관한 비슷한 관점을 지닌 채 청소년기에 접어들었다.

하지만 바로 그때 발밑이 무너졌다. 아버지가 '늦깎이 학생'으로 스탠퍼드에서 교육학 박사 학위를 따기로 하면서 우리 가족은 북쪽으로 800킬로미터 떨어진 샌프란시스코 베이 에어리어로 이사하게 되었다. 떠나기로 결정하기까지 몇 달 동안 아버지는 당시 표현으로 '신경쇠약'을 겪으며 심하게 우울해했고, 축 처진 채로 거실 소파에 늘어져 며칠씩 꼼짝하지 않았다. 미래에 대한 불안으로 일에도 집중하지 못하고 불안정한 모습을 보였다가 갑자기 눈물을 흘리기도 했다. 어쨌거나 우리는 북쪽으로 이사했고, 우리에게 익숙했던 사회적, 물리적, 교육적 환경은 모두 사라졌다. 갑자기 새로운 환경이라는 바다에 빠져 당황하는 처지가 된 것이다. 이제 우리는 완전히 낯설고 길도 알지 못하는 동네에서 놀아야 했다. 우리가 다녀야 할 학교는 이름 모를 아이들로 가득했다. 심지어 가족마저 이 새로운 풍랑 속에서 닻을 내리지 못하고 표류하고 있었다.

메리와 나는 낯선 학교에 들어갔고, 한두 해 뒤에는 중학교라는 더욱 낯설고 적대적인 영역에 발을 들였다. 어머니는 젖먹이 아기를 돌보는 동시에 아직 어린 우리 두 남매가 완전히 뒤집힌 환경에 적응하도록 최선을 다했지만, 아버지는 대학원 공부, 수업, 학교 행사의 소용돌이에 점점 깊이 빠져들었다. 부모님의 결혼 생활에는 돈 문제, 자녀 훈육, 의견 차이, 사소한 오해 등으로 인한 충돌이 끊이지 않았고, 비슷한 시기에 가족과 가까웠던 조부모 두 분과 삼촌 두 분이 세상을 떠났다. 우리는 스탠퍼드에 더 가까운 곳으로 두 번째 이사를 했고, 공부를 마친 아버지는 더 힘들고 시간을 많이 들여야 하는 새 직업을 택했다.

　한꺼번에 일어난 이 일련의 사건은 1960년대에 접어들 무렵 아이를 키우는 가정에 딱히 심각하게 과하거나 치명적인 일이 아니었다. 실제로 이와 똑같거나 파장과 규모가 더 큰 혼란 또는 스트레스 요인을 주기적으로 겪는 가족도 많았고, 형언할 수 없을 정도의 어려움을 겪어 운이 좋았던 구성원만 살아남은 가족도 있었다. 하지만 어찌 보면 평범한 사건들이 중첩되었던 이 시기는 여동생에게 깊은 상처를 남겼다. 우리 가족이 두 번째로 주소지를 옮긴 뒤 근처 중학교에 입학한 여동생은 몇 달 동안이나 원인 불명의 심각한 전신성 질환에 시달렸다. 열이 자주 오르고 전신에 두드러기가 났다 사라지기를 반복하며 비장과 림프샘이 부어오르는 증상이 나타나자 처음에 의사들은 백혈병이나 림프종을 의심했고, 메리는 입원과 퇴원을 반복하며 여러 가지 고통스러운 침습적 검사invasive test(인체 내에 기구를 넣어서 하는 검사 - 옮긴이)를 받았다. 하지만 결국 관절이 붓고 아픈 증상이 나타나면서 메리의 병은 아동기에 심한 류머티즘 관절염이 나타나는 스틸병Still's disease으로 밝혀졌다. 부모님은 메리가 학교를 그만두게 했고, 메리는 아스피린과 스테로이드, 관절의 부기를 가라앉히기 위한 냉온 찜질 처방을 받고 꼬박 한 해 동안 침대에 누워 있는 신세가 되었다. 나는 복도 끝 방에 꼼짝없이 누운 여동생의 모습을 당혹스럽고 불안한 눈으로 바라볼 수밖에 없었다. 메리가 살아가는 동안 관절염은 계속 재발하기는 했지만, 그 해가 끝나갈 무렵 동생은 상당히 회복되었다.

하지만 슬프게도 평범한 생활은 동생에게 돌아오지 않았다. 만성 관절염의 후유증 탓인지 메리는 뭔가 엇나가는 모습을 보이기 시작했다. 식사를 거부해 살이 빠졌고, 친구들과 거리를 두다가 결국 사춘기 여학생들이 종종 걸리는 거식증 진단을 받았다. 몇 번이고 치료를 받으러 병원을 오갔고, 정신과 담당의는 메리를 치료 효과가 있을지도 모를 만한 기숙학교 몇 군데에 보냈으나 동생은 점점 우울증, 불면증, 대인 관계 거부의 늪으로 빠져들었고 비정상적인 행동과 사고도 점점 심해졌다. 고등학교를 마칠 무렵 메리는 결국 조현병이라는 충격적 진단을 받았다. 아마도 자식의 죽음을 제외하고 부모가 듣게 되는 최악의 의학적 소견이 아닐까 한다.

그럼에도 메리의 타고난 총명함은 그녀에게 스탠퍼드 학부 입학이라는 유망한 동시에 불안한 미래를 선사했고, 거기서 메리는 반복되는 정신 건강 문제로 힘겨워하면서도 이례적으로 탁월한 성과를 거두었다. 돌아보면 메리가 대학에서 보낸 4년은 학문적 성공이라는 빛나는 오르막길과 혼란과 고통이라는 가파른 내리막길을 한꺼번에 담은 그림 같았다. 메리는 졸업 이후 잠시 샌프란시스코에서 로스쿨에 다니다가 하버드 신학대 석사 과정에 합격했다. 동생은 그곳에서 개인의 종교적 경험과 환상, 망각 같은 증상 사이의 상관관계를 연구하려 했다. 하지만 정신 질환이 더 나빠지면서 (적대적이고 악의 어린 목소리를 듣거나 움직이지도 말하지도 못하는 긴장증 상태에 빠지는 것이 주요 증상이었다) 메리의 삶은 더욱 망가지기 시작했다. 근처 정신병원에 여러 번 입원하고 하룻밤 불장난을 반복하며 문란하게 살던 메리는 덜컥 아이를 가졌다. 길고 고된 진통 끝에 출산 질식을 겪으며 발작 장애를 지니고 태어난 아이는 이제 서른아홉 살의 상냥한 장애인 여성으로 자랐다. 자기 자신의 심각하고 고통스러운 질병과 씨름하면서 장애가 있는 아이를 키운다는 것은 결코 쉬운 일이 아니었지만, 메리는 딸을 사랑과 관심으로 세심하게 보살피는 좋은 엄마였다. 하지만 계속되는 정신장애는 메리를 혼란과 절망에 빠뜨렸고, 포기할 줄 모르는 가족과 메리 자신의 굳은 의지만이 조각조각 부서지는 그녀의 삶을 간신히 그러모아 붙들고 있는 상태였다.

질병과 불행의

불균등한 배분

왜 어떤 아이는 고생하고 어떤 아이는 성공할까? 왜 어떤 이의 삶은 지독한 불운으로 가득하고 어떤 이는 만족스럽고 행복한 삶을 사는가? 왜 어떤 사람은 병들어 일찍 죽는 반면 또래의 다른 이들은 건강하게 오래 살까? 단순히 가능성과 운의 문제일까, 아니면 어린 시절의 발달 과정에 은총과 재앙을 가르는 패턴이 존재하는 것일까? 왜 삶은 내 여동생에게 점점 커지는 절망과 천천히 파국에 이르는 고통을, 내게는 예기치 못하고 때로는 분에 넘치는 성공을 주었을까? 이런 질문은 내 상상력에 불을 붙였고, 덕분에 나는 소아과 의사가 되어 결국 아이가 어떤 성인으로 자라 어떤 삶을 누리는지에 커다란 영향을 미치는 아동 발달의 다양한 양상과 아동기 건강을 이해하는 일에 매진하게 되었다.

현재는 인구 집단 내의 질병과 건강 문제를 연구하는 학문인 역학을 통해 질병과 건강이 매우 불균일하게 분포하는 경향을 보

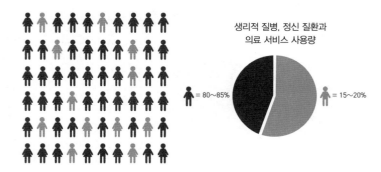

어떤 집단에서든 15~20퍼센트의 아동이 집단 전체의 절반이 훨씬 넘는 질병과 정신장애를 겪으며 전체 의료 서비스 사용량의 과반을 차지한다.

인다는 사실이 실제로 밝혀졌다. 위 그래프는 모든 의료 연구에서 가장 반복적으로 확인되는 발견이자 공중보건 연구의 근간이 되는 사실을 보여준다. 바로 일정 기간 전체 아동 집단에서 발견되는 모든 신체적, 정신적 질병의 과반수가 15~20퍼센트(다섯 명 중 한 명)의 아동에게 집중적으로 발생한다는 사실이다.

이 다섯 명 중 한 명이 전체 의료 서비스 사용량의 절반 이상을 차지하며 의료비의 과반을 소진한다. 더불어 성인 집단에서도 똑같이 기울어진 질병 발생률이 나타나며, 불균형한 건강 문제를 겪은 아동이 고통받는 성인으로 자란다는 증거도 있다. 어린 시절 질병으로 과도한 부담을 지던 아이가 어른이 되어서도 계속 건강 문제로 고생한다는 뜻이다. 놀랍게도 이런 현상은 부유한 나라와 가난한 나라, 사회주의와 자본주의 사회, 동양과 서양, 북반구와 남반구를 가리지 않고 전 세계 모든 지역의 아동 집단에서 동일하게 나타난다. 이러한 사실이 공중보건에서 지니는 의의는 명확하다. 소수의 아동에게 집중되는 질병 불평등 문제를 이해하고 고민한다면 인구 집단 내 절반 이상의 생리적, 정신적 질병을 없애고 치료와 입원에 드는 막대한 비용을 극적으로 줄일 수 있을지도 모른다. 다시 말해 행복하고 건강한 사람들이 사는 더 균형 잡힌 사회를 이룰 수도 있다는 뜻이다. 신체적, 정신적 어려움을 줄여 가족을 더욱 튼튼히 하고, 부모와 아이들이 더욱 희망적이고 낙관적인 미래를 기대하게 할 수도 있다.

이처럼 아동의 나쁜 건강과 성인의 이환율morbidity*은 매우 불균등하게 분포한다. 질병은 전체 어린이 집단에 균등하고 '공평하게' 퍼지는 대신 내 여동생처럼 고통받는 일부 아이들에게만 집중되는 경향이 있다. 이런 이유로 특정 아동 소집단 내의 질병률은 체계적이고 폭넓은 차이를 보이며, 이런 극적 불균등의 원인은 순수하게 선천적인 것nature(유전)도 후천적인 것nurture(경험과 노출)도 아니다. 이런 현상은 선천과 후천 사이에서 계속 진행되는 체계적 상호작용, 즉 유전자-환경 간 상호작용gene-environment interaction(유전자와 환경, 즉 생리와 경험이 한데 모여 행동과 발달 측면에서 단순 덧셈이 아닌 결합된 시너지 효과를 발휘하는 것)에 따라

---

* 이환율: 질병, 부상, 신체 및 정신장애 발생 비율을 아울러 부르는 의학 용어.

나타난다. 이러한 상호작용을 알고 나면 후성유전학$_{epigenetics}$[*]을 비롯해 현재 떠오르는 과학 분야의 핵심을 이해할 수 있게 된다. 하지만 우선 아동 집단 내에서 건강 문제가 한쪽으로 쏠리는 현상이 **왜** 일어나며 이런 쏠림 현상을 겪는 불운한 아동이 과연 **누구**인지를 먼저 살펴보기로 하자.

나는 아동 유형 분류나 지나치게 단순한 대조에는 회의적이지만, 동료들과 함께 다양한 연구를 진행하면서 아이들이 주변 환경에 매우 다른 내적, 생물학적 반응 패턴을 보인다는 사실을 발견했다. 요약해보면 이들이 보이는 반응은 두 가지 뚜렷한 유형으로 나뉜다는 유효한 가설을 세울 수 있다. 어떤 아이들은 **민들레**처럼 거의 모든 환경에서 잘 자라나는 놀라운 능력을 보인다. 민들레는 씨앗이 내려앉은 곳이면 어디서든, 비옥한 산비탈에서든 도시의 아스팔트 틈바구니에서든 상관없이 자라나서 꽃을 피운다. **난초**를 닮은 다른 아이들은 환경에 극도로 예민해서 험난한 조건에 특히 취약하지만, 충분한 지원과 보살핌을 받는 환경에서는 생기와 창의성이 넘치고 성취도가 높은 모습을 보인다.

난초와 민들레 아이라는 비유는 거의 20년 전 강연 차 방문한 스탠퍼드 대학교에서 만난 한 스웨덴 노인과의 짧은 대화에서 비롯했다. 내가 강연을 마치자 스타워즈의 요다처럼 쪼글쪼글하고

---

* 후성유전학: 환경 노출이 유전자의 DNA 배열 자체를 바꾸지 않고 유전자 발현에 영향을 미치는 방식을 연구하는 학문. '위' 또는 '위에'라는 뜻인 그리스어 접두사 epi는 문자 그대로 화학적 '표지' 또는 꼬리표 구조체인 후성유전체가 게놈 위에 얹혀 평생 DNA의 발현 또는 침묵을 조정하는 방식을 암시한다.

눈썹이 무성한 노인이 나무뿌리처럼 뒤틀린 지팡이를 짚고 천천히 통로를 걸어와 그 무시무시한 지팡이로 나를 가리키며 말했다. "**마스크로바른**maskrobarn 얘기를 하시는구먼!" 나는 내가 마스크로바른 얘기를 하고 있는지 몰랐고 그게 무엇인지도 모른다고 대답했다. 그는 마스크로바른이란 영어로 '민들레 아이'라는 뜻인 스웨덴어 관용 표현이라고 설명했다. 스웨덴에서는 민들레처럼 어디서든 잘 자라나며 "뿌리 내린 곳에서 꽃을 피우는" 꿋꿋함을 지닌 아이들을 이렇게 부른다고 했다. 이 매력적이고 절묘한 비유에 자극받은 나는 환경의 특성에 매우 예민해서 세심한 보살핌을 받으면 멋진 꽃을 피우지만, 방치되거나 해를 입으면 시들어버리는 난초와 같은 아이들을 가리키는 오르시데바른orkidebarn이라는 스웨덴어 신조어를 즉석에서 만들어냈다.

연구실에서나 세상에서 부모, 교사, 의료 관계자들은 종종 환경에 민감하고 생물학적으로 더 쉽게 반응하는 난초 아이들을 두고 고민하고 슬퍼하고 걱정한다. 이런 아이들 그리고 종종 친구나 동료의 걱정을 사는 비슷한 성향의 성인들은 적절한 이해와 지원이 없으면 가족, 학교, 사회에서 커다란 고통과 슬픔, 실망의 원인이 되기도 한다.

난초 안에 깃들어 있는

강인함과 연약함

　　난초 아이가 직면하는 문제를 잘 보여 주는 두 가지 좋은 예가 있다. 첫 번째는 멀리 떨어진 카운티에서 가족 주치의가 위궤양을 의심해 진단해달라고 우리 쪽으로 보낸 열 살짜리 소년(조라고 부르기로 하자)의 이야기다. 담당 소아과 의사로서 나는 우선 조의 이야기를 듣고 아픈 배를 진찰했다. 조는 복부의 좌상부, 위장 바로 근처에 꼬이는 듯한 극심한 통증을 느꼈다. 다른 증상은 전혀 없었고, 대변에 피가 비치거나 하는 다른 이상도 없었으며 토하지도 않았고 식사 전후로 통증이 달라지지도 않았다. 엑스레이 검사, 대소변 잠재혈 검사, 염증이나 빈혈 유무를 알아보는 혈액 검사 등을 포함한 정밀 진단을 해봐도 이렇다 할 것은 나오지 않았다.

　　가정 내 문제로 인한 심신증psychosomatic(심리적 문제가 신체에 영향을 미치는 증상 - 옮긴이)으로 고통을 느끼는 사례가 틀림없다고 생각한 나는 어린 조의 고통을 불러일으킨 근본 원인일 가정 또는 학교 관련 문제를 탐색하기 시작했다. 배가 아파서 자주 결석하는 것 외에는 학교생활에 문제는 없어 보였고, 교우 관계나 성적으로 조가 스트레스를 받는 것 같지도 않았다. 교우 관계도 원만했고 좋은 성적을 받으며 선생님과도 사이가 좋았다. 그래서 나는 여러 번에 걸쳐 조에게 집에서 지내기가 어떤지, 부모님 사이는 어떤지, 부모 중 한 명 또는 양쪽이 어떤 형태로든 학대를 하지는 않는지, 집안에 걱정거리나 문제는 없는지 묻는 긴 면담을 진행했다. **전혀** 아무것도 나오지 않았다. 보고서를 훑어봐도 특이하거나 의심스러운 점이 하나도 없었다.

그래서 나는 부모에게 눈을 돌렸다. 둘 다 입원 기간에 아이 옆에 붙어 있었고 많은 관심을 보였다. 조가 부모에 관해 걱정하거나 고민할 만한 일이 있었나? 결혼 생활은 어떤가? 폭력이나 갈등에 노출된 적은? 아들이 왜 아픈지 짐작 가는 일이 있는가? 이번에도 허탕이었다. 부모를 서너 번 면담한 뒤에도 조의 복통에 원인으로 작용했을 만한 심리 또는 관계 문제는 하나도 나오지 않았다. 그래서 위궤양이나 십이지장궤양이라는 증거가 전혀 없음에도 우리는 제산제를 처방했고, 조의 복통은 빠르게 가라앉았다. 며칠 기다려 조의 고통이 가신 뒤 우리는 주치의가 계속 돌보도록 조를 퇴원시켜 집으로 돌려보냈다.

석 달 뒤 나는 조의 가족이 사는 지역 검사 사무실에서 전화를 받았다. 조의 아버지가 폭력이나 학대를 저질렀다고 의심할 만한 이유가 있는지 묻는 전화였다. "어젯밤 저녁 식사 후에" 조의 어머니가 침실에서 권총을 가지고 나와 남편의 이마, 정확히 두 눈 사이에 총알을 박아 넣었기 때문이라고 했다. 몇 달 뒤 배심원단은 조의 아버지가 상습적으로 부인과 아들에게 심리적, 신체적 학대를 가했음을 근거로 조의 어머니에게 정당방위로 무죄를 선고했다. 조의 어머니는 막다른 구석에 몰려 당시에는 자신과 아들을 몇 년이나 괴롭힌 남편을 죽이는 것밖에 방법이 없다고 생각했다. 신체검사를 했을 때 조의 몸에는 눈에 보이는 학대의 흔적은 없었고, 보복이 두려웠던 조와 어머니는 아버지가 늘 옆에 있는 상황에서 가족이 겪고 있는 문제를 내게 털어놓을 수 없었다. 다시 생각해보면 조는 전형적인 난초 아이임이 거의 확실했다. 엄마가 느끼는 엄청난 두려움과 자신에게 닥친 위험에 노출된 채, 학대로 인한 감정을 심리적으로 방어할 수 없었던 조는 무의식적으로 그 고통을 자신이 안전하게 받아들일 수 있는 유일한 형태, 즉 신체적 아픔으로 치환한 것이다. 조의 이야기는 우리 모두 언제 어떤 식으로든 부서질지 모르는 불안한 안정감과 냉혹한 현실 사이에서 살아가며, 누구에게나 커다란 불행이 닥칠 수 있다는 사실을 일깨우는 일화이기도 하다.

난초 아이의 삶을 잘 보여주는 두 번째 이야기는 각각 길이 남을 예술적 사진과 고전 명작 소설이 담아낸 두 소년의 초상이다. 이 두 '이미지' 모두 난초 아이의 다른 면, 즉 감춰진 힘과 특출한 예민함을 보여준다. 첫 번째는 사진작가 폴 다마토Paul D'Amato

가 1988년 오후에 찍어 잡지《더블테이크DoubleTake》표지에 실은 사진 속의 소년이다. 열 살 정도로 보이는, 구겨진 푸른 셔츠를 입은 아이가 어딘가 공격적인 모습을 보이는 10대 초반 소년 무리에서 따로 떨어져 먼 곳을 바라보며 단호한 태도로 팔짱을 끼고 서 있다. 내가 보기에 이 사진은 난초 아이의 신체 언어와 그런 아이들이 때때로 맞서게 되는 사회적 상황을 완벽하게 담아내고 있다. 아이는 분노하고 분열하는 또래 집단의 경계에서 열린 태도로 세상을 지각하며 연약한 동시에 강한 모습으로 차분히 서 있다. 이 사진은 집단에 무관심하고 무감정한 아이의 주변성과 외로움, 연약함, 신중함, 유연함이 한데 섞여 넘쳐흐르는 감정의 도가니가 동시에 존재한다는 모순을 생생히 전달한다.

성인식을 거치며 순수함을 잃는 소년들의 이야기인《파리 대

포틀랜드의 공터에서 다른 아이들 근처에 선
어린 난초 소년(맨 앞)을 찍은 사진.

왕》에서 윌리엄 골딩이 그려낸 것도 같은 유형의 복합적 이미지다. 소설 안에서 우리는 전쟁 중 미지의 적지에서 타고 있던 비행기가 격추당해 섬에 고립된 채 점점 악의 어린 집단으로 변해가는 영국 남학생들 가운데서 사이먼을 만난다. 소년들은 점차 그림자 속의 '괴물'에 집단적 공포를 느끼게 된다. 낯선 세계에 고립된 아이임이 틀림없는 사이먼은 다음과 같이 묘사된다.

> 이마에 덥수룩하게 늘어진 곧은 머리칼 사이로 눈을 빛내는 그는 깡마르고 생기 있는 소년이었다.
> 사이먼은 꼭 말해야만 한다는 절박한 필요성을 느꼈지만, 사람들 앞에서 말한다는 것은 그에게 늘 두려운 일이었다.
> "어쩌면" 그는 망설이며 말했다. "어쩌면 괴물이 있을지도 몰라." 소년들은 사납게 소리쳤고, 랠프는 놀라 벌떡 일어났다. "사이먼, 너까지? 너도 그 말을 믿는다고?" "나도 몰라." 사이먼이 말했다. 심장이 빠르게 뛰어 목이 메었다. 사이먼은 인류의 근본적 악함을 표현할 말을 찾기가 어려웠다.[1]

다마토의 푸른 셔츠 차림 소년과 골딩의 사이먼은 난초 아이의 연약함을 상징하는 동시에 그들의 놀라운, 때로는 숨겨진 강인함을 보여주는 존재다. 이들은 우리 공동체와 사회에 꼭 필요한 부드러움과 용기를 지닌 아이들이다. 이 아이들은 가족 치료 전문가 살바도르 미누친Salvador Minuchin이 말한 대로 문제가 있고 학대가 일어나는 가정에서 희생되는 '지목된 환자identified patient(역기능적 가족 내에서 가장 먼저 이상 징후를 보이는 가족 구성원 — 옮긴이)'가 될 가능성이 있다.[2] 다시 말해 상냥하고 책임감 있는 성격 탓에 유해한 환경의 감정적, 정신적 영향을 고스란히 흡수한다는 뜻이다. 조의 가족 사례에서 알 수 있듯 지목된 환자(아동인 경우가 많지만, 반드시 그런 것은 아니다)는 얽히고 꼬인 가족 구조라는 맥락 안에서 슬프면서도 어쩔 수 없는 역기능을 그대로 유지하기 위한 방편으로, 괴로움과 고통을 짊어지고 가족을 위해 '죽는', 일종의 '예수 같은 인물'이 된다. 하지만 난초 아이는 통찰과 창조적 사고, 인간적 미덕의 원천이 될 수도 있다. 동료들과 나는 25년에 걸친 연구를 통해 이런 아이들은 생물학적으로 남다른 예민함을 타고난 탓에 삶의 위험과 역경에 과도하게 민감한 반응을 보이기도 하지만, 그 덕분에 삶이 주는 선물과 은혜 또한 똑같이 잘 받아들인다는 점을 알아냈다. 거기에 흥미롭고도 생명을 살리는 비밀이 숨어 있다.

바로 **난초는 망가진 민들레가 아니라** 더 섬세한 종류의 꽃이라는 사실이다. 힘겹게 싸우는 난초의 연약함에는 고통을 보상할 만한 아름다움과 상상도 못 할 강인함이 깃들어 있다.

난초 아이와 성인들은 종종 가정, 학교, 삶에서 남들은 알아차릴까 말까 한 위협을 견뎌야 한다. 난초처럼 이들은 자신이 뿌리 내린 세계에 극도로 민감하여 자기 존재와 건강에 위협을 느낄 정도로 연약한 반면, 아름답고 솔직하고 많은 것을 이뤄내는 삶을 일굴 숨겨진 능력을 지니고 있다. 오해하지 말아야 할 점은 세상을 향한 **내적** 민감성보다 우리 어른들이 경험상 이미 잘 알고 있는 **외적** 위협과 위험, 즉 가난과 스트레스, 전쟁과 폭력, 인종 차별과 따돌림, 독극물과 병원균 등에 노출되는 것이 훨씬 더 큰 영향을 미칠 때도 많다는 사실이다. 이토록 다양한 세상의 위협을 받으면 난초든 민들레든 아이의 체력과 건강은 위험에 빠지기 마련이다.[3] 생애 전체에 걸쳐 나쁜 건강에 가장 큰 원인으로 작용하는 요소는 어린 시절의 빈곤이다. 하지만 난초 아이의 **특수 감수성**differential susceptibility*, 즉 그런 위협에 대한 특별한 민감성은 민들레 아이에 비해 훨씬 높다.[4]

질병, 장애, 각종 불행이 난초와 민들레 아이에게 불균등하게 나타나는 원인은 노출된 환경의 차이만도, 유전적 감수성 편차만도 아니다. 그런 불균형은 환경과 유전자가 함께 일으키는 상호작용의 산물이며, 이를 연구하는 새로운 과학적 분야에 관해서는 나중에 자세히 살펴볼 예정이다. 난초와 민들레 아이는 환경과 유전자 양쪽에 영향을 받아 생겨나며 분자와 세포 수준에서 이루어지는 상호작용이 아이의 민감성 수준을 결정한다.

아동 발달과 건강이 보이는 극도로 뚜렷한 경향성에 내가 쏟는 **과학적** 관심은 통계와 데이터를 토대로 삼지만, 과학에 몰두하는 개인적 동기는 여동생 메리와 나의 놀라울 정도로 다른 인생

---

* 특수 감수성: 자신이 겪는 사회적 세계의 본질과 특성에 대해 나타나는 특이하고 상대적으로 강렬한 민감성. 사회적 환경 조건의 유해한 면과 유익한 면 양쪽에 모두 민감하다는 점이 중요하다.

경로에 뿌리를 두고 있다. 거의 같은 곳에서 시작해 유년기에는 똑 닮은 평행선을 그렸던 두 인생은 안타깝게도 너무나 다른 종착지로 이어졌다. 내가 민들레라면 메리는 난초였다.

그러므로 이 두 아이 이야기는, 자라서 소아과 의사가 되는 한 소년과 그의 여동생 메리의 복잡하게 얽힌 역사는 한 가정에서 자란 형제자매가 완전히 다른 삶을 살 수도 있음을 보여주고 그 이유를 어느 정도 설명하는 새로운 분야의 과학으로 독자 여러분을 데려가는 관문이다. 메리의 섬세한 민감성 속에는 나보다 훨씬 큰 탁월함과 성취 가능성이 깃들어 있었지만, 메리는 인생의 비극과 고난에 무너져 자신의 가능성을 온전히 꽃피우지 못했다. 가정 불화, 실망, 상실, 죽음을 겪으며 동생은 자신의 민들레 오빠가 별로 개의치 않았던 돌부리에 걸려 넘어지고 말았다. 민들레 아이가 개인적 노력만으로 그런 현실을 견뎌내는 회복력을 얻었다고 주장할 수 없듯이 결국 엉망으로 망가진 메리의 슬픈 삶은 메리 개인의 책임이 아니었다. 다른 시대에 태어나거나 다른 가정에서 자랐더라면 동생은 뛰어난 설교가, 저명한 신학자, 감동으로 수천 명의 삶을 구원하는 영적 지도자가 되었을지도 모른다. 약간의 기적과 보호를 통해 메리가 다른 삶으로 가는 길을 찾았더라면, 반대편 아주 가까운 곳에 재앙이 도사리고 있었음을 아무도 짐작하지 못했으리라.

잡음과
음악

2차 세계대전 참전 용사 출신 부시 파일럿bush pilot(삼림 지대를 비행하는 조종사 – 옮긴이)이 조종간을 잡은, 눈보라 속을 뚫고 날아가는 엔진 한 개짜리 비행기 안에서 비명을 지르는 임신부. 이 상황은 내 민들레 뿌리 한 가닥 한 가닥에서 끈끈한 수액을 마지막 한 방울까지 짜내는 경험이었다. 때는 1978년, 서른두 살짜리 새내기 소아과 의사였던 나는 이날이 어떻게 마무리될지 짐작조차 하지 못했다.

두 시간 전인 새벽 5시, 나바호 국립 보호 지역 동쪽 구석에 외따로 떨어진 크라운포인트 인디언 보건 서비스Indian Health Service, IHS 병원에서 온 전화를 받고 뒤숭숭한 잠에서 깬 나는 눈꺼풀을 억지로 들어올렸다. 사방 80~160킬로미터 안에 소아과 의사는 나뿐이었으므로 태어났든 태어나지 않았든 아이와 관련된 심각한 응급 의료 상황은 모두 내가 책임져야 했다. 뉴멕시코의 덤불이 우거진 언덕 아래, 질과 내가 사는 정부 지급 주택에서 병상 서른 개짜리 병원까지 반 블록 거리를 걸어간 나는 곧장 분만 '특실'로 향했다. 안으로 들어가자 20대 미국 원주민 산모의 질에서 봄에 피는 수선화처럼 삐죽 삐져나온 조산아의 5센티미터짜리 발이 눈에 들어왔다. 산모는 이전에 아이 둘을 낳으면서도 한 번도 산전 검사를 받으러 오지 않았다. 임신 날짜를 확인하니 그녀는 임신 32주였지만, 그 단계로 보기에는 배가 너무 컸다. 초음파실로 산모를 데려가 확인해보니 배 속에는 아기 한 명이 아니라 쌍둥이 미숙아가 있었다.

크라운포인트 병원은, 특히 40년 전에는 위험도 높은 조산아 쌍둥이를 그중 한 명의 왼발이 이미 빠져나와 꼼지락거리는 상황에서 분만시킬 만한 환경이 아니었다. 나는 긴장한 채 신생아 집중치료실neonatal intensive care unit, NICU이 있는 3차 병원 목록을 훑으면서 가까운 순서대로 빠르게 전화를 돌리기 시작했다. 앨버커키에서 갤럽, 피닉스, 투손에 이르기까지 모든 병원의 NICU는 이미 꽉 차다 못해 넘쳐났고, 그 아기들도 다 집중치료가 필요한 미숙아였다. 마지막 시도로 콜로라도 대학교 아동병원에 전화를 건 나는 아직 태어나지 않은 우리 조그만 나바호 쌍둥이를 받아줄 수 있다는 말에 크게 안도했다.

나는 한 줌밖에 안 되는 IHS 의사 중에 산과 기술이 가장 뛰어난 젊은 동네 의사를 깨워 크라운포인트 '공항'에서 만나자고 했다. 문제의 공항은 조그만 굴삭기로 산쑥과 회전초 덤불을 최대한 제거해 만든 메마른 흙길에 불과했다. 우리 IHS 의료진은 제대로 교육받긴 했어도 각자 다른 분야에서 레지던트 생활을 한 것 외에는 진짜 의료 경험이 거의 없는, 머리에 피도 안 마른 애송이 의사 다섯으로 구성되어 있었다. 말하자면 우리는 경험도 없고 의지할 곳도 없이 미국 내의 제3세계에서 일하는 신출내기 의사들이었다. 잠이 덜 깼으면서도 기꺼이 이 새벽 임무를 맡아준 동료 길이 공항에 도착했고, 뒤이어 '밥 할아버지'라는 호칭으로 불리며 자기를 닮아 오래된 비행기를 모는 이 지역 담당 부시 파일럿이 나타났다. 우리는 젊은 산모(세레나라고 부르기로 하자)를 바퀴 달린 들것에 실어 조종석 뒤에 태웠고, 길이 아기를 받을 쪽에 자리를 잡자 나는 세레나 옆에서 하나뿐인 신생아용 인공호흡기와 산소가 든 작은 병을 들고 대기했다. 우리는 해가 뜨면서 선명한 색으로 물든 뉴멕시코 사막의 드넓고 높은 하늘로 날아올랐다. 여기까진 순조로웠다.

고도 300미터가량 올라갈 때까지는 모든 게 잘 풀릴 것처럼 보였다. 길은 세레나의 산도에서 아기들의 위치를 모니터했고, 나는 착륙 전에 예기치 않게 분만이 진행되면 신생아용 인공호흡기를 사용할 만반의 준비를 갖췄으며, 밥 할아버지는 땀을 흘리며 가끔 비행기 뒤로 펼쳐진 풍경을 쳐다보면서도 꼭대기에 눈이 덮인 북쪽 로키산맥 방향으로 우리를 착실히 데려가고 있었다. 그러나 뉴멕시코와 콜로라도주 경계에 가까워질 무렵 우리는 엄청난 규모의 눈보라를 만났다. 머리 위 하늘은 불길한 검은색으로 물들

었고, 앞쪽 시야는 하얗게 흩날리는 눈발로 흐려졌으며, 아래쪽
으로는 뿌옇게 흐려진 유리창 너머 풍경처럼 온통 하얀 산과 아무
특징 없는 평원밖에 보이지 않았다. 비행기는 개 입에 물린 다람
쥐처럼 몸부림치기 시작해 한 번에 수십 미터씩 올라갔다 곤두박
질치기를 반복하면서 원래부터 손을 떨었던 밥 할아버지의 조종
실력에 도전했다. 요동치는 비행기 안에서 애송이 의사 두 명이
아이를 받게 될지도 모르는 상황에 겁을 먹은 게 틀림없는 세레나
는 본격적인 진통이 시작되었는지 힘을 주기 시작했다. 갑자기 멀
미가 난 길은 구역질을 하다 토했고, 비행기는 토사물, 양수, 소
변이 떠다니고 사방으로 미친 듯이 진동하는 세탁기로 변했다. 밥
할아버지는 좌절하면서도 조종간을 꽉 붙들고 안간힘을 썼다.

그러다 이 모든 소동의 시발점이었던 자그마한 분홍색 발의
주인공인 첫 번째 사내아이가 완전히 세상으로 나와 초조하게 기
다리는 길의 떨리는 손에 안겼다. 길은 탯줄용 집게로 탯줄을 자
르고 빨간 고무 흡입기로 기도를 확보한 다음 뻣뻣이 굳어 비명을
지르는 나바호 갓난아기를 내게 건넸다. 나는 체온 유지를 위해
꼬마 친구를 '우주 담요(알루미늄 코팅이 된 비상용 담요 - 옮긴이)'
로 감싸고 머리를 내게서 먼 쪽으로, 얼굴이 위로 오도록 내 무릎
위 다리 사이에 눕힌 다음 인공호흡기로 산소를 공급하기 시작했
다. 외딴 보호구역에서 잉태되어 산전 관리도 받지 않고 뉴멕시코
평원 위 눈보라 치는 하늘에서 태어난 원주민 아기치고 꼬마 친구
는 썩 잘해내고 있었다. 솔직히 나는 살고 싶다고 외치는 듯한 아

50

기의 강인한 생명력에 감탄했다. 몇 분 뒤 형의 뒤를 따라 두 번째 아기가 똑같이 비명을 지르며 미끄러지듯 극적으로 등장했다. 나중에 상황을 되짚어보던 우리는, 쌍둥이 A는 뉴멕시코 상공에서 태어났고 쌍둥이 B는 콜로라도에서 세상에 나왔다는 사실을 깨달았다. 일란성 쌍둥이 형제가 대형 눈보라 속을 뚫고 시속 150킬로미터로 날면서 저마다 다른 주에서 태어난 것이다. 똑같이 우주 담요에 감싸인 쌍둥이는 이제 내 무릎에 나란히 누워 15초씩 번갈아가며 폐 팽창과 산소 공급을 받고 있었다.

덴버 공항이 가까워지자 관제소에서는 자신의 조그맣고 덜덜거리는 비행기가 어떤 처지에 놓였는지 횡설수설하는 밥 할아버지의 통신을 들은 모양인지 접근 중이던 대형 항공기들을 대기시키고 활주로를 비워주었다. 마침내 비행기가 덴버 터미널 근처에 멈추자 아동병원 구급차와 신생아 수송 팀의 눈물 나게 반가운 모습이 보였다. 1.5킬로그램도 채 안 되는 두 사내아이는 따뜻하고 아늑한 인큐베이터에 들어가 지쳤으면서도 웃고 있는 엄마와 함께 떠났다. 이후 덴버 병원에 몇 번 전화를 걸어 확인해보니 쌍둥이는 둘 다 몇 가지 처치를 받고 정상적으로 발육하기 시작했으며, 약 6주 뒤 따스하고 이미 아이들이 넘쳐나는 가족의 품으로 돌아갈 거라고 했다.

나중에 쌍둥이가 태어났던 말도 안 되게 위험하고 불운했던 상황 그리고 그런 위험에 맞선 두 아기의 강인함과 생명력을 찬찬히 되돌아보며, 그 아이들이 살아난 데는 의사의 존재와 의학의 힘

이상의 무언가가 작용했다고 생각했던 것이 기억난다. 물론 두 아기는 마지막에 그들을 맡아 돌봐준 NICU의 기술과 조심성이 없었더라면 살아남지 못했을지도 모르지만, 삼대가 사랑으로 꾸리는 나바호 대가족이라는 둥지 또한 똑같은, 또는 더 큰 역할을 했을 가능성이 컸다. 이후 몇 년이 지나서야 알게 된 사실이지만, 내 인생 최고로 스릴 넘쳤던 비행 이후 계속 내 머릿속에 남았던 이 직관은 내가 곧 걷게 될 연구자의 길뿐만 아니라 그 길이 언젠가 도달하는 놀라운 발견에까지 상당한 영향을 미쳤다.

두 종류의

차트

서양 의학은 다양한 방식과 경로로 '몸 안에' 들어간다. 백신을 주사하고, 약을 먹이고, 메스로 몸의 후미진 곳을 열어젖히고, 엑스레이로 세포를 투과해 내장과 뼈의 조영 이미지를 찍는다. 질병과 건강에 관한 지식이 의사, 간호사, 진단, 인터넷, 교육 프로그램을 통해 우리 마음과 정신 속으로 스며든다. 하지만 주변 환경, 운 좋은 또는 불운한 탄생의 우여곡절, 스트레스, 주위 사람과 공동체의 보살핌 같은 말로 설명하기 어려운 조건들도 인간의 몸 안에 들어가 건강과 안녕에 영향을 미치는 것일까? 백신과 알약은 손에 쥘 수 있지만, 역경과 인간관계는? 만질 수 있는 물리적 신체의 구조와 기능이 역경과 인간관계 같은 보이지 않는 힘에 이롭거나 해로운 영향을 받는다는 점을 어떻게 이해해야 할까? 나바호 쌍둥이가 살아남아 잘 자라게 된 것은 신생아 집중치료 덕분만은 아니지만, 나바호 가족과 공동체의 비물질적 경험이 실제로 미친 생물학적 효과를 어떻게 과학적으로 이해하고 설명할 수 있을까?

남아프리카공화국의 위대한 역학자이자 사회역학 분야를 개척한 두 선구자 중 하나인 존 캐슬John Cassel(다른 한 명은 UC 버클리 명예교수 레너드 사임Leonard Syme이며, 이분에 관해서는 나중에 언급할 예정이다)은 내가 직업 면에서 발전하고 우리 부부가 나바호 부족의 중심지인 크라운포인트로 이주하기로 마음먹는 데 중대한 역할을 했다. 존은 만 명의 줄루족이 거주하는 남아공 나탈Natal주에서 오랫동안 일하며 나를 사로잡았던 것과 똑같은 의문을 품었고, 나는 아직 깨닫지 못했던 해답도 얻었다. 왜 사회적 조건이 질병과 수명에 커다란 영향을 미치는가? 어떤 마을 사람들이 다른 마을 사람보다 훨씬 건강한 이유는 무엇인가? 개인의 사회, 경제, 심리적 환경이 어떻게 생물학적으로 몸에 스며들어 심장병, 조현병, 결핵 발병 가능성을 높이고 낮추는가? 캐슬은 그런 환경이 **어떻게** 인간의 신체를 변화시키는지는 몰랐지만, 실제로 변화시킨다는 점만은 확신했다.

비트바테르스란트 대학교University of the Witwatersrand 의대를 졸업한 존은 남아공 줄루족 보호구역에 있는 폴렐라Pholela 지역 보건센터의 종합 의료팀에서 일하게 되었다. 1942년 시드니 카크Sidney Kark 박사가 설립한 이 센터는 백인과 흑인 의료진이 함께 지내며 일하고 의사들이 의료 행위를 넘어 지역의 위생 유지와 영양 보급, 적절한 주거 확보에 힘쓰는 곳이었고, '공동체 지향적 1차 의료'를 목표로 삼는 국제적 운동의 시발점이 된 선구적 조직이었다. 이런 독특한 환경에서 경험을 쌓으며 존은 건강과 질병의 원인에 관한 토착적 믿음, 그가 오랫동안 배워 몸에 밴 서양 의학의 기본 사상 과는 완전히 동떨어진 믿음이 존재한다는 사실을 점차 깨닫게 되 었다. 그가 종종 함께 일하기도 했던 줄루족 주술사들은 건강상의 문제가 존이 생각하는 것보다 사회적 맥락과 훨씬 깊은 관계에 있 다고 강력히 주장했다. 주술사들은 종종 특정 증상과 질병에 가족 구조의 변화, 공동체의 지지 재확인, 그 지역에서 나는 약초, 받지 않고 넘어간 벌 받기 등을 치료법으로 처방했다.

　　질병의 원인과 치료법을 바라보는 이러한 대안적 시각을 차 츰 이해하면서 존은 자신이 학교에서 배웠던 지극히 좁은 의미에 서의 발병기전pathogenesis(질병이 생겨나는 방식)은 부분적으로만 옳을 뿐이며, 인구 집단 내의 관찰 가능한 질병 발생 패턴 안에는 더 넓은 문화사회적 요소가 숨어 있다고 확신하게 되었다. 그러다 1950년대 초 남아공 국회가 국민당 손에 넘어가고 백인우월주의 에 기초한 아파르트헤이트 정책이 법제화되면서 존의 삶은 점점 불안정해졌다. 폴렐라 센터가 결국 정부에게 '불법 행위 단체'로 지목되면서 문을 닫은 뒤 존은 가족을 데리고 미국으로 떠나 역학 을 공부하다가 생긴 지 얼마 되지 않은 노스캐롤라이나 대학교 공 중보건대학 역학과 학과장 자리에 앉았다. 소아과 레지던트 기간 을 마친 내가 운 좋게도 존을 만나 인생이 완전히 바뀌는 경험을 한 것도 바로 이곳에서였다.

소아과 레지던트로서 내가 배운 수많은 교훈 중 하나를 꼽자면 전자 의료기록이 생겨나기 한참 전인 이 시절, 아동의 의료 차트는 아주 얇은 것과 아주 두꺼운 것 두 종류로 나뉜다는 사실이었다. 생애 첫 20년 동안 대다수 아동과 청소년의 병력은 잡지 정도 크기의 서류에 다 들어간다. 손으로 썼지만 상태는 대부분 새 것 같다. 하지만 두께가 10센티미터에 육박하고 귀퉁이가 여기저기 접힌 묵직한 책 같은, 심지어 때로는 여러 권이며 대충 시간순으로 순서를 맞춘 서류 뭉치 때문에 금속 클립이 벌어질 지경인 차트를 받으면 어떤 상황인지 대강 감이 온다. 차트의 주인공은 자주 병에 걸리거나 반복해서 다치거나 만성 질병을 달고 사는, 일찍부터 불균등하게 높은 질병률에 시달리는 15~20퍼센트에 해당하는 아이들이다. 전부는 아닐지라도 이들 중 다수가 가난, 폭력에의 노출, 학대하는 부모, 영양부족, 가정불화, 위험한 동네 환경 등의 불운을 공유한다.

소아과 의사 겸 연구자가 된 초창기에 나는, 아동 건강 분야에서 가장 흥미로우면서도 까다로운 질문은 어떻게 역경과 사회적 스트레스 요인에의 노출이 생리학적 질병과 정신장애로 이어지는 생물학적 과정이나 사건으로 바뀌느냐 하는 문제를 둘러싼 것이라는 결론을 내렸다. 이는 캐슬이 아파르트헤이트 시대 남아공의 빈민가와 보호구역에서 도출한 질문이기도 하며, 신출내기였던 나는 그의 남아공 시절 이야기에 귀를 기울이면서 어느새 그의 질문을 내 것으로 삼게 되었다. 그런 질문과 문제를 추구하면 삶을 타당하게, 심지어 유용하게 쓸 수 있으리라 생각했기 때문이다. 당시 나는 환자와 가족이 종종 털어놓는 역경과 가난, 절망 등의 가슴 아픈 이야기가 비록 정도는 훨씬 덜할지라도 우리 가족이 감내했던 어려움과 근본적으로 비슷하다는 점을 느끼기 시작한 참이었다.

모든 소아과 의사는 (가정의학과 의사도 마찬가지) 특히 겨울이면 열이 올라 눈이 빨개지고 꽉 막힌 코를 훌쩍이며 콜록콜록 기침을 하고 쌕쌕거리는 꼬맹이 합창단을 지휘할 처지에 놓인다. 매년 꽉 막힌 부비강과 부어오른 편도선, 목소리가 나오지 않는 고통으로 구성된 합창이 펼쳐지는 셈이다. 그래서 야심 찬 새내기 소아과 의사 겸 과학자인 내가 처음으로 깊이 파고든 주제가 호흡기 질환, 다시 말해 감기, 독감, 기관지염, 축농증, 인후염 등 어린 시절의 단골 메뉴라는 것은 전혀 놀라운 일이 아니다. 어른이 세금을 내듯 아이들이 흔히 걸리는 병이었고, 채플 힐에서 조금만 내려가면 UNC 프랭크 포터 그레이엄 아동 발달 연구소의 후원과 지도 아래 세계 최고 수준의 아동 호흡기 질환 연구가 펼쳐지고 있었다. 당시의 소아과 수준에서는 (심지어 어느 정도는 지금도) 이런 질환의 원인이 순수하고 단순하게 바이러스와 박테리아이며, 약간의 곰팡이를 더하면 문제가 복잡해지는 것뿐이라고 보았다.

다시 말해 호흡기 질환은 세균이 일으키며 그걸로 끝이라는 말이었다. 백혈병 또는 선천성 면역 결핍증이 있거나 강력한 면역 억제제를 투여받아 면역 체계가 제 기능을 하지 못하는 어린이를 빼면, 건강하고 병이 없는 아동 집단 내에 감염에 대한 감수성이나 취약성 차이가 존재할지도 모른다는 점을 고려하는 사람은 거의 없었다. 왜 어떤 아이는 자주 감기에 걸려 기침을 하고 다른 아이는 거의 감기에 걸리지 않는지에 관한 연구도 거의 이루어지지 않았다. 의학계에서도 반복해서 감염을 겪지 않고 정상적인 면역 체계를 지닌 대다수 아동과 성인 집단 내에서 감염원에 대한 숙주의 저항력(또는 방어력)에는 거의 관심을 보이지 않았다. 다들 건강한 아이가 호흡기 감염을 물리치거나 빠르게 극복하는 능력에는 전혀 차이가 없다고 생각했고, 변수가 나타나는 이유는 노출 여부와 운이라고 여겼다.

하지만 그런 차이는 심지어 한 가정 내의 아이들에게도 **실제로** 존재했다. 당시 (그리고 지금도) 부모들은 주치의에게 자녀 중한 명이 다른 아이들보다 유난히, 그리고 꾸준히 아프다는 이야기를 늘 했다. 유치원 교사들은 반에서 일부 아이들이 흔한 유행병에 또래 친구들보다 잘 걸린다는 사실을 알고 있었다. 학교나 스포츠 팀, 교회나 클럽의 다른 아이들보다 아파서 결석하는 일이 잦은 아이들은 정해져 있었다. 앞서 그래프(32쪽)로 확인했듯 적은 수의 아이들이 자기가 속한 집단 전체의 전염성 질환 중 절반이상을 앓았다.

오래전 내가 처음 연구를 시작했던 시기에도 이런 감수성 차이에 대한 전반적 무관심에서 예외라고 할 수 있는 과학자와 연구자들이 있었다. 유명한 미국 미생물학자이자 지식인인 르네 뒤보

René Dubos는 숙주(즉 사람), 병원체(병의 원인, 대개는 박테리아 또는 바이러스), 환경 이 세 가지가 생태적 과정에 관여하며 건강과 질병은 숙주 저항력, 병원균의 독성, 식이나 대기오염 같은 환경적 요소 간의 균형에 따라 갈린다고 설명했다.[1] 존 캐슬은 자신의 유명한 논문에서 이렇게 말했다. "결핵과 조현병에 걸리거나 알코올 중독자가 되거나 사고를 여러 번 당하거나 자살하는 사람들은 놀라울 정도로 비슷한 사회적 환경에 놓인 경우가 많다."[2] 이들에게 사회에서 소외된 위치에 있다는 공통점이 존재한다는 것이 그의 주장이었다. 이런 몇몇 선구자들은 바이러스 자체뿐만 아니라 바이러스에 노출된 사람이 면역 체계로 방어하는 체질적 혹은 선천적 능력이 노출의 결과에 중요한 부가적 역할을 한다는 사실을 이해하기 시작했다. 사람이 병에 걸리는지 건강을 유지하는지는 병원체의 독성과 숙주 저항력의 균형에 따라 결정되는 것이 틀림없었다.

아주 소수지만 감염원에 대한 숙주 저항력은 식이, 방사능, 투약, 독극물 등의 물리적 환경뿐 아니라 사회정서적 환경에도 영향을 받을 수 있다는 더욱 도발적인 생각을 떠올린 과학자도 몇 명 있었다. 다시 말해 사회적 관계와 그에 수반되는 감정이 신체 건강에 영향을 미칠 수도 있다는 뜻이었다.

진정 충격적인 주장이 아닐 수 없다! 도대체 어떻게 '스트레스'나 '사회적 고립', '외로움'처럼 형체도 없고 정의도 분명치 않은 힘이 실체가 있는 몸 안으로 들어가 면역 체계를 통해 감염에 저항하는 개인의 능력에 변화를 일으킨단 말인가? 이건 정말로 희한한 주장, 거의 침술이나 중보 기도(남을 위해 하는 기도), 최면 치료처럼 판타지의 영역에 들어가는 개념이었다. 하지만 세월이 지나면서 이런 주장들은 정도의 차이는 있더라도 모두 일리가 있는 것으로 확인되었고, 동물과 인간 양쪽을 대상으로 스트레스, 면역력, 질병을 주제로 삼아 공신력 있는 연구를 진행하는 과학자들이 늘어났다. 스트레스가 생리적 항상성homeostasis(생리 또는 행동 측면의 변화를 통해 생물학적 안정성을 획득하는 과정)을 저해하는 방식에 관한 월터 캐넌Walter Cannon의 초기 연구를 본받아 로런스 힝클Lawrence Hinkle, 한스 셀리에Hans Selye, 해럴드 울프Harold Wolff 같은 학자들은 '스트레스성 생활 사건'과 급성 및 만성 질병, 생리적 질병과 정신장애 사이의 관련성을 체계적으로 조사하기 시작했다.[3]

로버트 에이더Robert Ader처럼 심리적 스트레스가 인간과 동물의 면역 기능을 떨어뜨려 숙주가 바이러스와 박테리아 같은 병원체에 훨씬 취약해지게 하는 방식을 알아보고 기록하기 위해 효과적인 실험을 개발해 연구한 사람도 있었다.[4] 대상이 대부분 성인이었던 이런 연구들을 통해 스트레스와 역경이 어떤 식으로든 개인이 급성 또는 만성 질병을 앓을 확률을 높인다는 타당한 과학적 증거가 차곡차곡 쌓였다.

인간의 질병 원인에 관한 급진적이고 새로운 개념이 대두된 상황을 배경 삼아 동료들과 나는 아동 발달 연구소에서 호흡기 연구를 맡은, 전통을 중시하는 감염 질환 전문의들에게 한 가지 연구를 제안했다. 미취학 아동의 호흡기 질환에서 가족 내의 스트레스 요소가 위험 인자로 작용할 가능성을 확인하는 프로젝트였다. 1975년 당시 그 소아과 전문의들이 우리 프로젝트를 승인해준 것은 상당히 놀랍고 고마운 일이었다.

　우리는 채플 힐에 살며 대부분 흑인이고 똑같이 가난한, 어린이집(편의상 preschool은 어린이집으로, kindergarten은 유치원으로 번역했다 - 옮긴이)에 다닐 나이인 아이 58명을 집중적으로 연구했다. 부모를 인터뷰해 이혼이나 조부모의 사망, 금전적 문제 등 스트레스가 될 만한 최근의 '생활 변화'를 평가했고, 아이들을 자주 진찰해서 호흡기 질환에 걸리지 않았는지 확인했다. 무더운 노스캐롤라이나에서 퀴퀴하고 바람이라고는 손에 든 부채에서 나오는 것밖에 없는 아이들 집 거실에서 달콤한 남부식 차를 홀짝이며 가족과 나누었던 수많은 대화가 여전히 생생하다. 아이들이 감염되면 우리는 아이의 콧물을 배양해서 박테리아와 바이러스를 찾아내고 징후와 증세 체크리스트를 활용해 병의 강도를 신중히 판단했다. 1년간의 연구 끝에 우리는 가족이 보고한 스트레스 요인과 호흡기 질환의 평균 강도 및 지속 기간이 강한 연관 관계를 보임을 밝혀내고 1977년《소아학Pediatrics》에 논문을 발표했다.[5] '가족 생활 습관'이 스트레스를 주는 변화를 상쇄할지도 모른다는 이론을 세우고 목록을 만들어 확인한 결과, 가족이 안정되고 잘 짜인 생활 습관을 철저히 지킬수록 가족 내 스트레스 요소, 질병 강도, 질병 지속 기간이 모두 줄어든다는 상관관계도 밝혀냈다. 그 말은 예측 가능하고 **변하지 않는** 일상 습관을 지키는 가정의 아동은 스트레스성 변화가 질병 특성에 미치는 영향을 눈에 띄게 덜 받았다는 뜻이다.

경험과학empirical science(경험적 사실을 기반으로 하는 학문 − 옮긴이)에 발을 들여 새롭고 흥미로운 이론을 시험해본 이 짜릿한 첫 경험은 내 정체성과 사고방식에 지워지지 않을 흔적을 남겼다. 사실 낙후된 시골 지역에서 소아과 의사로 일하며 안온한 삶을 살겠다는 생각을 오랫동안 품었던 (당시 새 신부였던 아내도 흔쾌히 동의했다) 나는 갑자기 커다란 파도에 휩쓸려 단순히 지식을 활용하기보다는 지식을 창조하는 학문적 의학 쪽으로, 아동의 사회적, 감정적 경험이 신체에 미치는 영향을 연구하는 이 발생 초기 단계의 과학에 헌신하는 쪽으로 가차 없이 흘러가고 있음을 깨달았다. 그 이후로 가끔 나는 내 커리어가 나 자신과 관계없이 추진력을 얻기 시작한 그 순간을 떠올렸고, 제자와 조교들에게 그런 연유로 "인생은 자기 의지와 상관없이 흘러간다"를 좌우명으로 삼았다는 이야기를 종종 들려주었다.

스트레스와 질병 사이에 낀

'잡음'

 나는 남아공 역학자가 제시한 비전과 심신의학mind-body medicine(신체적 질병을 정신적 원인과 연관 지어 연구하고 치료하는 학문)이라는 새로운 분야의 희망, 내 손으로 직접 수행해 결과를 얻어낸 첫 연구의 매력에 푹 빠져 의사로서 예전에는 상상도 하지 못했던 삶에 허둥지둥 뛰어들었다. 그때부터는 모든 젊은 과학자가 시도해야만 하는 일, 즉 앞서 얻어낸 결과를 재현함으로써 과거 성과가 우연의 산물이 아니었음을 확인하는 작업에 착수했다.

 경력 초반에 일했던 나바호 보호구역과 첫 교편을 잡았던 대학교에서 나는 여러 번에 걸쳐 스트레스가 아동의 신체 건강에 영향을 미친다는 똑같은 신호를 탐색했다. 연구 대상은 뉴멕시코 고지대 사막 벽지의 나바호 기숙학교 학생들부터 투손 스페인어 사용자 거주지 어린이집의 또랑또랑한 아이들까지, 샌프란시스코의 숲이 우거진 동네에 사는 대도시 유치원 아이들부터 물정 밝은 버클리 아이들까지 다양한 집단의 수많은 아동으로 확대되었다. 때로는 가족의 삶보다는 동네와 공동체의 집단적 경험에서 스트레스 요인과 역경을 찾아내기도 했다. 건물을 부수고 화재를 일으키고 아이들에게 충격을 주는 대지진 같은 자연재해의 급습이 스트레스를 유발한 예도 있었다. 유치원에 처음 들어가고, 새로운 아이들을 만나고, 새 유치원 선생님과 친해지는 것 등의 표준적이다 못해 일상적인 어려움에 초점을 맞춰 연구한 적도 있었다. 아니나 다를까 호흡기 질환 관련 결과는 재현되었으며, 스트레스가 사고로 인한 부상, 백신에 대한 면역 체계의 반응, 행동 문제와 정신적 문제에까지 영향을 미친다는 점이 추가로 확인되었다.

놀라운 것은 이 초기 연구 전체에 걸쳐 명확하고 일관성 있는 결과가 나왔다는 사실이었다. 스트레스 또는 어려움과 다양한 질병, 부상, 정신 건강 문제 사이에 통계적으로 유의미한 연관 관계가 매번 나타났다. 하지만 문제가 있었다. 통계적 유의미함은 이런 결과가 단순히 운이나 실수에서 나오지 않았다는 사실을 증명했지만, 변동 폭은 예외 없이 그리 크지 않았다. 다양한 질병 전체에서 확인된 연관성은 늘 10퍼센트 미만이었고, 확실한 인과관계가 있다고 주장하려면 적어도 30~50퍼센트는 되어야 했다. 나는 어린 시절의 역경이 아동 건강에 다양한 영향을 미친다는 재현 가능하고 폭넓은 연구 결과를 얻었으면서도 그것이 동료들과 내가 기대했던 만큼 명쾌한 설명을 제공하지는 못한다는 현실에 직면했다.

이 초기 연구 데이터를 그래프로 표시해보니 불가분한 두 가지 이야기가 드러났다. 전체적으로 살펴보면 데이터는 아동이 겪는 역경이나 스트레스에 비례해서 발달이나 건강상의 문제가 생길 확률이 커진다는 선형적 경향을 보여주었다. 예를 들어 한 분석에서 아동의 행동 문제 강도 점수는 가정 내 스트레스 요소가 커질수록 높아졌다. 하지만 개별적으로 살펴보면 이런 연관성이 산발적이고 다양하게 나타났다. 변칙적 사례, 이를테면 가정 내 스트레스 점수가 상당히 높은데도 행동 문제 강도는 매우 낮거나 스트레스 요인이 거의 없는데도 놀라울 정도로 행동 문제가 심각

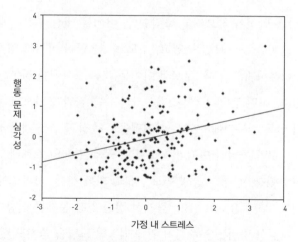

가정 내 스트레스

스트레스와 질병에 관한 우리 초기 연구에서 나온 데이터의 예. 다음의 산포도는 3~5세 아동 집단이 경험한 가정 내 스트레스 수준을 보여주고 부모와 교사가 보고한 행동 문제의 심각성 점수를 예측한다. 선에서 멀리 떨어진 점은 그 점들이 없었다면 매우 유의미하고 직선적이었을 관계성에 우연으로만 돌릴 수 없는 커다란 변동성이 존재한다는 사실을 보여준다.

한 아이들이 있었다는 뜻이다. 전체적으로 살펴보면 스트레스와 행동 문제 사이의 통계적으로 유의미한 관계성이 나타나지만, 자세히 들여다보면 엄청난 수준의 '잡음' 또는 임의적이고 설명되지 않는 변칙이 눈에 띄었다. 그러므로 스트레스와 행동 문제를 연결하는 직선형 그래프에서 동떨어진 실제 데이터가 너무 많아서 가족 스트레스를 특정 수준으로 가정할 때 그 가정의 아동이 어떤 행동 문제 점수를 기록할지 도저히 예측할 수가 없었다.

이미 사실로 확인한 상관관계의 진정한 본질을 더 깊고 신중하게 파악하기 위해 동료들과 나는 이 스트레스-건강 연관성 연구에서 잡음을 제거하려고 몇 년 동안이나 애를 썼다. 더 효과적인 설문지를 작성하고 아동의 삶에서 스트레스와 역경을 측정하는 더 나은 방식을 찾으려고 노력했다. 아이들 대신 부모에게 스트레스 요인을 물어보기도 했고, 부모 중 한 명이 아니라 양쪽을 모두 인터뷰하기도 했다. 부모와 아이들 대신 교사에게 질문한 적도 있었다. 이런 접근 방식을 써도 거의 같은 결과가 나오자 우리는 직접 만든 설문지에서 뽑은 아이템들로 측정 도구를 개발했다. 가족 내부뿐만 아니라 범죄나 폭력 같은 동네 전체의 스트레스 요인도 확인했다. 질병의 발생 빈도, 강도, 회복 시간, 사고로 인한 부상 빈도, 부상 강도의 차이, 잠재성 정신 건강 문제를 신중하게 측정할 확실한 방법을 구축하기 위해 엄청난 노력을 쏟기도 했다.

하지만 어떤 노력을 기울이든 계속 결과는 같았다. 아동기 스트레스 노출과 질병, 부상, 행동 문제 사이에는 유의미하나 강하지 않은 상관관계만이 확인되었다. 그런 결과로는 아동 스트레스 연구 분야에서 혁명을 일으키기는커녕 돌파구조차 열 수 없었다.

그렇게 좌절하고 지친 채 수렁에 빠진 우리는 마침내 완전히 다른 종류의 질문을 떠올렸다. 우리가 그토록 단호하고 끈질기게 결과에서 제거하려 들었던 그 '잡음'은 사실 '음악'이 아닐까 하는 질문이었다. 문제는 데이터가 아니라 우리가 데이터를 바라보는 방식에 있다면? 각 연구에서 우리가 제거할 수 없었던 끈질기기 짝이 없는 변칙성이야말로 우리가 주의를 기울였어야 할 현상 자체일 수도 있었다. 스트레스 요인에 노출된 아동의 반응이 계속해서 다양한 분포를 보인다는 사실이야말로 문제의 핵심이자 우리가 그렇게 열려고 애를 썼던 문의 열쇠일지도 몰랐다.

당시에도 지독한 역경 앞에서 유난히 잘 견디고 잘 자라는 아이들('탄력성 있는 아이'라고들 했다)이 따로 있다는 검증되지 않은 인식이 대중과 과학계 양쪽에 존재하기는 했다. 예를 들어 2차 세계대전 때는 나치 수용소의 흉포함을 극복하고 살아남은 아이들이 있었고, 더 최근의 예로는 가난한 동네 출신의 특히 강인한 아이들이 가난과 인종차별에서 벗어날 길을 찾아내서 명망 있는 전문가나 크게 성공한 기업가가 되는 사례도 있었다. 스펙트럼의 반대쪽에는 기록된 바도 별로 없고 인식도 더 희미하기는 하지만, 어려움을 이겨내는 능력이 떨어지므로 역경이 닥치면 건강이나 발달에 해를 입는 특히 '취약한' 아이들이 있었다.

미네소타 대학교의 노먼 가미지Norman Garmezy와 앤 매스튼Ann

Masten이 탄력성에 관해 체계적이고 명쾌한 연구 결과를 내놓기 전에도 개인은 기질, 성격, 체질 면에서 각자 다르므로 스트레스, 재난, 불운에 노출될 때 매우 다양한 반응을 보일 수 있다는 의견이 이미 있었던 셈이다.[6] 우리가 배경 잡음으로만 여겼던 것이 실은 삶이 제시하는 고난에 대한 인간의 반응에 영향을 미치는 자연스러운 요소일 수도 있었다. **탄력성**과 **취약성**이라는 두 끝 점, 즉 불행에 저항하는 끈질기고 강인한 능력과 소소한 문제조차 극복하지 못하고 힘없이 무너지는 무능력 사이에는 저항과 생존의 다양한 스펙트럼이 존재한다는 사실이 중요했다. 하지만 이러한 탄력성과 취약성 척도에는 일종의 도덕적 평가, 다시 말해 탄력성은 영웅적이고 당당한 반면 취약성은 비겁하다는 가치 판단까지 더해졌다(지금도 별반 다르지 않다). 탄력성과 취약성의 끝 점을 정의하고 도덕적 색채를 살짝 덧입힌, 대중과 과학계의 이러한 두 가지 통념은 이제 실마리가 잡히기 시작한 우리 연구의 주요 논점이되었고, 우리는 결국 두 가지를 모두 반박하게 된다.

역경에 대한 반응의 다양성을 영예와 수치라는 개념이 어느 정도 들어간 관점에서 바라보는 것은 부분적으로는 그런 다양성이 성격이나 의지 문제라는 가정 탓이다. 하지만 당시 동료들과 나는 근본적이고 불수의적인 인간 스트레스 반응 생리 체계 안에 더 깊고 근본적인 원인이 있을 가능성도 있다고 생각했다. 역경에 따른 건강 변화 결과가 다양하게 나타나는 이유는 눈에 보이지 않는 아동의 내적, 생리적 반응이 각각 극적으로 다르기 때문이라면 어떨까? 환경상의 역경이 건강에 미치는 영향이 계속해서 천차만별로 나타났던 원인이 바로 아동이 타고난 **스트레스 반응성**이라면? 주로 성인을 대상으로 한 예전 연구들은 사람마다 다른 스트레스 반응성이 정신 질환, 관상동맥 심장병, 심한 부상 등 다양한 정신 및 신체적 문제와 관련이 있다는 사실을 확실히 보여주었다.[7] 우리가 삭제하려 애쓰던 그 흐름, 스트레스와 질병 사이에 낀 잡음이 실제로는 우리 데이터에서 가장 흥미롭고 계몽적인 부분이라면? 우리는 훨씬 보편적이며 강력한 과학적 교훈, 즉 자연의 법칙은 늘 우리가 애지중지하는 가설과 가정보다 더 우아하고 복잡하며 환히 빛난다는 사실을 깨닫기 시작한 참이었다.

개인의 다양성이라는

'음악'

　　스트레스 반응성 차이가 스트레스와
질병 관계의 진짜 핵심 요소라면 그런 차이를 설명하는 답은 최소
한 부분적으로나마 실제로 반응이 일어나는 신경계에 있어야 했다.
그래서 우리는 포유류의 뇌에서 일어나는 두 가지 신경생물학적 스
트레스 반응 체계를 자세히 들여다보기로 했다. 이 중 첫 번째는 (간
단하게 이를 **코르티솔 체계**라고 부르기로 하자) 뇌의 한가운데 있는 시
상하부에 토대를 두고 있다. 시상하부는 귀와 귀 사이에 직선을 긋
고 눈과 눈 사이에서 뒤통수까지 다른 직선을 그어 두 선이 만나는
지점에 있다. 뇌의 각 영역이 통신하는 데 중추적 역할을 하는 중
심 교차로이자 때로는 뇌의 '카사블랑카'라고 불리는 부분이다. 고
대 지중해와 대서양에서 상업과 문화의 중추 역할을 했던 카사블
랑카와 마찬가지로 시상하부는 뇌의 수많은 주요 신경 회로가 모
여들고 상호작용하는 거점으로 기능한다. 시상하부의 두 신경핵에

는 시상하부 아래에 매달린 뇌하수체까지 쭉 이어지는 호르몬 생성 세포가 있다. 다음으로 뇌하수체는 혈류를 타고 신장 바로 위에 올라앉은 부신까지 전달되는 장거리 호르몬인 부신피질 자극 호르몬 adrenocorticotropic hormone, ACTH을 생산한다. ACTH는 부신이 스트레스 호르몬으로 불리는 코르티솔을 분비하도록 자극한다.[8] 스트레스성 경험을 하면 분비되는 코르티솔은 심혈관계와 면역 체계를 포함한 신체에 커다란 영향을 미친다. 시상하부와 뇌하수체, 부신을 하나로 합쳐 시상하부-뇌하수체-부신hypothalamic-pituitary-adrenocortical, HPA 축*이라고 부른다.

두 번째 스트레스 반응 체계 (간단히 **투쟁-도피 체계**라고 부르기로 하자) 역시 스트레스 상황에서 활성화하며, 뇌간(뇌줄기)의 자그마한 중심부에서 시작된다. 그 중심부에서 시상하부까지 뻗은 신경계 세포인 뉴런neuron은 자율신경계autonomic nervous system, ANS** 의 투쟁-도피 반응을 촉발해 손에 땀이 나고 동공이 확장되고 심장박동이 빨라지고 몸이 떨리는 등 사람들이 강렬한 스트레스 상황에서 흔히 겪는 증상을 일으킨다. 코르티솔 및 투쟁-도피 반응체계는 완전히 독립적으로 또는 동시에 활성화하고 기능하는 것

---

* 시상하부-뇌하수체-부신 축: 뇌의 시상하부와 뇌하수체, 부신으로 구성되며 강력한 호르몬인 코르티솔을 생산하는 호르몬 체계. 코르티솔은 신체의 심혈관, 면역, 신진대사 체계에 커다란 영향을 미친다.
** 자율신경계: 말초신경계를 구성하는 요소이며 투쟁-도피 반응을 가속하는 교감신경계와 반응을 제동하는 부교감신경계로 나뉜다. 이 두 신경계가 함께 입이 마르는 현상, 혈압과 심장박동 수 상승, 혈당치 변화, 면역 체계 통제 등 스트레스에 대한 생리적 반응을 조정한다.

이 아니라 광범위하게 교차하며, 한 체계가 활성화되면 다른 하나도 공명하면서 함께 활성화되는 경향을 보인다. 두 체계 모두 혈당치와 혈중 인슐린 농도, 혈압, 심장박동 수, 기타 심혈관 기능, 꽃가루와 백신 등의 이물질이나 박테리아 및 바이러스에 대한 면역 반응의 균형 등 다양한 신체 작용을 관리하고 조절하는 강력한 영향력이 있다. 스트레스를 주는 환경에 급성 또는 만성으로 반응하는 아동은 혈당치가 높은 경향이 있고 제2형 당뇨, 고혈압, 관상동맥 및 뇌혈관 질환 위험이 높아지며 면역 기능이 저하되거나 염증 반응을 보일 가능성도 커진다.[9]

이러한 생리적 스트레스 반응이 오랫동안 인체에 축적되면 다양한 유형의 만성질환에 취약해지는 방향으로 구조적 변화가 일어난다.[10] 신경과학자 브루스 매큐언Bruce McEwen은 생리적 균형을 유지하려는 몸의 끊임없는 노력 탓에 인체 구조에 만성적 마모가 발생해 **알로스테틱 부하**allostatic load 상태가 된다고 설명했다.[11] 알로스테이시스Allostasis란 생리 또는 행동 변화를 통해 생물학적 안정성, 또는 **항상성**을 획득하는 과정이며, 알로스테틱 부하는 그런 안정성을 유지하는 데 드는 생물학적 비용을 가리킨다. 시소의 양쪽 끝에 올라 앉은 두 마리 코끼리를 상상해보자. 위태로운 균형이 유지되고는 있지만, 코끼리를 떠받치는 판자에는 엄청난 수준의 압력이 가해지고 시소는 결국 부러져버릴 수도 있다. 따라서 어느 정도 생리적으로 안정된 상태가 오랫동안 유지된다 하더라도 스트레스 노출에 따른 대응 과정 탓에 장기적으로 보면 질병

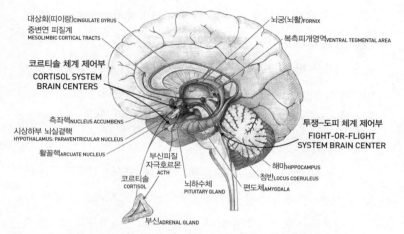

대상회(띠이랑)CINGULATE GYRUS
중변연 피질계
MESOLIMBIC CORTICAL TRACTS

뇌궁(뇌활)FORNIX

복측피개영역VENTRAL TEGMENTAL AREA

코르티솔 체계 제어부
CORTISOL SYSTEM
BRAIN CENTERS

측좌핵NUCLEUS ACCUMBENS
시상하부 뇌실곁핵
HYPOTHALAMUS: PARAVENTRICULAR NUCLEUS

활꼴핵ARCUATE NUCLEUS

부신피질
자극호르몬
ACTH

코르티솔
CORTISOL

뇌하수체
PITUITARY GLAND

투쟁-도피 체계 제어부
FIGHT-OR-FLIGHT
SYSTEM BRAIN CENTER

해마HIPPOCAMPUS
청반LOCUS COERULEUS
편도체AMYGDALA

부신ADRENAL GLAND

인간 뇌의 스트레스 반응 체계는 크게 코르티솔 체계와 투쟁-도피 체계로 나뉜다. 코르티솔 체계에서는 시상하부 신경핵, 뇌하수체, 신장 위에 자리한 부신 사이에서 상호작용이 일어난다. 투쟁-도피 체계(또는 자율신경계, ANS)는 뇌간의 핵에 의해 활성화하며 뚜렷하게 두 갈래로 나뉜다. 첫 갈래인 교감신경은 투쟁-도피 반응에서 가속장치 역할을 하며 두 번째 부교감신경은 교감신경에 반하여 제동장치로 작용한다. 투쟁-도피 체계는 누구에게나 익숙한 여러 가지 생리적 스트레스 반응, 즉 입이 마르고, 몸이 떨리고, 심장박동 수가 올라가고, 소화기관이 불편해지는 증상 등을 일으킨다.

위험이 축적될 수도 있다는 뜻이다.

　우리는 앞으로의 연구 방향에 커다란 분기점을 맞이했다. 이제 우리 초점은 스트레스 반응성 크기 면에서 아이들 **사이**에 존재할 수도 있는 차이이므로, 엄밀하게 표준화된 조건하에서 반응성을 측정할 방법을 고안해야 했다. 당시 무선 모니터링 장비가 시중에 나와 있어서 학교나 가정에서 서로 다른 혈압이나 심장박동 수가 측정되었다고 가정해보자. 그렇더라도 그 수치가 각 아동의 반응성 수준에 따른 생물학적 차이에서 나오는 것인지 특정 학교

2장　잡음과 음악

73

나 가정 고유의 스트레스 수준 탓인지 파악하기 어렵다. 우리는 실험실 내에서 신중하게 제어된 조건, 그리고 두 가지 스트레스 반응 체계를 한꺼번에 측정할 도구가 필요했다. 더불어 우리가 아이들에게 부여할 자극 조건 또한 신중하게, 그러니까 스트레스를 유발할 정도로 강하면서도 아이가 울면서 뛰쳐나갈 정도로 강하지는 않도록 조절해야 했다.

내 동료 애비 올컨Abbey Alkon과 나는 딱 적당한 정도의 코르티솔 및 투쟁–도피 반응을 끌어낼 만큼 가벼운 스트레스를 주는 과제를 선별하는 작업에 착수했다. 처음에 우리는 (여기서 그리고 책 전체에 걸쳐 나는 '우리'라는 복수대명사로 대학 연구 프로그램에 엄청난 도움을 준 학생, 조교, 자원봉사자를 한꺼번에 지칭했다. 이들은 논문에 이름이 실리지도 않고 공적을 인정받지도 못할 때가 많지만, 사실 연구 분야에서 이들의 재능과 기여 없이 이루어지거나 성공할 수 있는 것은 거의 아무것도 없다) 성인의 심혈관 반응에 쓰는 스트레스 검사법, 이를테면 피험자가 얼음물이 든 양동이에 1분간 손을 담그고 있어야 하는 한랭혈압검사 같은 방법을 활용하려 했다. 처음으로 이 방법을 다섯 살짜리 남자아이에게 시험했을 때, 아이는 손을 물에 담갔다가 얼굴을 찡그리더니 "이거 아파!"라고 말하고는 부리나케 실험실 밖으로 나가버렸다. 이로써 아이들은 똑똑하고, 과학자들은 멍청하다는 사실이 증명되었다. 아동의 스트레스 반응성을 검사하려면 너무 심하지도 않고 너무 약하지도 않은, 딱 적당한 과제를 찾아내야만 했다. 이런 균형점을 찾으려면 강도를 쉽게 조절할 수 있고 세 살에서 여덟 살까지의 어린이(우리가 주로 초점을 맞추고 있는 아동 중기 집단)에게 적합하며 아이가 일상생활에서 실제로 겪을 만한 자극이 필요했다. 우리는 다양한 유형의 과제 중에서 다음과 같은 몇 가지를 골라냈다.

- 처음 보는 어른(연구 조교)이 아이의 가족, 생일, 유치원 친구, 좋아하는 음식, 지난번 생일잔치 등에 관해 묻는 인터뷰 (**심리사회적** 자극에 해당)
- 혀에 레몬즙을 한 방울 떨어뜨리기(**신체적**, 감각적 자극)
- 영화에서 감동적인 부분 보기(**감정적** 자극)
- 시험관이 읽어준 3~8자리 숫자 따라 읊기(**인지적** 또는 사고 관련 자극)

몇몇 특별 연구에서는 이런 방법도 사용했다.

- 반응성 테스트가 끝날 무렵 코코아를 만들려고 끓이던 주전자의 김 탓이라는 핑계를 대며 화재 경보기를 울리고(**예기치 못한, 각성시키는** 자극) 바로 실제로 불이 나는 것은 아니라고 아이를 안심시킴

이러한 스트레스성 과제 직전과 직후에는 연구 조교가 아이에게 연령대에 맞는, 마음을 진정시키는 이야기를 읽어주어 실험

처음 보는 어른에게 스트레스 반응성 검사를 받는 아동. 아이에게 가벼운 스트레스를 주는
여러 과제를 수행하는 동안 코르티솔 및 투쟁-도피 체계 반응이 측정되었다.

중에 측정된 수치와 비교할 휴지기의 기준 수치를 얻어냈다. 반응
성 점수를 매길 때는 코르티솔과 투쟁-도피 체계 양쪽에서 반응
이 나오는 검사법과 한쪽 체계에서만 반응이 나오는 검사법 양쪽
을 모두 사용했다. 전자의 예로는 양쪽 체계의 영향을 받는 혈압
과 심장박동 수가 있었고, 후자의 예로는 타액 내 코르티솔(침 안
에 든 스트레스 호르몬인 코르티솔의 농도, 혈중 농도와 거의 비슷함),
심장박동 수 변동 폭(부교감 자율신경계 기능의 지표)과 심장박동
주기가 시작되고 끝나는 정확한 시점(교감 자율신경계 활성화 측정)
을 측정하는 임피던스 심박출량 검사가 있었다.

　코르티솔 측정에 쓸 타액 샘플은 간단히 얻을 수 있었다. 지
구상의 모든 어린이는 언제 어떤 상황에서든 침 뱉기를 간절히 원
하기에 요청하면 흥분을 감추지 못하고 냉큼 가래침을 뱉는다. 세
상의 모든 부모가 "침 뱉지 마!"라고 꾸짖은 탓에 그렇게 되는 것

이 틀림없다. 연구에서 우리가 만났던 수백 명의 3~8세 어린이 대부분은 다들 소리까지 내가며 거품 낀 침을 잔뜩 뱉었다.

투쟁-도피 자율신경 기능을 알아보기 위해 몇 분에 걸쳐 전기생리학적 데이터를 수집해야 하는 심혈관 검사는 얘기가 좀 달랐다. 심장이 폐와 몸 전체로 혈액을 펌프질하며 생겨나는 전기적 변화의 순간을 1,000분의 1초 단위로 잡아내려면 아이의 가슴 앞뒤에 전해질 젤을 바르고 전선이 달린 전극을 연결해야 했다. 이 장비를 전부 연결하고, 제대로 연결되었는지 테스트하고, 준비하는 동안 자연스럽게 생기는 아이의 불안을 달래는 데만도 10~15분이 걸린다. 일고여덟 살짜리 아이는 우주 비행사도 우주로 갈 때 비슷한 장비를 착용한다는 이야기로 회유하면 흥미를 보인다. 반면 우주여행 판타지에 별 관심이 없는 서너 살짜리를 테스트할 때는 더 부드러운 말로 살살 달래고 안심시키면서 천천히 진행해야 한다. 하지만 반응성 검사의 이런 준비 단계에서도 눈썰미 있는 관찰자는 행동과 감정 면에서 아이들이 낯선 경험에 각기 다르게 반응한다는 사실을 눈치챌 수 있었다. 앞으로 자세히 설명하겠지만, 이러한 차이는 실험실 안에서 우리가 고안한 과제로 끌어내려 했던 것보다 훨씬 생생하고 선명한 스트레스 생리를 보여주었다.

연구자들이 가끔 그러듯 애비와 나는 우선 이 절차와 측정법 전체를 자식에게 시험했다. 아이들은 마침 우리가 테스트하려는 연령대에 딱 맞았다. 당시 여섯 살이었던 딸 에이미는 상냥하게도 아빠의 스트레스 반응성 실험에서 모르모트가 되겠다고 자원했고, 나중에 칭찬과 선물로 보상을 듬뿍 받았다. 에이미는 우리 실험실에서 테스트를 받은 아이 가운데 반응이 큰 축에 드는 것으로 밝혀졌다. 딱 잘라 난초 아이라고 하기는 애매했지만, 딸은 신발 안에서 양말이 '주름지는' 것을 질색했고 까슬한 모직 스웨터가 피부에 스치는 느낌을 싫어했으며 합창 음악의 음조에 매우 민감했다. 나중에 알게 된 사실이지만, 이런 민감성은 실험실의 스트레스 요소에 더 극단적인 신경생물학적 반응을 보이는 다른 아이들(언젠가 우리가 난초 아이라고 부르게 되는)의 행동 및 감각 특성에 속하는 것이었다. 이런 극단적이고 가끔은 위험성이 높은 아이들(그중 일부는 필연적으로 내 환자가 되었다)은 실험실 밖의 삶에서 자연스럽게 발생하는 문제에도 특별한, 때로는 문제가 될 만한 민감성을 보이고 강렬하거나 부담스러운 사회적 환경에서는 압도되는 경향이 있었다. 그래서 나는 스트레스에 대한 이 과도한 반응으로 인한 발달과 건강상의 결과, 즉 사랑하는 딸의 몸 안에 존재하는 생리학적 영역을 탐구하게 되었다.

실험실 반응 실험 초안을 개발하며 거친 이 '간 보기' 단계에서 우리는 여러 달 동안 심혈관 반응 측정법을 여러 가지로 바꿔가며 온갖 과제를 다양한 연령대의 아이들에게 시험했다. 일단 적절한 과제와 신뢰도 높은 측정법을 선별하고 이 방식이 다양한 연령대의 각기 다른 기질을 지닌 아이들에게 통한다는 사실을 확인하고 만족한 우리는, 수백 명의 아동 사이에서 스트레스 반응성이 어떤 식으로 분포하는지 체계적으로 점검하기 시작했다. 우리는

3~8세 아동을 대상으로 연구를 시작하기는 했지만, 애비는 더 어린 아기들, 심지어 생후 1년 미만의 영아에게서도 본질적으로 같은 반응을 얻을 수 있음을 입증하고 기록으로 남겼다. 기본적으로 우리가 계속해서 알아낸 것은 실험실 과제에 대한 신경생물학적 반응성 측정값이 아동 집단 내에서 매우 다양하게 나타나며 그 다양성은 많은 아이가 가운데 몰려 있고 양쪽 끝으로 갈수록 수가 적어지는 표준 정규 분포(종 모양)를 따른다는 사실이었다.

다음 그래프는 투쟁-도피 및 코르티솔 반응성 측정값의 전형적 사례를 보여준다. 그래프를 보면 스트레스 반응성 측정값이 매끄러운 곡선을 그리며 연속적으로 분포하고 난초 아이가 측정값 상위 15~20퍼센트를, 민들레가 하위 80~85퍼센트를 차지한다는 점을 알 수 있다. 난초 아이들은 민들레 아이들에 비해 양적

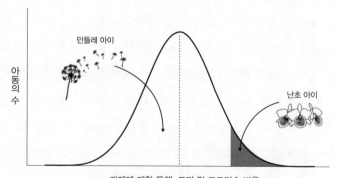

표준 실험 과제에 대한 아동의 투쟁-도피 및 코르티솔 반응성 분포. 그래프는 측정값 스펙트럼에 전체에 걸쳐 스트레스 반응성이 연속적으로 분포하며, 연속체에서 난초 아이가 반응성이 큰 상위를, 민들레 아이가 하위 80~85퍼센트를 차지한다는 사실을 보여준다.

으로 더 큰 스트레스 반응을 보였지만, 반응 유형이 달라지지는 않았다. 다시 말해 난초와 민들레 아이는 완전히 다른 유형으로 나뉘는 것이 아니라 같은 연속적 분포를 공유한다는 뜻이었다. 그래프에 표시되지는 않았지만, 흥미롭게도 반응성 그래프의 모든 수준에서, 그리고 민들레와 난초 아이 집단 내에서 남아와 여아의 비율은 같았다. 가장 중요한 것은 아동 집단 내에서 끊기는 부분 없이 폭넓은 반응성 수치 스펙트럼이 나왔다는 점이었다.

새로 다듬은 스트레스 반응성 실험 계획안을 활용하기 시작하면서 우리가 가장 먼저 깨달은 사실은 표준화된 실험 과제에 대해 아이들이 보이는 반응성 측정값의 격차가 매우 크다는 점이었다. 반응성 분포에서 가운데에 위치하는 아동의 수가 많기는 했지만, 제시된 여러 실험 과제에서 투쟁-도피 및 코르티솔 체계 반응 측정값이 꾸준히 놀라울 만큼 높게 나오는 아이들도 일부(다섯 명중 한 명꼴) 있었다. 반면 놀라울 정도로 낮은 반응성을 보이는, 분포 곡선에서 반대쪽 끝을 차지하는 아이들도 비슷한 비율로 존재했다. 실험 과제에 대한 신경생물학적 반응의 다양하고 폭넓은 분포야말로 우리가 찾길 바랐던 '음악'일까? 스트레스 요인에 대한 이 차별화된 반응성이 예전에 우리가 환경 스트레스와 건강 및 발달장애 간의 관계를 조사할 때 끊임없이 나타났던 '잡음'을 설명해줄 수 있을까? 표준화된 과제에 대한 보이지 않는 신체 내부의 생물학적 반응이 왜 어떤 아이는 가난과 역경에 무너지고 다른 아이는 이례적으로 잘 자라는지 설명하는 답일까?

길과 내가 뉴멕시코와 콜로라도주 경계 3,000미터 상공에서 나바호 쌍둥이를 세상으로 데려오고 일 년 반이 지난 뒤 나는 보호구역과 인디언 보건 서비스 병원을 떠나 투손의 애리조나 대학교에서 처음으로 정식 교직원으로 일하기 시작했다. 어느 날 오후 나는 머나먼 뉴멕시코 고지대 사막 어딘가의 주소가 적힌 소포를 받았다. 안에는 쪽지 한 장 없었지만, 전통적 방식으로 내 이름 "T. Boyce, MD"를 넣어 짠 아름다운 나바호 양탄자는 쌍둥이의 할머니가 만들어 보낸 것이 틀림없었다. 나는 그날 그리고 그 뒤로도 수없이 가족에게, 종종 놀라운 방식으로 예기치 못한 시점에 우리 삶에 갑자기 찾아오는 아기들에게, 아이마다 세상에 발을 들이는 방법과 세상을 대하는 반응이 감탄스러울 만큼 다르고 독특하다는 사실에 깊은 감사를 되새겼다. 나 또한 학문적 의학의 세계에 발을 들인 지 얼마 안 되는 새내기였지만, 어린 시절의 역경에 관한 내 사고방식과 그런 역경에 대한 생물학적 반응의 실제 의미를 바라보는 내 관점, 탄력성은 이롭고 취약성은 불운하다는 어림짐작을 완전히 바꿔놓을 뜻밖의 현실을 발견하게 될 참이었다.

3장

예기치 못한
발견

역경이 건강과 행동에 미치는 영향을
연구하며 잡음 속에서 음악을 찾으려고 애쓰던 우리에게 새로운 발
견으로 이어질 빛을 던져준 것은 부끄럼 많은 한 소녀(몰리라고 부르
기로 하자)였다. 실험실에서 표준 과제에 대한 생물학적 반응을 검
사하는 스트레스 반응성 시험을 막 끝마친 몰리는 이제 우리가 짜
낸 교묘한 딜레마에 빠졌다. 몰리는 탁자가 두 개 있는 방으로 안내
받았고, 두 탁자 사이에 놓인 유아용 의자에 앉아 상냥하고 젊은 여
성 연구 조교와 마주 보게 되었다. 조교는 몰리에게 둘이서 이야기
를 좀 나누고 자기 왼쪽 탁자에 있는 장난감을 가지고 놀 예정이라
고 설명했다. 하지만 거기 놓인 장난감들은 낡고 색이 바래고 망가
져서 구세군이 크리스마스에 모아서 쓰고 남은 유물처럼 보였다.
반면 조교의 오른쪽에 있는 탁자에는 고급 장난감 가게 진열장처럼
반짝거리는 새 장난감이 잔뜩 놓여 있었다. 조교는 자기가 다른 방

에 뭔가를 두고 왔으니 잠깐 나가서 가져와야겠다고 말하며 왼쪽 탁자에 있는 장난감(형편없는 것)은 가지고 놀아도 되지만, 오른쪽 탁자에 있는 장난감(반짝이는 것)은 다른 사람 것이므로 자기가 허락을 받아올 때까지 건드리면 안 된다고 설명했다.[1]

조교가 방을 나가자 몰리는 어떤 장난감을 가지고 놀 것인가하는 괴로운 도덕적 난제와 혼자 씨름해야 할 처지가 되었다. 그러는 동안 몰리의 행동은 반투명 거울 반대편에서 은밀히 녹화되고 있었다. 조금 전 진행된 스트레스 반응성 검사에서 몰리는 모든 과제, 즉 인터뷰 질문에 답하기, 레몬즙 맛보기, 슬픈 영화 보기, 일련의 숫자 기억하기에서 엄청나게 높은 스트레스 체계 활성화 수치를 보이면서 매우 반응성이 높은 아이로 판명되었다. 우리가 반투명 거울 너머로 몰래 지켜보는 동안 몰리는 새것이고 반짝이는, 하지만 금지된 장난감을 가지고 놀고 싶은 압도적인 욕구를 억누르기 위해 다섯 살짜리가 생각해낼 수 있는 모든 전략을 동원했다. 몰리의 작고 둥근 얼굴은 어떡해야 할지 도무지 알 수 없다는 당혹감을 그대로 비추는 투명한 창이었다. 몰리는 허락된 탁자에 있는 낡아빠진 유물을 잠시 만지작거리며 마음을 달래려고 해봤지만, 그 전략은 가망이 없음을 금세 깨달았다. 다음에는 매혹적인 새 장난감이 눈에 들어오지 않게 하려고 얼굴 양옆에 손을 갖다 대고 시야를 차단했다. 손을 깔고 앉아서 꼼지락거리고, 일어서서 방 안을 돌아다니고, 손톱을 깨물고 머리카락을 빙빙 돌려 꼬고, 거울에 대고 얼굴을 찌푸리기도 했다. 몹시 절박해진 몰리는 마지막으로 조교의 지시를 따라야 하고 유혹을 견뎌야 하고 어른이 지시한 대로 따라야 한다고 손짓, 발짓을 섞어가며 자신을 나무라는 긴 독백을 시작했다. 몰리가 욕망을 물리치느라 애간장을 태우며 10분을 보낸 뒤에야 조교가 돌아와서 이제 아무 장난감이나 가지고 놀아도 된다고 말했고, 몰리는 뛸 듯이 기뻐하며 새 장난감을 집었다.

몰리가 보인 놀라운 자제력과는 달리, 같은 도덕적 딜레마에 직면한 다른 아이들이 보인 '만족 지연'은 초 단위로 재야 할 만큼 짧았다. 조교가 나가고 문이 닫히자마자 다른 아이들은 대부분 새 장난감에 달려들어서 죄책감이나 거리낌 없이 즐겁게 놀았다. 유혹을 이겨내고, 만족을 지연하고, 권위 있는 어른이 명확하게 그어놓은 경계선을 넘어가고 싶은 충동을 자제하는 데 엄청난 능력을 발휘하는 것은 거의 항상 생물학적으로 높은 반응성을 보이는 아이들이었다. 과연 원인은 무엇이며, 이 사실이 우리 연구에 어떤 영향을 미쳤을까?

같은 유형의 아이가

가장 아프거나
가장 건강한 이유

연구 초반에 우리가 실험실에서 스트레스 요인에 높은 반응성을 보이는 아이들의 **행동** 특성에 초점을 맞추기 시작하자마자 그 아이들과 다른 아이들 사이에 존재하는 뚜렷한 차이가 눈에 들어왔다. 마치 우리가 만든 새 스트레스 반응성 검사가 빛을 분산하는 프리즘처럼 작용해서 아이들의 신경생물학적 반응을 눈에 보이는 '띠'로 나누어 보여주고, 우리가 제시한 소소한 어려움에 과도한 반응을 보이는 아이들을 골라내는 것 같았다.

이제 검사 절차를 확정한 우리는 감춰져 있던 특성이 눈에 보이게 하는 도구로 그 검사법을 활용하면서, 실험 측정 기준을 아이들의 일상이라는 더 넓은 범위에 적용하는 생태학적 연구에 착수했다. 실험실 검사와는 달리 규모가 더 큰 이 연구는 자연스러운 사회적 환경에서 벌어지는 상황을 평가할 기회였다. 현실의 스트레스 요인은 아동 간의 측정 가능한 건강, 질병, 발달 차이와 직접 연관되어 있었다. 우리 목표는 따로 선별하지 않은 진짜 현실 환경에서 스트레스 반응성 차이가 어떻게 작동하는지 확인하는 것이었으므로, 처음부터 우리는 병원에 오는 소아과 환자가 아니라 **공동체 또는 교육기관** 내 아이들을 연구 대상으로 택했다. 전자도 당연히 연구할 가치가 있었고, 특정 질병이나 장애의 원인을 찾는다면 특히 배울 것이 많을 터였다. 하지만 우리는 전반적으로 건강하고 표준적인 아동 집단에서 발생하는 진짜 스트레스 요인과 반응성 격차가 지니는 의미를 파악하고 싶었다. 평범한 환경에서 자주 나타나는 역경과 그런 어려움이 전형적으로 발달 중인 아동의 삶에서 흔히 보이는 질병이나 부상, 장애에 미치는 영향을 연구하고 싶었다. 우리는 평균적이고 대표성 있는 동네에 사는 표준적 아동 집단을 찾아 나섰다.

그런 이유로 우리 연구는 어린이집, 유치원, 초등학교 저학년을 중심으로 펼쳐지게 되었다. 매년 가을 엄청나고 끝없는 에너지로 브라운 운동(유체 안에서 입자가 끊임없이 불규칙하게 움직이는 현상 – 옮긴이)을 하고 배우겠다는 넘치는 의욕으로 눈을 빛내는 꼬마들이 전염성 병원균과 함께 모여드는 곳이다. 현대 사회의 숨은 영웅 중에서도 가장 진정한 영웅은 어떻게든 혼란에 질서를 부여하고 아수라장에서 배움과 발견을 건져내며 일종의 자그마한 문명을 구축하는 선생님들이 아닌가 한다. 유치원이나 초등학교 교실보다 훌륭한 연구실은 세상에 존재하지 않는다.

다음의 두 연구에서 우리는 아동의 전염성 질병과 스트레스 노출, 반응성, 건강의 관계를 조사했다. 첫 번째 연구는 캘리포니아 대학교 샌프란시스코 캠퍼스(UCSF) 부설 메릴린 리드 루시아 아동보육 연구센터의 유치원에서, 두 번째는 샌프란시스코 지역 유치원에 등록한 아이들을 대상으로 이루어졌다. 처음에 우리는 센터 구석의 창문 없는 골방에서 캠퍼스 교직원의 3~5세 자녀를 검사했고, 부모들에게 가족이 겪는 스트레스 요인과 어려움을 묻는 인터뷰와 설문을 진행하고, 소아과 임상 간호사가 매주 아이들을 검사한 결과를 활용해 호흡기 질환(감기, 중이염, 천식 발작, 폐렴 등) 발생률과 강도를 평가했다. 스트레스 관련 인터뷰와 설문에서는 부모에게 가족의 삶에서 일어난 스트레스 사건(예를 들어 친지의 죽음, 다른 아이들의 괴롭힘, 이사, 부모의 이혼, 학교에서 바지를 적신 일 등)과 가정 재정 문제나 폭력에의 노출, 부부 간 불화, 부모의 우울증 등 더 만성적이고 오래가는 역경에 관해서 물었다.

두 번째 연구에서 우리는 지역 유치원 입학 1~2주 전과 후에 각각 아이들을 연구실로 데려왔다. 정식 교육기관 입학은 다섯 살짜리에게 적응과 발달 면에서 커다란 도전이다. 20~30명의 모르는 또래 아이들과의 새롭고 신나면서도 때로는 부담스럽고 스트레스를 주는 사회적 관계가 한꺼번에 밀어닥치기 때문이다. 또한 어린이집과 달리 유치원에 들어가면 선생님이 아이들에게 기대하는 행동 기준도 올라가고 진짜 공부가 시작되며 새롭고 다양한 호흡기 관련 및 기타 병원체에 신체가 노출된다. 이는 다섯 살 어린이의 작은 몸과 마음에는 매우 큰 사건이며, 사회적 불확실성과 기대치가 높아지고 세균과 질병 등에 노출되는 악재가 겹쳐 일어나는 일종의 퍼펙트 스톰이다.

유치원 시작 1~2주 전과 후에 우리는 코르티솔 및 투쟁-도피 스트레스 반응 체계 활성화에 따른 면역 체계 기능 변화를 측정하기 위해 혈액 샘플을 소량 채취했다. 질병률은 2주에 한 번 부모가 기입하는 호흡기 증상 확인 목록을 통해 산출했다. 실험실 연구를 할 때 우리는 높은 투쟁-도피 반응과 강한 코르티솔 반응성을 보이는 아이, 면역 기능에 변화가 나타나는 아이가 스트레스나 역경, 혼란 수준이 높은 가정에 속한다면 더 심한 병을 더 자주 앓을 가능성이 높다는 가설을 세웠다. 그래서 최악의 호흡기 질환은 스트레스 반응성이 높고 가정 환경 스트레스 요인이 높다는 두 조건의 **조합**을 갖춘 아이들 가운데서 발생하리라 예측했다. (92쪽의 그래프는 두 연구를 합친 결과를 보여준다.) 예상대로 가장 아픈 아이들은 높은 스트레스 반응성과 유해한 가정환경이라는 조건이 겹친 아이들이었다. 이들의 비정상적으로 높은 호흡기 질환 발병률과 강도는 내부의 생물학적 민감성과 외부의 가정환경 스트레스 요인이 **융합**해 나타난 결과라고 설명할 수 있었다.

우리가 가정하지 않았던 것, 눈을 커다랗게 뜨고 머리를 긁적일 정도로 놀라웠던 것은 똑같이 스트레스 반응성이 높으면서 스트레스가 매우 적은(예측 가능하고 일관성 있으며 아이를 지지해주는) 가정에서 사는 아이들이 연구에 참여한 모든 아동 중에서 **가장 낮은** 호흡기 질환 발병률을 보였다는 사실이었다. 심지어 스트레스 반응성이 낮으면서 스트레스가 적은 가정에 사는 아이들보다도 낮았다! 이들의 질병 발생률은 우리가 연구한 어떤 아이들보다도 낮았다. **스트레스 반응성이 높은 아동은 자기 가족의 사회감정적 상태에 따라 가장 아프거나 가장 건강한 아이가 된다는 뜻이었다.**

두 연구를 합쳐서 나온 이 결과에 당황한 우리는 가능한 설명을 찾으려고 애쓰며 어떻게 한 유형의 아이가 가장 높은 질병률과 가장 낮은 질병률 **양쪽**에 다 해당할 수 있는지 자문했다. 나는 1993년 선선한 가을 샌프란시스코 캠퍼스에서 우리 셋, 그러니

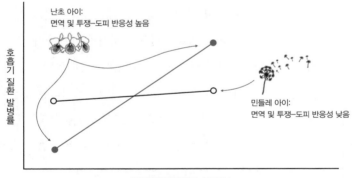

사회적 환경에서의 스트레스

아동의 호흡기 질환 발병률과 사회적 환경 관련 역경, 스트레스 반응성 정도의 관련성을 보여주는 그래프. 투쟁-도피 체계 또는 면역 체계 반응성이 큰 난초 아이는 호흡기 질환 발병률에서 최상위와 최하위를 차지했다. 평균적 또는 낮은 반응성을 지닌 민들레 아이는 스트레스가 낮은 상황과 높은 상황 양쪽에서 보통 수준의 발병률을 보였다.

까 애비, 실험 조교 잰 제네브로Jan Genevro와 내가 칠판을 그림과 숫자로 채우고 논리적 주장을 휘갈겨 쓰고 정답이 될 만한 설명을 두고 열정적으로 토론하면서 이 난제를 붙들고 씨름했던 일을 영원히 기억할 것이다. 쟁점은 우리가 발견한 사실에 대한 두 가지 서로 명확히 구분되는 해석이었다.

한편으로 실험실에서 인위적 스트레스 요인에 그토록 큰 생물학적 반응을 보인 아이들이 실험실 밖 진짜 세상에서 훨씬 큰 역경과 스트레스를 만났을 때 더 쉽게 아프게 된다는 것은 당연한 일이었다. 당시에는 널리 인정받지 못했지만, 높은 질병률은 높은 반응성에 따르는 예측 가능한 결과라고 할 수 있었다. 다른 한편으로 우리에게는 이 민감한 아이들이 따스한 보살핌을 받는 환경에서는 애정과 선의도 잘 받아들이는 높은 반응성 덕분에 다른 또래 아이들보다 훨씬 더 건강할 수도 있다는 임상적 증거가 있었다. 마치 같은 이미지를 다른 시점에서 보면 다른 그림으로 보이는 공간 지각 테스트를 할 때처럼 우리는 갑작스레 놀라운 결론에 도달했다. 해답은 '둘 중 하나'가 아니라 '양쪽 다'였다. 문제의 아이들은 유해한 사회적 환경과 힘이 되는 환경 양쪽의 특성과 본질에 극도로 민감하게 반응하기 때문이었다. 이들이 나쁜 환경에서 무너지고 좋은 환경에서 잘 자라는 것은 정확히 같은 이유에서였다. **이 아이들은 남들보다 열려 있기에 좋건 나쁘건 자신이 자라나는 환경의 강력한 영향을 더 많이 받아들이고 흡수했다.** 그건 모든 과학자가 꿈꾸고 바라는 깨달음의 순간이자 순식간에 관점을 바꿔주는 통찰이었다.

그래서 우리는 어떻게 한 유형의 아이가 가장 건강이 나쁘거
나 좋을 수 있는가 하는 문제에 대해 반응성이 높은 아이는 예민
한 특수 감수성, 즉 유해하거나 이롭거나 관계없이 **자기 주변의
사회적 환경 특성에 특별하게 민감한 반응을 보인다**는 잠정적 해
답을 내놓았다. 1995년 《심신의학Psychosomatic Medicine》에 게재한
보고서에 우리는 이렇게 썼다.

> 조금 더 나아가 과감하게 추측해보자면 과도한 심리생물학적
> 반응은 자기 조절 능력의 상대적 결핍을 반영하며, 그 결과 사
> 회적 환경의 특성에 대한 높은 민감성이 나타나는지도 모른
> 다. 그러므로 반응성이 높은 개인은 주변의 사회적 환경을 특
> 징 짓는 스트레스와 역경 수준에 따라 이례적인 취약성 또는
> 이례적인 탄력성을 보일 수 있다.

우리가 조심스레 제시한 주장은 반응성이 높은 아이의 핵심
특성은 취약성이 아니라 어떤 성격의 사회적 환경에도 민감하게
반응하는 비상한 감수성에 있다는 것이었다. 매우 민감한, 난초를
닮은 이 아이들은 스트레스를 유발하는 해로운 환경에서 건강과
발달을 위협받을 위험 부담을 지고 있었지만, 애정 어린 보살핌을
받는 환경에서는 놀라울 만큼 건강하게 잘 자랐다.[2]

수줍음의

생태학

　　민감한 난초 아이에 관해 부모와 동료들에게서 가장 꾸준히 나왔던 질문 가운데 하나는 그런 아이를 구분할 만한 눈에 보이는 표지가 있느냐는 것이었다. 그 말은 아이들의 숨은 반응성을 확실하게 표시하는 행동 또는 다른 **표현형** phenotype이 있느냐는 뜻이었다. 표현형이란 개인이나 개체의 관찰 가능하고 눈에 보이는 성질이나 모습, 이를테면 눈 색깔, 신장, 성격, 행동 등을 가리킨다. 난초 아이의 행동 표현형이 구분 가능하냐는 질문의 답은 '그렇다고 증명되었다'라고 할 수 있다.

　　하버드 발달심리학 교수 제롬 케이건Jerome Kagan은 경력의 상당 부분을 할애해서 자신이 '수줍음의 생태학'이라고 이름 붙인 주제를 탐구했다.[3] 그의 연구는 신생아들조차도 기질 면에서 각자 명확하고 극적인 차이를 보인다는 관찰에서 출발했다. 여기서 기질이란 일찍부터, 어떤 상황에서든 꾸준히 나타나는 영유아의 성격 특성을 가리킨다. 1950년대 '뉴욕 종단 연구New York Longitudinal Study'에서 알렉산더 토머스Alexander Thomas와 스텔라 체스Stella Chess 의 초기 연구에 따르면 아주 어린 영아도 활동 수준, 수면과 식사 패턴의 규칙성, 적응성, 감정의 강도, 기분, 주의 산만성, 끈기와 주의 집중 시간, 감각 민감성 등의 행동적 측면에서 체계적 차이 를 보인다고 한다.[4] 여기서 더 나아가 케이건은 부모, 보육사, 교 사들이 보기에 적응성이 낮고, 내성적이고, 감각적으로 예민하고, 새롭거나 어려운 상황을 피하려 하는 영유아와 아동을 연구했다. "최고의 부끄럼쟁이"들에게 초점을 맞춘 케이건은 이 아이들이 위 협, 낯선 것, 도전 과제를 마주하면 심장박동 수가 급격히 빨라지 며 높은 투쟁-도피 체계 반응성을 보인다고 기록했다. 수줍어하 는 아이들은 레몬즙 맛보기 같은 감각 자극에도 강한 민감성을 드 러낸다는 기록도 남겼다. 따라서 후일 우리 연구와는 반대 방향 에서, 즉 행동(극도의 수줍음)에서 출발해 신경생물학적 반응 패턴 (심장박동 수 반응성)으로 이동하면서 연구한 케이건은 수줍어하는 기질과 스트레스 요인에 대한 신체 반응 사이의 명확한 연결 고리 를 확인했다.

이와 비슷하게 UC 데이비스의 인류생태학 교수 제이 벨스키 Jay Belsky는 주변에서 기질이 '까다롭다'는 평을 듣는, 즉 유아기 성 격에서 부정적 정서성이 두드러지는 아이들을 대상으로 부정적 육아에 대한 특수 감수성을 조사했다. 부정적 정서성이란 일부 영 유아가 엄마와 떨어지거나 하는 어려운 상황에서 괴로움, 감정적 불안정성, 초조함, 주의 산만함 등을 겪거나 표현하는 경향을 말한다. 벨스키는 부모를 대상으로 한 설문 조사와 아이의 얼굴, 목소리, 행동에 드러나는 감정을 관찰해서 부정적 감정을 파악한 다음 그 결과로 나타나는 외현화externalizing(저항, 공격성, 반항 등) 및 내현화internalizing(우울 또는 불안) 행동 문제를 연구했다. 가정 내에서 부모가 아이와 상호작용할 때 분노, 적의, 간섭 등이 나타나는지 관찰해서 육아 태도도 평가했다. 벨스키가 발견한 사실은 부정적 정서성을 보인 영유아가 이후에 딱히 전반적으로 높거나 낮은 수준의 행동 문제를 보이지는 않았다는 것이었다. 다만 부정적 감정을 표출하는 부모에게 양육받은 아이들만은 예외였다.[5] 부정적 기질을 지닌 영유아가 육아 방식이 부정적인 가정에서 자라는 경우, 문제의 내현화와 외현화 점수가 모두 높게 나왔다. 이 결과와 후속 연구를 토대로 벨스키는 부정적 정서성이 강한 기질의 영유아는 양육의 영향력에 특수 감수성을 보인다는 결론을 내렸다.[6]

종합해보면 케이건과 벨스키의 연구는 비록 상관관계가 느슨하고 항상 정확한 것은 아닐지라도 우리 초기 연구에서 난초 아이를 정의하는 극도의 신경생물학적 반응성과 수줍음, 부정적 정서성, 새롭거나 도전적인 상황을 피하려는 성향 사이에는 연결 고리가 존재한다는 점을 시사한다. 이 말은 모든 난초 아이가 수줍어하고 내향적이라는 뜻일까? 전혀 아니다. 또는 수줍어하는 아이는 모두 스트레스 요인에 생물학적으로 크게 반응한다는 뜻일까? 그렇지 않다. 매우 예민하고 감수성 편차가 큰 난초 아이는 항상 그런 것은 아니더라도 종종 수줍음, 감각 민감성, 낯선 상황에 대한 두려움, 역경 상황에서의 문제 행동 등을 보이는 경향이 있다는 의미일 뿐이다.

진화 이론으로 유추한

난초 아이의
탄생과 생존

　　그렇게 우리는 실험실 과제에서 같은 신경생물학적 반응성을 보인 난초 아이들이 건강과 발달, 적응력 면에서 최상위와 최하위를 차지하는 현상에 대한 잠정적 해답(사실 가능성 있는 해석에 더 가까웠지만)에 도달했다. 우리는 그런 아이들을 '피부가 얇다', 환경을 과도하게 '흡수한다', '광산의 카나리아'와 비슷하다고 설명하기 시작했다. 이런 비유는 난초 아이라는 명칭과 함께 형제자매 관계와 가족, 학교와 사회 집단, 동네와 공동체의 특성에 비상한 민감성을 보이는 이들의 핵심적 특징을 전달하는 데 도움이 되는 듯했다. 하지만 심사숙고해서 답해야 할 질문들은 여전히 산더미처럼 쌓여 있었고, 심지어 점점 늘어났다.

　- 이 반응성 큰 난초 아이들이 보건 연구에서 과도한 비율의
　　질병, 부상, 행동장애를 보인 소수 집단(32쪽 참조)과 같은

아이들일까?

- 만약 그렇다면 난초 아이의 존재를 발견했다는 것은 공중보
  건에서 어떤 의의를 지닐까? 그런 아이들이 짊어지는 불균
  등한 질병 부담을 사회 차원에서 다룰 효과적인 방법은 무
  엇일까?
- 인류 가운데서 이런 복잡한 표현형이 왜, 어디에서 출현하게
  되었을까? 이 표현형은 인간 어린이에게서만 나타나는가?
- 시간이 흐르면 난초 아이는 어떻게 되는가? 반응성이 더 높아
  지거나 낮아질까? 학교나 사회에서 자신감 없이 흔들리는가?
- 얼마나 일찍부터, 어떤 방법으로 고반응성 표현형을 찾아낼
  수 있는가? 태어날 때? 잉태될 때?
- 높은 반응성은 유전일까, 환경의 영향으로 생겨날까?

1999년 무렵 행운과 신의 섭리가 작용했는지 나는 테네시 내
슈빌의 밴더빌트 대학교에서 교환 교수로 잠시 일하게 되었고, 그
곳에서 젊고 똑똑하고 열정적이며 재능 있는 진화심리학자 브루
스 엘리스Bruce Ellis를 만나 긴 대화를 나누었다. 브루스는 난초 아
이였을 가능성이 높았고, 성인이 되어서도 그 성향은 변하지 않았
다. 처음에는 수줍어하고 낯을 가리는 브루스는 귀 기울이는 사람
에게는 금세 조심스레 자신의 천재적 지성과 과학에 대한 깊은 헌
신, 자연계의 근원을 탐구하는 진화론에 대한 열정적 믿음을 내보
였다. 대학원에서 심리학을 공부하던 초기에 브루스는 현대 심리

학의 개념적 토대에 논리적으로 맞지 않는 부분이 너무 많다는 사실을 발견하곤 몹시 실망했다. 그는 인간 행동을 분류하고 묘사하는 방법뿐 아니라 그런 행동이 어디서 왔는지, 왜 특정 행동 패턴이 인간 집단에서 계속 나타나는지, 초기 발달을 거치며 나타나는 일탈 행동과 정신병은 어떻게 설명해야 하는지 알고자 했다. 한 대학원 세미나에서 찰스 다윈의 연구를 접한 브루스는 그것이야말로 인간 행동의 근원에 대한 자신의 질문에 명확하고 일관성 있는 답이 될 수 있다고 여기게 되었다. 당시 이미 자연 선택의 법칙에 깊이 빠져든 그는 진화심리학자의 길을 걸으며 발달심리학 분야에서 두드러지게 창의성 넘치고 활발히 연구를 펼치는 이론가로 거듭나기 시작했다.[7]

밴더빌트 방문 이듬해 여름, 브루스 엘리스는 우리 버클리 실험실에서 여러 주를 보내게 되었고, 우리는 머리를 맞대고 수천 년의 진화를 거쳐 매우 민감하고 감수성이 큰 인간 아이들이 나타나고 살아남게 된 현상을 설명할 만한 이론적 틀을 열심히 생각했다. 이 여름의 협업은 우리의 의욕을 더욱 끌어올렸고, 결국 브루스가 뉴질랜드 크라이스트처치에서 처음 교편을 잡게 되자 나는 안식년을 활용해서 그곳을 찾아가 브루스와 함께 4개월간 공동 집필 프로젝트에 뛰어들었다. 서로 도움이 되는 기나긴 대화를 나눈 끝에 우리는 특이한 민감성을 설명하는 진화 이론의 윤곽을 잡고 그 이론적 방향에 토대를 둔 예측 가설을 세운 다음 기존에 수집한 데이터를 분석해서 확인 작업을 거쳤다. 초보 단계였던 이 이론의 핵심 내용은 2005년《발달과 정신병리학Development and Psychopathology》저널에 두 개의 논문으로 발표되었다.[8]

우선 우리는 자신이 살아가는 사회적 맥락에 신경생물학적 원인에서 유래된, 강화된 민감성을 보이는 형태로 나타나는 고반응성 표현형을 지닌 아이들이 있다는 전제를 내세웠다. 진화론에서는 자연 발생한 수많은 표현형은 모두 유전적 DNA의 임의적 변화, 즉 돌연변이에서 생겨난다고 주장한다. **유전자형**genotype이란 인간 세포 각각에 있는 특정하고 극도로 개인화된 DNA의 분자 배열을 가리킨다. 우리가 어머니에게서 절반, 아버지에게서 절반 물려받은 유전 암호 일람이라고 할 수 있다. 이 유전 암호는 정상적 환경에서는 돌연변이가 일어날 때만 변화하며, DNA 배열[*]에 종종 일어나는 영구적이고 미세한 변화인 돌연변이는 독성 화학물질이나 방사능에 노출될 때, 또는 세포 분열 과정에서 무작위로 DNA 복사 오류가 일어날 때 발생한다. 우리는 반응성 높고 극도로 민감한 표현형을 만들어낸 돌연변이가 최고로 평화로운 환경과 최고로 스트레스가 많은 환경 양쪽에서 생식 적합성과 생존 기회를 강화하는 효과를 발휘했기에 자연도태 과정에서 선택받았다고 생각했다.

원시 인류 무리가 살던 먼 옛날에는 스트레스와 위험 요소가 많았으리라 쉽게 짐작할 수 있고, 그런 환경에서 고민감성 표현형

---

[*] DNA 배열: 데옥시리보핵산 내 뉴클레오타이드의 일정한 배치이며, 인간과 유기체 대부분의 게놈 안에 있는 유전 물질.

은 위험과 위협을 빠르게 알아채는 감각 덕분에 개체와 사회 집단의 보호에 도움이 되었을 것이다. 예민한 개체는 위험한 상황에서 생존을 촉진하는 수단으로서 진화 과정 중 자연 선택에 의해 보존되었을 가능성이 크다. 반면 상대적으로 평화롭고 안전했을 것으로 추정되는 선사시대에 특수한 민감성을 지닌 아이들은 그런 환경을 더 쉽게 받아들여 개인적 발달과 건강 면에서 이로움을 누린 덕분에 예민함이라는 특성이 보존되었을 것이다. 고반응성 아동의 핵심 특징은 취약성이 아니라 민감성이므로 그들은 안정되고 평온한 선사시대 동안 긍정적이고 안전한 사회적 조건을 흡수하고 그 혜택을 누렸을 터다.

결과적으로 스트레스가 매우 높을 때는 위협에 대한 불침번으로서, 매우 낮을 때는 안전하고 조용한 환경의 이점을 열린 태도로 온전히 흡수하게 해주는 원천으로서 자연 선택은 특수한 민감성의 손을 들어주었을 것이다. 그래서 우리는 어린 시절에 겪게 되는 정신사회적 스트레스 및 역경과 집단 전체의 생물학적 반응성 수준은 U자 곡선을 그리는 관계성을 보일 것이라고 예측했다. 안전하고 스트레스가 낮은 환경을 흡수하는 특성과 위험하고 스트레스가 높은 조건을 경계하는 특성 양쪽을 지녔기에 고반응성 개체는 환경적 스트레스와 역경의 양쪽 극단에서 선택받게 된다는 뜻이다. 따라서 정신 및 신체적 질병에 걸릴 확률을 높인다고 밝혀진 고반응성이 신기하게도 인간 집단 내에서 살아남은 이유는 생애 초기에 겪는 역경의 양극단에서 생존에 적합한 이점을 발

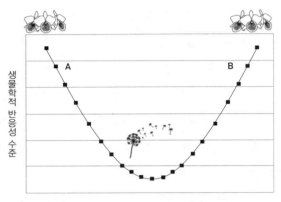

생애 초기의 심리사회적 스트레스와 역경

이 그래프는 생애 초기의 심리사회적 스트레스 및 역경과 후손에게서 기대되는 생물학적 반응성 수준의 관계를 '이론적으로' 나타낸 것이다. 진화생물학은 이른바 상황적 적응에서 태아와 영아가 무의식적으로 자신의 물리적, 사회적 환경을 평가하고 그 환경에서 자신의 적응 성공을 최대화하는 방향으로 자신을 생물학적, 생리적으로 조정하는 방식을 보여준다. 현재 스트레스가 높지 않은 환경(그래프 중간)에 태어난 아이는 생물학적 반응성이 낮은 민들레로 변하는 빈도가 불균등하게 높다는 증거가 어느 정도 확보되었다. 반대로 스트레스가 극도로 낮은 가정(점 A)과 극도로 높은 가정(점 B)에 태어나는 아이들은 난초가 되는 빈도가 불균등하게 높다. A 가정 아이는 환경에서 더 많은 '좋은 점'을 끌어내려고 난초가 되는 반면, B 가정 아이는 위협에 대한 경계를 최대화하기 위해 난초가 된다.

휘하기 때문이라고 볼 수 있다.

그렇다면 이제 발달 과정에서 이 모든 현상이 어떻게 일어나는지 물을 차례다. 발달 중인 태아나 영아에게 자신이 살게 되는 환경이 해로운지 안전한지 느끼고 예상하는 능력이 있다는 말은 초기 환경에 따라 스트레스 반응 체계를 조정하거나 대응시키는 능력도 있다는 뜻이다. 얼마나 신비로운 과정인지 감탄하지 않을 수 없다. 태어나지도 않은 아기가 아직 겪어보지도 않은 세상을 느끼고 거기에 생물학적으로 대비하다니! 이는 진화생물학자들이 **상황적 적응**conditional adaptation이라고 부르는, 초기 환경의 특징을 감지해 그 특징에 맞게 생물학적 발달을 조정해 적응하는 고도의 메커니즘이다. 이런 진화적 적응은 동물에게서도 가끔 찾아볼 수 있다. 예를 들어 애벌레는 생애 첫 사흘 동안 먹이를 먹는 장소에 따라 완전히 다른 형태의 몸을 발달시킨다. 젖을 일찍 뗀 새끼 고양이는 정상 대조군에 비해 사회적 놀이보다 사물을 가지고 노는 놀이에 집중한다. 먹을 것이 부족한 환경에 대비하는 행동 양식 조정이라고 볼 수 있다. 남방공작나비는 번데기 단계를 벗어나는 시점의 일조 시간에 따라 날개 무늬와 색깔이 완전히 달라진다.[9]

인간에게 나타나는 상황적 적응 가운데 가장 잘 알려진 것은 엄마가 정신장애를 앓게 되면 딸이 일찍 사춘기를 맞이하는 사례다. 성숙 시기가 앞당겨지는 이 조정 현상은 혼란한 가족 관계, 때로는 부친의 부재에 기인한다.[10] 진화 이론에 따르면 일찍이 다른 가족 구성원을 향한 신뢰를 잃거나 관계가 기회주의적이고 이기적이라고 느끼거나 자원이 부족하고 상황을 예측할 수 없다고 생각할 만한 경험을 한 아동(특히 여자아이)은 사춘기를 가속화하고, 첫 성 경험 시기를 앞당기고, 장기적 관계보다는 단기적 관계를 추구하는 방향의 생식 '전략'과 행동 양식을 발달시킨다고 한다. 따라서 생애 첫 몇 달 또는 몇 년 동안 가족의 문제를 감지한 아이는 유전자를 일찍 퍼뜨리기 위한 생물학적 전략으로서 무의식적으로 성장을 서두를 수도 있다는 뜻이다.

난초와 민들레 아이의 발달 또한 이와 비슷하게 생각할 수 있다. 스트레스 반응 체계가 가변적이며 맥락에 따라 조정 가능하다는 점을 생각하면 이 체계 역시 스트레스가 매우 높거나 낮은 초기 환경에서 고반응성을 출현시키는 상황적 적응을 거칠 가능성이 있다. 양쪽 환경에서 생존과 생식 '적합성'은 환경에 극도로 민감하고 상대적으로 높은 반응성을 지니도록 스트레스 체계를 조절함으로써 강화될 수 있다. 한편 제이 벨스키는 부모가 서로 다른 유형의 자녀를 생산함으로써 '분산 투자'를 한다는 이론을 내놓았다.[11] 변화의 여지와 융통성이 적은 아이는 자신의 유전적 성향에 딱 맞는 생태적 환경에서 생식에 성공할 확률이 높은 반면 더 유연하고 가변적인 아이는 생애 초기의 양육 환경에 따라 더 폭넓은 환경에서 적응하고 성장할 것이다.

브루스 엘리스가 이 연구에 가져다준 진화 이론이라는 유용한 틀 덕분에 우리는 위험 요소가 있는 고반응성 표현형이 인간 집단 내에서 발현하고 살아남았다는 언뜻 보기에 모순적인 이야기를 설명하고, 나아가 그 설명이 정확하고 상황적 적응이 실제로 일어난다면 생애 초기 스트레스와 높은 반응성은 분명한 관계가 있다는 가설을 세우고, 그런 관계의 존재와 형태를 확인할 증거를 찾을 수 있게 되었다.

난초 원숭이에게 가해진

집단 괴롭힘이
시사하는 것

아이디어를 테스트해볼 기회는 예상
치 못한 방식으로 찾아왔다. 뜻밖의 행운으로 나는 학술회의 공개
포럼에서 스티브 수오미Steve Suomi를 만났다. 영장류 동물학자이자
비교생태학자인 스티브는 학명으로 마카카 물라타Macaca mulatta인
히말라야 원숭이의 행동 발달을 연구했다. 원래 그는 생체심리학을
공부하며 스탠퍼드에서 시모어 러빈Seymour Levine을, 나중에는 위
스콘신 대학교에서 철사 엄마와 새끼 원숭이 실험으로 널리 알려진
심리학자 해리 할로Harry Harlow를 사사했다. 스티브의 연구는 초기
발달이 어떻게 일어나며 스트레스 반응성의 개체 차가 어떻게 생겨
나는지, 생애 초기의 사회적 환경이 그런 차이의 조정에 어떻게 영
향을 미치는지에 관한 새롭고 근본적인 통찰을 제공했다.

우리의 연구 주제가 겹친다는 사실을 알게 된 학술회의에서
스티브는 자연스러운 환경에서 무리 내의 새끼 원숭이 일부가 고

반응성 표현형을 띠며, 어미 무리와 분리해서 새끼 원숭이들을 따로 모아 키우면 이 반응성 높은 개체의 비율이 높아진다는 증거를 제시했다. 나는 이와 놀랍도록 비슷하게 15~20퍼센트의 아동에게서 고반응성 특징이 나타나며, 다섯 명 중 한 명의 아이는 스트레스가 많은 환경에서 불균등하게 높은 비율의 감염과 부상을 겪으나 더 안정되고 예측 가능하며 애정 어린 환경에서는 놀랍도록 낮은 발병률을 보인다는 내용을 발표했다. 스티브와 나는 1960년대에 둘 다 스탠퍼드 신입생이던 시절 만나서 하루를 같이 보낸 적이 있다는 사실도 기억해냈다. 그 뒤로는 서로 전혀 소식을 모르다가 30년 만에 이렇게 다시 만나다니!

이 운 좋은 재회와 지난 30년 동안 각자 연구한 주제가 겹친다는 놀라운 우연을 십분 활용하고 싶었던 우리는 안식년 동안 스티브가 일하는 미국 국립보건원National Institutes of Health, NIH 캠퍼스 내 유인원 연구실에서 비교적 장기간 함께 연구할 계획을 세웠다. 그 안식년에 흥미롭고 유익한 동물 실험이 우연히 우리를 찾아왔다. 유인원 센터 안에는 잔디가 깔리고 나무로 둘러싸였으며 올라갈 수 있는 구조물과 다양한 장난감, 작은 섬과 다리가 딸린 헤엄치기 좋은 연못까지 마련된 2만 4,000제곱미터짜리 자연 서식지에서 30~40마리의 히말라야 원숭이가 살고 있었다. 간단히 말해 그곳은 원숭이를 위한 여름 캠프이자 추운 겨울에는 얼음 놀이터가 되는 낙원이었다. 울타리 안에는 원숭이들이 폭풍우나 비, 눈을 피할 수 있도록 작은 콘크리트 블록 건물까지 있었지만, 이 건물의 사용 연한이 다 되었기에 서식지에는 새 건물이 필요해졌다.

　내 안식년 방문 전 해에 서식지에서 대규모 건설 공사가 진행되는 동안 원숭이 무리는 안전을 위해 원래 있던 콘크리트 건물에 임시로 갇히는 신세가 되었다. 재건축은 한두 달 안에 끝날 예정이었지만, 공사가 대개 그렇듯 기간은 여섯 달로 늘어났고 그동안 원숭이들은 음식, 톱밥 깔린 바닥, 주름진 함석지붕 말고는 아무 편의 시설 없이 버텨야 했다. 연못도, 나무도, 장난감도 없었다! 이 감금 생활은 원숭이들에게 매우 큰 스트레스였음이 밝혀졌고, 정기적으로 원숭이들을 검진한 유인원 센터 수의사들은 무리 안에서 폭력과 심한 상처, 예상치 못한 질병이 대폭 증가했다고 보고했다. 실제로 감금 기간 동안 원숭이 세 마리가 죽었다. 한 마리

히말라야 새끼 원숭이의 두 가지 서로 다른 행동 및 생물학적 표현형. 우측 새끼 원숭이들은 80~85퍼센트를 차지하는 다른 또래와 마찬가지로 활동적이고 공격적으로 주변을 탐색하고 새로운 경험에 활발히 참여한다. 반면 15~20퍼센트에 해당하는 왼쪽 새끼 원숭이는 일찍부터 겁이 많고 새로운 것을 피하며 도전과 스트레스에 과도한 생물학적 반응을 보인다.

는 지병이었던 퇴행성 신경 질환 악화로, 한 마리는 산후 과다 출혈로, 다른 하나는 다른 원숭이들의 손에 목숨을 잃었다. 표적이 된 동물 한 마리를 죽을 때까지 또래 개체들이 폭력적으로 구타하는 행위인 이른바 모빙mobbing이 일어난 탓이었다.

감금 기간에 앞서 원숭이들은 모두 스트레스에 대해 행동과 신체 면에서 반응성이 높은 개체와 낮은 개체로 분류된 상태였다. 인간 어린이와 마찬가지로 새끼 원숭이 다섯 중 하나는 어려운 과제에 높은 반응성을 보이고, 낯선 상황을 두려워하고, 위협이나 도발에 과도한 생물학적 반응을 보인다고 기록되어 있었다. 이건 난초 원숭이의 정의를 묘사한 것과 다름없었다! (109쪽 사진에서 왼쪽의 겁먹은 새끼 원숭이를 보라.) 더불어 수의사들은 스트레스를 주는 6개월간의 감금 생활 이전, 도중, 이후에 각 원숭이의 건강 기록을 남겨두었다. 따라서 각 기간에 일어난 폭력적 부상의 횟수와 강도를 확인하는 것도 간단했다.

우리는 6개월의 감금 기간에 폭력적 부상의 횟수와 강도 모두 다섯 배가량 늘어났음을 확인했다.[12] 다음 그래프는 부상 횟수와 강도 증가분이 대부분 반응성 높은 난초 원숭이에게 가해진 집단 괴롭힘과 비슷한 공격으로 생겨났음을 보여준다. 다수를 차지하는 저반응성 원숭이들에게 일어난 부상은 감금 중에 아주 약간 증가했을 뿐이며, 고반응성 개체에게 나타난 수준에 전혀 미치지 못했다. 무리 내의 다른 원숭이들이 고반응성 원숭이를 골라 폭력적으로 상처를 입힌 것이다.

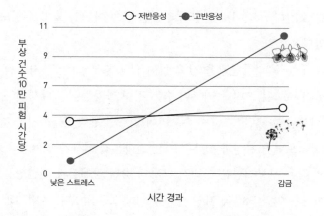

스트레스가 많은 감금 기간 동안 히말라야 원숭이의 부상 비율을 보여주는 그래프. 높은 반응성을 보이는 개체(난초 원숭이)는 감금 기간에 폭력적 부상을 당한 비율이 가장 높았지만, 바로 전 해에는 가장 낮은 비율을 보였다. 반응성이 낮은 개체(민들레 원숭이)는 스트레스가 낮을 때나 감금 상황에서나 비교적 낮은 부상 비율을 유지했다.

그래프에서 알아낼 수 있는 사실은 또 있다. 반응성 큰 인간 어린이에게서 이미 확인한 바와 마찬가지로 난초 원숭이들은 스트레스가 큰 시기에 가장 높은 부상 횟수를, 스트레스가 낮은 기간(감금 이전과 이후)에는 가장 낮은 부상 횟수를 기록했다. 매우 민감하고 난초를 닮은 이 새끼 원숭이들은 서식지가 조용하고 역경이 적은 상황에서는 효과적으로 공격을 피했지만, 스트레스가 심하고 불가피한 감금 중에는 극도로 불균등한 횟수의 부상(그중 상당수가 심각했다)을 입었다. 상황에 민감한 이 새끼 원숭이들, 인류 진화의 조상이기도 한 난초 유인원들은 통찰력이 뛰어나고, 낯선 것과 위협에 유별나게 반응하며, 운과 건강 면에서 최고와 최악을 오간다는 점에서 자신의 후손인 난초 아이와 놀라울 정도로 닮았다.

금지된 새 장난감을 갖고 놀지 않도록 말 그대로 자신을 설득했던 수줍은 꼬마 몰리부터 숨는 것이 불가능해질 때까지 숨어서 다툼을 피했던, 스티브 수오미의 민감한 원숭이들까지 연결해서 살펴보면 일관성과 설득력 있는 진화론적 서사가 펼쳐진다. 두 종의 작은 부분집합은 사회적 환경에 맞춰 경계심과 민감성을 발휘한다는 이점 덕분에 자연 선택에 의해 보존되었다. 지각력과 반응성이 남다르고 특히 흡수력이 좋으며 변칙적인 이 어린 개체들은 일종의 이중적 성향, 즉 환경이 안정되고 적합할 때 흡수력을 발휘하는 결정적 이점과 상황이 잘못되었을 때 위험 부담을 진다는 약점을 동시에 지닌다. 평온하고 조용한 환경에서 이들은 몸과 마음이 매우 건강한 모범적 존재가 되지만, 악의와 적대감이 판을 칠 때는 윌리엄 골딩이 그려낸 소년 사이먼처럼 일종의 희생양으로서 고난을 겪을 수도 있다.

이제 우리 이론은 점차 더 선명하고 확실해졌지만, 난초와 민들레에 관해, 그들의 근원과 잠재력에 관해 아직 알아내야 할 것이 수없이 많기에 이는 단지 시작에 불과했다. 초기에 우리가 알아낸 것들은 이후의 더 방대하고 방법론 면에서 더 엄격한 연구에서도 여전히 유효할까? 특수한 민감성을 보여주는 측정 가능한 지표에는 또 어떤 것들이 있을까? 실험실 바깥에서도 그런 지표를 포착할 수 있을까? 연구, 분석, 다른 과학자들의 생각이 넘쳐나는 더 넓은 바다에서 우리 연구는 어떤 운명을 맞이하게 될까?

4장

난초와 민들레의
오케스트라

역경이 건강에 미치는 영향이 개체마다 다르고 스트레스를 주는 실험 과제에 대한 아이들의 생물학적 반응 또한 각자 다르다는 불협화음 속에서 우리는 희미하게 들리는 음악과 노래를 포착했다. 어쩌면 우리가 발견한 사실 뒤에는 오케스트라 같은 무언가가 숨어 있는 것은 아닐까? 우리 초기 연구에서는 생각보다 더 일찍 멜로디가 흘러나와 새로운 과학 분야와 발견으로 이어지기 시작했다. 우리가 듣게 되리라 예상했던 것보다 훨씬 더 크고 정교한 교향곡이 존재했던 것이다.

일부 아이들이 사회적 또는 대인 관계 관련 환경에 몹시 민감하다는 생각을 증명할 증거는 우리 연구팀의 후속 연구뿐 아니라 전 세계의 다른 실험실과 과학자들에게서도 계속 쏟아졌다. 런던의 한 과학자 팀은 각기 다른 강점과 약점이 있는 가정에서 태어나 출생 이후의 삶에 적응하면서 기질적으로 특수 감수성을 나타내는 영아들이 있다는 사실을 밝히기 시작했다.[1] 피츠버그 대학교 연구자들은 사춘기 가속 이론을 증명하는 작업에 착수해 에스트로겐 수용체 유전자(성호르몬인 에스트로겐을 인식하고 그에 반응하는 세포 표면 단백질을 생산한다)의 유전적 변이에 따라 가정환경이 안정적인 소녀들은 첫 월경이 늦어지는 반면 갈등이 많고 지원이 적은 가정의 소녀들은 첫 월경이 상당히 빨라진다는 사실을 보여주었다.[2] 예루살렘의 다른 팀은 이와 비슷하게 도파민 수용체 유전자(화학적 메신저라고 할 수 있는 신경전달물질neurotransmitter*의 일종인 도파민에 결합하는 반응 단백질을 만든다)의 유전적 변이로 인해 자신을 지지해주는 엄마가 있는 세 살짜리 아동들은 매우 긍정적인 사회적 행동을 보이는 반면 냉정하고 처벌이 잦은 엄마 손에 자란 아이들은 그런 행동을 보이지 않는다고 보고했다.[3]

이 새로운 발견을 뒷받침하는 과학은 동료 연구자들의 협동 정신과 동료애, 과학적 절차의 잠재력과 효과를 보여주는 증거나 다름없었다. 진실에 다가가는 길이 과학 하나만은 아니지만, 과학이 밝혀낸 사회적 환경에 대한 아동 간의 놀라운 민감성 차이에 관한 진실은 인간의 공통점과 차이점에 관한 우리의 관점을 완전히 바꿔놓고 있었다.

---

* 신경전달물질: 뉴런 사이의 좁은 틈을 연결하는 화학적 '메신저'로서 후속 뉴런과 정보 전달을 활성화한다.

더 따뜻한 오른쪽 귀
더 차가운 왼쪽 이마

그리고 민감성의 관계

1993년 가을, 동료 스티브 수오미와 나는 원숭이들의 취약성에 관해 더 깊이 생각하고 있었다. 메릴랜드 시골에는 때 이른 폭설이 내렸고, 대개 얼음이 꽁꽁 얼 때까지 머무르는 캐나다 거위는 비행 계획을 수정해 멕시코 시날로아Sinaloa 주 해변이나 성당과 널찍한 광장이 있는 치와와Chihuahua주로 일찌감치 떠났다. 이제는 하얗게 눈이 덮인 200만 제곱킬로미터 넓이의 시골 농지 내에서 원숭이 1,500마리가 상주하는 국립보건원의 허름한 유인원 마을에도 겨울이 성큼 다가왔고, 수의사들은 꼬리 달린 털북숭이 꼬마 친구들을 덮친 독감에 신경이 곤두섰다. 인간 어린이와 히말라야 새끼 원숭이 양쪽에 나타나는 놀라운 폭의 신체적, 심리적 민감성 격차를 이해하기 시작한 스티브와 나는 새로운 질문을 떠올렸다. 반응성 높은 난초 새끼 원숭이들은 더 튼튼한 민들레 원숭이보다 독감이나 기타 계절성 유행병의 바이러스 감염에 더 취약할까? 사회적 환경에 더 민감하다고 이미 확인된 다섯 중 한 마리 비율의 새끼 원숭이들은 양육 환경에 따라 과도하게 높거나 낮은 독감 발병률을 보일까? 이곳 원숭이들을 통해 우리는 왜 난초 아이들이 때에 따라 감염에 더욱 취약해지는지 알아내고 나아가 그 아이들이 감염 없이 더 건강하게 자라도록 지키는 방법까지 찾아낼 수 있을까?

인간과 마찬가지로 원숭이도 감염 여부를 확인하려면 코와 목, 귀, 폐, 피부 등 겨울 바이러스가 모여들어 퍼지기 쉬운 부위를 모두 검사해야 한다. 하지만 이 검사에는 흥미롭고도 까다로운 문제가 있었다. 자신의 사촌뻘인 인간 어린이 일부와 마찬가지로 새끼 원숭이는 의사의 진찰을 순순히 또는 호의적으로 받아들이려 하지 않았다. 나는 소아과 진료실에서 하던 것처럼 진찰을 하려고 시간을 들여 노력했고, 조수에게 말을 듣지 않는 원숭이를 양팔로 꽉 끌어안는 '베어 허그bear hug'를 하라고 한 다음 인간과 원숭이가 뒤엉킨 채 끊임없이 꿈틀대는 틈바구니에서 어떻게든 청진기를 대거나 자세히 살펴보려고 애를 썼다. 하지만 마스크를 끼고 청진기를 든 인간이 다가오면 원숭이는 두 살짜리 인간은 상대도 되지 않을 만한 적의와 광적인 의지력을 선보이며 물어뜯고, 할퀴고, 비명을 지르고, 끽끽거리고, 대변을 보고, 도망쳤다. 원숭이들은 눈이나 귀를 들여다보려고 할 때 가만히 있어주지도 않고, 숨을 깊이 들이쉬라거나 소변 샘플을 달라는 요구도 무시했으며, 혀를 내밀고 "아아" 해보라는 지시도 격렬히 거부했다. 원숭이 무리는 도망치는 하이에나 떼만큼이나 진찰하기 어려웠다.

알고 보니 다행히도 유인원 센터에는 수의사들이 원숭이들을 고통 없이 치료하고 강제나 불쾌감 없이 필요한 표본을 채취할 수 있도록 특정 무리 또는 원숭이 전체를 분기마다 잠시 마취하는 정규 절차가 있었다. 이 마취 절차 덕분에 우리는 축 처진 채 졸린 눈으로 침을 흘리며 천사처럼 얌전히 몸을 맡기는 원숭이들을 꼼꼼히 검사할 수 있었고, 원숭이들에게도 고생한 기억이 남지 않아 일석이조였다. 나는 수천 명의 (의식 있는) 어린이 환자들에게 해왔던 대로 움직이지 않는 원숭이들을 한 마리씩 세심히 진찰할 수 있게 되어 뛸 듯이 기뻤다. 유치원 아이들에게 하듯 원숭이의 눈과 귀를 들여다보고, 발진이나 병변은 없는지 피부를 머리끝부터 발끝까지 훑고, 심장과 폐 소리에 귀를 기울였다. 물릴 걱정 없이 원숭이의 입을 벌려 이빨과 혀, 편도선, 목구멍의 상태도 기록했다. 의식 없는 원숭이 선수단이 대상이라는 점만 빼면 시즌 시작 전에 진행하는 미식축구팀 신체검사와도 비슷했다.

우리가 당시 초점을 맞추었던 부분이 감염이었기에 특히 중요했던 또 하나의 검사 항목은 발열 여부였다. 원숭이의 심부 체온core body temperature(신체 내부 기관의 온도 – 옮긴이)을 측정하기 위해 우리는 적외선 고막 체온계를 사용했다. 아기의 입이나 직장에 넣는 수은 체온계와는 달리 이 체온계는 말 그대로 고막에서 발산되는 열의 양을 계산해 고막 체온을 측정한다. 정확도와 재현성 확보를 위해 나는 한쪽이 아니라 양쪽 귀의 체온을 모두 재기로 했다. 구강이나 직장 체온계로 잴 때처럼 몸의 중간선이 아니라 머리 양쪽에 있는 귀 체온을 측정하는 것이기는 했지만, 우리는 당연하게도 두 귀의 측정값이 동일하거나 아주 가까울 것이라고 예상했다.

하지만 두 값은 전혀 똑같지 **않았다!** 대부분 왼쪽 고막 체온이 오른쪽보다 약간, 어림잡으면 섭씨 0.5도 정도 높게 나왔고, 이는 우연이라고 넘길 만한 통계적 수치가 아니었다. 평균적으로 원숭이의 왼쪽 고막 체온은 37.5℃(99.5℉) 정도였지만, 오른쪽 고막 체온은 대략 37.0℃(98.6℉)였다.[4] 왼쪽과 오른쪽에서 잰 고막 온도에서 규칙적이고 반복적으로 나타나는, 신뢰성 높은 **비대칭**이 발생했다는 뜻이다. 의식을 잃은 원숭이 여러 무리를 검사해봐도 왼쪽 귀의 온도가 약간 높다는 같은 결과가 반복해서 나왔고, 우리는 다섯 중 한 마리꼴로 **오른쪽** 체온이 왼쪽보다 조금 높은 원숭이가 있다는 사실까지 발견했다. 다수의 원숭이에게 발견한 비대칭과 정확히 반대되는 현상이었다. 다시 한 번 우리는 80 대 20 분할과 마주치게 되었다. 왼쪽 귀 온도가 더 높은 원숭이 네 마리당 오른쪽 귀 온도가 더 높은 원숭이 한 마리라는 비율은 보건 연구에서 가장 중요한 결과를 분석한 비율과 일치했다. 하지만 그게 과연 무슨 뜻일까? 처음엔 측정값에 문제가 있다고 여겼다. 원숭이의 머리 양옆에서 잰 귀 체온이 꾸준히 다르게 나올 이유가 대체 어디 있겠는가?

이런 비대칭적 귀 체온은 생리적으로 있을 수 없다고 생각했기에 우리는 측정 방식을 바로잡으려 했다. 우선 재는 방향을 바꿔봤다. 오른쪽을 항상 먼저 재면 그동안 왼쪽 귀가 검사대에 더 가까워지면서 '비탈지게' 되므로 따뜻한 피가 중력에 의해 쏠려서 왼쪽 체온이 올라갈지도 모른다고 생각했기 때문이었다. 혹시 체온계가 불량이거나 부정확할 수도 있다는 생각에 체온계를 다른 것으로 바꿔보기도 했다. 그런 다음에는 비대칭의 원인이 단순히 측정 실수일지도 모른다고 가정하고 측정점을 늘려 이를 수정하기 위해 한쪽 귀에 한 번이 아니라 두 번씩 측정했다. 마지막으로 어쩌면 내가 한쪽 귀에서 다른 쪽 귀로 이동할 때 자세를 바꾸는 바람에 적외선 체온계가 머리 양옆에서 살짝 다른 각도로 '열화상'을 기록하게 되었을지도 모른다고 의심해서 측정하는 동안 한 가지 정해진 자세를 유지하려고도 해봤다. 이렇게 갖가지 교정을 시도해도 결과는 전혀 달라지지 않았다. 아무리 조심스럽고 부지런하게 원숭이의 귀 체온을 측정해도 대부분 왼쪽이 더 높은 온도로 나오는 치우침이 계속 나타났다. 원숭이가 암컷인지 수컷인지, 새끼인지 성체인지, 우리에 갇혀 있었는지 자유롭게 뛰놀았는지는 전혀 관계가 없었다.

우리는 미지의 땅에 발을 들인 셈이었다. 우리가 아는 한 대상이 인간이든 원숭이든 몸 양쪽의 심부 체온을 신중하고 신뢰성 있게 측정한 자료는 거의 없었다. 어떤 종에서도 기록된 적이 없는 발견이었지만, 우리는 그게 무엇을 뜻하는지 전혀 몰랐다. 더욱 흥미롭게도 좌우 체온 차이를 원숭이 각각의 행동, 기질, 스트레스 반응성 특징과 관련해 비교해보니 오른쪽 귀 체온이 높았던 소수파(다섯 중 하나)는 바로 예전에 적응성이 떨어지고 낯설거나 어려운 상황에서 부정적 감정 반응을 보인다고 기록되었던 그 원숭이들로 밝혀졌다. 오른쪽 귀 체온이 높은 이 원숭이들은 탐색 활동량이 훨씬 적었고, 예를 들어 어미 또는 자신과 주로 어울리는 사회적 집단과 떨어졌을 때 코르티솔 체계가 훨씬 강하게 활성화되는 모습을 보였다. 그들은 난초 원숭이였고, 신비롭게도 체온이 더 높은 오른쪽 고막을 지닌 모양이었다! 대체 왜?

당시에는 매우 이상해 보였지만, 우리 결과는 앞서 언급했던 하버드 심리학자 제롬 케이건이 극도로 수줍어하고 태도 면에서 내성적인 유아를 대상으로 한 초기 연구에서 이미 관찰한 현상과 비슷했다. 케이건은 그런 아이들이 낯선 사건에 반응할 때 아마도 서로 관련이 있는 듯한 두 가지 생리적 변화를 보인다는 점에 주목했다. 첫째, 이들은 오른쪽 이마 바로 뒤쪽에 있으며 감정 조절, 충동 통제, 계획과 관련 있는 뇌 부위인 우측 전두엽 피질right prefrontal cortex에서 더 큰 뇌파electroencephalography, EEG(뇌전도) 활성도를 보였다. 둘째, 이들에게는 혈류 감소로 인해 이마가 차가워지는 현상이 나타났으며, 오른쪽 이마가 왼쪽보다 더 차가워졌다. 말하자면 케이건은 수줍음처럼 기질과 관련된 지속적 행동 양식과 특정 유형의 비대칭적 뇌 활동, 그리고 체온이 중간선에서 한쪽으로 치우치는 현상이 연결되어 있음을 알아낸 것이다. 이는 인간의 몸이 왜 이런 식으로 작동하는지 부분적으로나마 설명해주므로 굉장한 발견이라고 할 수 있다. 뇌에 기반을 둔 인간의 특성을 이해한다면 우리가 왜 특정한 방식으로 행동하는지, 어떻게 하면 자신과 타인을 더 잘 이해할 수 있는지 밝혀낼 수 있을지도 모른다.

수줍은 아이에게서 케이건이 밝혀낸 사실을 우리가 난초 원숭이에게서 발견한 현상과 연결해보니 수많은 정보가 마침내 제자리를 찾아 일관성 있고 매력적인 그림을 그려내기 시작했다. 언뜻 보면 인간의 뇌는 해부학적으로 대칭인 것 같지만, 사실 뇌는 구조적으로나 기능적으로나 비대칭이다.[5] 실제로 뇌의 왼쪽이 오른쪽보다 조금 크다는 사실이 밝혀졌으며, 뇌에서 언어, 사고, 감정, 읽기, 쓰기, 학습을 담당하는 쭈글쭈글한 회색 겉 부분인 대뇌반구는 왼쪽과 오른쪽의 기능적 역할이 각각 다르다.[6] 아직은 우리가 완전히 이해하지 못하는 이유로 뇌의 양쪽 반구는 형태와 기능 면에서 서로 다른 방향으로 진화했다. 이를테면 우반구는 좌반구보다 감정을 조절하고 '부분'보다는 '전체'를 이해하며 경험의 맥락과 관계적 측면을 파악하는 기능에 특화되어 있다. 그리고 우울증 진단을 받은 사람들은 대개 좌반구보다 우반구가 활성화되는 경향을 보인다. 기계 장치와 비교해 생각해보면 이런 '치우침'은 그리 이상한 일이 아니다. 예를 들어 자동차의 엔진 왼쪽은 오른쪽과 대칭이 아니며, 기타의 위쪽 세 현은 아래쪽 세 현과 똑같지 않다. 인간의 뇌를 두고 고민해야 할 질문은 이 비대칭을 보고 우리가 어떤 새로운 통찰을 얻을 수 있는가 하는 점이다.

뇌 양쪽의 혈류는 부분적으로 해당 방향에 있는 투쟁-도피 체계의 자율신경에 의해 조절되고, 한쪽 뇌로 가는 혈류가 강해지면 같은 쪽에서 뇌 이외의 부분으로 가는 혈류는 상대적으로 줄어든다. 이는 한정된 자원을 어디에 집중하느냐 하는 문제다. 우반구가 활성화하면 불이 켜진 뉴런에 산소를 공급하기 위해 더 많은 혈액이 필요해지고, 그 결과 피부 쪽으로 가는 혈류가 줄어들면서 오른쪽 이마가 차가워진다. 양쪽 뇌에 공급되는 혈액은 고막에 공급되는 혈액과 같은 동맥을 통하므로 우반구에 혈류량이 늘어나면 오른쪽 고막으로 가는 혈류도 똑같이 늘어난다. 따라서 우반구가 활성화하면 오른쪽 귀 체온이 조금 올라가고, 이에 대응해 오른쪽 이마의 피부 온도가 조금 내려가는 것이다. 다음 그림을 참고하면 EEG 활성화, 이마 체온, 고막 체온의 역학 관계를 이해하는 데 도움이 된다.

이 관찰 내용을 합쳐 생각해보니 왜 부정적 정서성과 큰 반응성을 지닌 예민한 원숭이들의 오른쪽 귀가 더 따뜻했는지에 대한 잠정적일지라도 설득력 있는 답이 나왔다. 이들의 난초 같은 극도의 예민함은 부정적 정서성이나 수줍어하는 행동과 직접적으로 관련된 우반구를 더 강하게 활성화시킨다. 우반구가 활성화되면 자연히 뇌의 오른쪽으로 혈액이 쏠리고, 고막은 대뇌 반구와 같은 계통의 동맥으로 혈액을 공급받으므로 오른쪽 귀도 비대칭적으로 온도가 올라간다. 우리는 적어도 히말라야 원숭이의 경우, 체온이 더 높은 오른쪽 고막을 난초 표현형의 지표 또는 신호로 볼 수 있

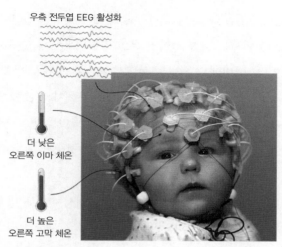

우측 전두엽 EEG 활성화

더 낮은
오른쪽 이마 체온

더 높은
오른쪽 고막 체온

이 자료는 수줍어하고 내성적이며 부정적 정서성을 지닌 아이에게 어떻게 동시에 발생하는 세 가지 생리적 차이, 즉 (a) 좌측에 비해 우측 전두엽에서 측정한 EEG가 더 큰 활성도를 보이는 패턴, (b) 더 높은 오른쪽 고막 체온, (c) 오른쪽 이마에서 더 낮게 측정되는 피부 체온이 조합된 현상이 나타나는지 보여준다.

다는 결론을 내렸다.[7] 난초 원숭이의 오른쪽 귀 체온이 더 높았던 이유는 그쪽 뇌가 생각과 행동을 안정적으로 유지하며 조절하는 복잡한 작업을 더 열심히 수행하고 있었기 때문이었다.

논리적으로 다음에 해야 할 일은 인간 어린이들을 대상으로 실험을 반복하는 것이었다. 이 프로젝트를 위해 우리는 네 개의 도시에서 수행되는 독립적 프로젝트에서 4~8세 아동을 450명 이상 모았다. 샌프란시스코와 버클리에서 각각 내 실험에 참여하던 표본 집단이 둘, 메릴린 에섹스Marilyn Essex가 주도하는 위스콘신 대학교의 아동 발달 관련 장기 연구인 위스콘신 가정 및 노동 연구Wisconsin Study of Families and Work, WSFW에 참여하던 집단이 하나 있었고, 네 번째는 제롬 케이건 본인이 하버드에서 연구하던 아이들이었다. 이번에도 우리는 적외선 체온계를 써서 양쪽 고막 체온을 여러 번 신중하게 측정했다. 각 연구에서 아동의 기질과 행동을 평가하는 데 사용된 기준은 조금씩 달랐지만, 모두 난초 표현형을 암시하는 신체 및 행동 패턴을 가려내는 데 유효한 방법이었다.

EEG 장비를 착용한 여자아이 사진에서 설명된 방식으로 네 집단의 수많은 어린이의 뇌파와 귀 체온을 검사하자 명확한 패턴이 나타났다. 첫째, 왼쪽과 오른쪽 귀 체온 차이 데이터는 매끄러운 종 모양 분포 곡선을 그렸다. 일부 어린이는 왼쪽, 일부 어린이는 오른쪽 고막 체온이 더 높았고 많은 아이가 그 중간에 위치했다는 뜻이다. 체온이 더 높은 왼쪽 귀는 위험을 감수하고, 사회적으로 능숙하고, 감정 면에서 긍정적인 행동과 관련이 있었던 반면 더 따뜻한 오른쪽 귀는 감정 면에서 부정적인 문제성 행동과 연결되었다. 수백 명의 어린이를 검사한 결과는 히말라야 원숭이의 고막 체온 측정에서 우리가 발견한 비대칭과 매우 유사했다. 까다로운 사회적 맥락에 대한 민감성, 부정적 감정에 기울거나 우울증에 빠지기 쉬운 경향은 모두 더 높은 대뇌 우반구 활성도 및 더 높은 오른쪽 귀 체온과 상관관계가 있었다.

케이건의 이전 연구에서 같은 유형의 아이들은 오른쪽 이마가 더 차갑다는 사실이 밝혀졌고, 이 모든 체온 차이의 원인은 더 크게 활성화된 우측 전두엽의 혈류 변화일 확률이 높았다. 대조적으로 왼쪽 귀 체온이 더 높은 아이들은 사회적 환경에 덜 민감했고, 긍정적 감정을 보이는 경향이 있었으며, 우울증에 상대적 저항력을 보였다. 이는 모두 뇌 좌측의 활성화와 연결된 특징이었다. 그렇기에 난초 아이는 난초 유인원과 마찬가지로 고막 체온에서 우측이 좌측보다 높은 비대칭성을 보였고, 이와 반대로 민들레 아이는 민들레 원숭이와 똑같이 좌측 귀 체온이 우측보다 높은 것으로 나왔다.[8] 우리는 원숭이의 독감과 감기를 연구할 생각이었지만, 예기치 않게 옆길로 빠졌다가 결국 원숭이와 어린이에게 모두 적용되며 훨씬 흥미롭고 새로운 사실을 알려주는 발견에 도달한 셈이다.

이러한 결과가 나왔으니 만약 내가 당시 열두 살이던 딸의 귀 체온을 재서 (물론 나는 하지 않고는 배길 수가 없었다) 오른쪽 고막 체온이 더 높다는 결과가 나왔다면 (당연히 그랬다) 딸은 귀와 뇌 속까지 난초이므로 우울증과 부정적 감정으로 점철된 삶을 살게 된다는 뜻일까? 전혀 그렇지 않다. 2장에서 설명했듯 가정 내 스트레스와 행동 문제 강도 점수의 관계가 통계상으로 어느 정도 연관 관계를 보였지만, 그 규칙에 수없이 많은 예외가 있었다는 점을 떠올려보자. 예를 들어 어떤 아이들은 가정 내 스트레스 점수가 높은데도 거의 아무런 행동 문제를 보이지 않았고, 다른 아이들은 스트레스 점수가 낮은데도 걱정스러운 행동을 자주 보였다. 마찬가지로 오른쪽 귀가 따뜻한 열두 살짜리 딸은 사회적 환경의 영향에 난초의 민감성을 보일 확률이 높지만, 빨간 머리라고 전부 스코틀랜드 출신은 아닌 것처럼 고막 체온 비대칭이 곧 난초의 민감성이 나쁜 쪽으로 작용하게 되리라는 뜻은 아니다. 그건 단순히 상관관계일 뿐이며, 기정사실이나 운명적으로 정해진 결과가 아니다. 하지만 겨울철 메릴랜드 시골의 원숭이 농장에서 열을 재다가 세상에 대한 아이의 민감성을 알아내는 신기하고 단순하며 예기치 못한 지표를 찾아내리라고 누가 생각이나 했겠는가? 이러한 발견은 이제 우리를 또 어디로 데려갈까? 이런 강한 상관관계는 난초와 민들레에 관해 더 자세히 알아볼 기회를 열어주는 동시에 양쪽의 뚜렷한 강점과 약점을 더 명확하게 비춰주었다.

한여름 밴에서 진행된

스트레스 실험

　　난초 원숭이와 어린이 집단에서 우리가 기록했던, 부정적 감정을 겪고 드러내는 경향을 보면 반응성이 큰 난초 아이는 부상과 감기뿐 아니라 심리 또는 행동장애에도 더 취약할 가능성이 있었다. 이는 우리 연구에 더욱 묵직한 의미를 싣는 가정이었다. 우리는 어쩌면 신체 건강의 사소한 변화뿐 아니라 정신 건강과도 관련이 있으며 이 두 가지 건강이 엮여 삶의 모양새를 결정하는 방식을 알려줄 미지의 지식에 아주 가까이 접근했는지도 몰랐다.

　　연방정부가 운영하는 원숭이 농장에서 계몽적인 체류 기간을 보내는 동안, 나는 뛰어난 동료 여남은 명과 함께 맥아더 재단 정신병리 및 발달 연구 네트워크MacArthur Foundation's Research Network on Psychopathology and Development의 일원이 되었다. 그 네트워크를 통해 나는 위스콘신 가정 및 노동 연구 프로젝트와 연을 맺고 그 연구를 이끄는 과학자이자 위스콘신 대학교 정신의학부 소속 사회학자인 메릴린 에섹스와 더욱 긴밀히 협력하게 되었다. 메릴린과 동료들은 1990년 임신부 570명과 그들의 반려자, 곧 신생아가 될 임신 2기의 태아를 대상으로 연구를 시작했다. 연구의 원래 취지는 출산 휴가와 여성의 복직을 조사하는 것이었지만, 메릴린은 거기서 멈추지 않고 출생 전부터 등록된 대규모 아동 집단의 발달상 변화와 안정성을 장기적으로 추적하는 종단적longitudinal(시간 경과에 따른), 전향적prospective(앞을 내다보는) 연구의 드문 모범 사례가 될 수도 있다는 사실을 깨달았다. 등록된 여성들은 평균 29세였고 아기의 아버지와 결혼한 (어쨌거나 그곳은 보수적인 위스콘신주 심장부였다) 상태였다. 사회적 환경과 인간관계, 스트레스 요인과 역경, 아동 발달, 태아 시기부터 고등학교 졸업까지의 정신 및 신체적 건강에 관한 데이터를 좁은 간격으로 신중하게 수집함으로써 위스콘신 가정 및 노동 연구는 난초와 민들레 아이의 발달을 한눈에 볼 수 있는 훌륭한 자료가 되었다.

우리 연구팀의 스트레스 반응성 실험 결과가 나오기 시작할 무렵 위스콘신 아동 집단은 유치원을 졸업하고 처음으로 진지한 '진짜 학교'에 들어가 1학년이 될 준비를 하고 있었다. 스트레스 반응성이 사회적 상황에 대한 극도의 생물학적 민감성을 반영한다는 가설에 관해 우리가 수집한 증거를 검토한 메릴린과 나는 연구에 필수적인 자료를 더하기 위해 그녀의 연구 대상 아동 일부의 반응성을 측정하는 작업이 시급하다는 결론을 내렸다. 하지만 이번에도 일은 우리 생각만큼 만만하지 않았다.

정신없이 지나가던 1998년 여름, 우리는 맥아더 재단 연구 네트워크의 도움을 받아 위스콘신 아동들이 1학년이 되기 전 여름방학에 아이들의 투쟁-도피 및 코르티솔 반응성을 측정하기 위한 준비에 착수했다. 아이들을 위스콘신 시골에서 대학 안에 있는 실험실까지 일일이 데려오는 것은 실용적이지도 가능하지도 않았으므로 우리는 실험실을 아이들 쪽으로, 정확히 말해 해당 동네의 집 앞 진입로로 가져가기로 했다. 이 계획을 실현하려면 사커 맘 soccer mom(미니밴으로 아이들을 축구 연습장에 데려가는, 교육에 열성적인 중산층 주부를 가리킴 - 옮긴이)이 탈 만한 회색 쉐보레 밴에 갖출 건 다 갖춘 미니 정신생리학 실험실을 쑤셔 넣어야 했다. 우리가 사들이기 전에 위스콘신의 어느 집에서 아이들과 개를 싣고 다녔을 게 틀림없는 그 자동차는 이제 세련된 최첨단 스트레스 실험실이 될 예정이었다.

이 과제는 거대한 루빅 큐브 같았다. 비디오와 모니터, 생리적 반응 측정 장비, 샘플 용기, 냉장고, 테스트 자료 일체, 탁자와 의자 세 개, 실험 조교 두 명, 6세 아동을 평균적인 주방 식료품 저장실 정도의 공간에 전부 집어넣어야 했다. 우리는 가능한 모든 배치를 시도했다. 좌석을 전부 빼거나 전부 넣어보고, 실험 공간을 맨 뒤나 맨 앞, 중간에 놓아보고, 문을 연 상태와 닫은 상태도 시험해봤다. 일주일을 애쓴 끝에 마침내 실험 스태프들은 의기양양한 미소를 지으며 차에서 빠져나왔다. 135쪽 사진에 보이는 것처럼 운전석과 조수석 바로 뒤의 가장 넓은 공간에 아이와 실험 조교의 자리가 배치되었다. 맨 뒷좌석 뒤로는 장비로 읽어 들인 측정값을 모니터링하고 시간별로 일지를 쓰고 아이에게 보여줄 동영상을 조작하고 아이의 응답을 기록하는 두 번째 실험 조교의 자리를 마련했다.

하지만 매미가 사방에서 울어대는 무더운 위스콘신의 여름에 거기다 문 닫힌 밴 안에 사람 셋과 작동 중인 여러 전자 장비를 집어넣으면 실내 온도가 생명을 위협할 정도로 높아진다는 사실이 곧 밝혀졌다. 이 부가적 문제를 해결하기 위해 우리는 업소용 에어컨을 사서 앞쪽 조수석에 설치했다. 에어컨을 포함한 전자 장비는 모두 고용량 전원 케이블로 아이 집 차고의 콘센트에 연결했다. 모든 준비가 끝나자 드디어 스트레스 반응을 유발하고 측정하며 타액 샘플을 수집하고 보관하며 아이들의 행동을 기록하는 기능을 갖춘, 좀 비좁기는 해도 1학년짜리 어린이 한 명과 실험 조교 두 명이 그럭저럭 편안하게 앉을 수 있는 이동식 실험실이 모습을 드러냈다.

그해 여름 우리는 위스콘신의 가정집 120곳의 진입로에 차를 세웠고, 매번 스트레스 반응성을 비롯한 다양한 자료를 한 아름 안고 돌아왔다. 그 과정에서 아이들이 집이라고 불리는 흥미로우면서도 평범한 세계에서 살아남고, 때로는 활짝 피어나고, 늘 적응하기 위해 애쓰는 일상적인 모습이 각각 얼마나 다른지 새삼 깨닫게 되었다. 자기 방이나 벽장에 숨는 아이가 있는가 하면 기

위스콘신의 길 위에서 보낸 1998년 여름.
1995년형 쉐보레 밴에 차린 아동 정신생리 실험실.

뿜에 차서 팔짝팔짝 뛰며 포옹으로 우리를 맞이하는 아이도 있었다. 부모와 우리 일행이 여섯 살짜리에게 다른 때는 그러면 안 되더라도 이 상황에서는 방금 만난 어른과 밴에 같이 타도 안전하다고 설득해야 했던 당혹스러운 장면도 펼쳐졌다. 가끔은 아이가 영웅처럼 승리감에 차서 당당히 밴에서 내리면 앞마당 잔디에서 기다리던 꼬마 친구들이 환호를 보내는 재미있는 광경도 볼 수 있었다.

우리가 가정 방문에서 모은 생물학적 반응성 측정값은 앞으로 생길지도 모르는 정신 건강 문제 연구에 활용될 수 있었다. 아동의 다가오는 1학년 기간에 집중하는 동시적 연구와 정신장애가 훨씬 눈에 띄어 진단 가능해지며 때로는 비극적일 정도로 심해지기도 하는 사춘기에 접어들 때까지를 대상으로 삼는 전향적 연구 양쪽 다 가능했다. 동시적 연구에서는 초기 정신장애의 전조를 전혀 보이지 않는 아동에 비해 내현화한 징후(우울함이나 불안 등)를 보이는 1학년 아이들은 투쟁-도피 체계에서 과도하게 높은 반응성 패턴을 뚜렷하게 나타냈다. 반면 표준적 반응성을 보이는 80퍼센트의 민들레 아이들은 평가가 가능할 만한 정신 건강 관련 징후를 전혀 보이지 않았다.[9] 위스콘신의 예비 초등학교 1학년 아이들에게서도 반응성 높은 난초 아이는 우울함이나 불안 같은 정신 건강 관련 증상 소인predisposition(병에 걸리기 쉬운 내적 요인 - 옮긴이)이 있는 반면, 반응성이 높지 않고 평균적인 민들레 아이는 심리나 행동 관련 문제를 전혀 또는 거의 보이지 않는다는 새로운 추가 증거가 나온 것이었다. 미국의 완전히 다른 지역에서 완전히 새로운 어린이들을 대상으로 얻은 이 발견은 기존 결과를 확인해주는 것이었기에 우리는 매우 흥분했다.

하지만 이 위스콘신 예비 1학년 학생들이 자라서 청소년기를 맞이하면 어떤 일이 일어날까? 1학년이 되기 직전 여름의 반응성 수준으로 몇 년 뒤의 정신 건강 격차까지 예측할 수 있을까? 이들이 사춘기라는 감정적 가시밭길에 접어들어도 난초와 민들레 사이에는 이전에 기록된 만큼의 현저한 격차가 존재할까?

같은 아이들이 7학년(우리나라의 중1에 해당 - 옮긴이)에 올라갔을 때 우리는 이들의 정신 건강 징후를 다시 한 번 평가했다. 그리고 그해 여름 연구에서 수집한 반응성 측정값과의 상관관계를 파악하는 대신 이번에는 6년 전인 여름에 수집한 스트레스 반응성 측정값을 활용해 청소년기 초기의 정신 건강을 **예측**해보기로 했다. 과학자들은 그런 종단 분석을 훨씬 선호한다. 횡단면 자료 cross-sectional data(동일 시점에 여러 변수에 대해 수집한 자료 – 옮긴이) 에만 기초하는 것보다 잘못된 결론을 끌어낼 확률이 낮아지며 실제 인과관계에 있는 결함을 찾아낼 확률이 훨씬 높아지기 때문이다. 예측 변수로는 아이들의 1학년 담임이 기록한 교사와 아동 간 갈등 평가와 1학년 여름 밴 실험실에서 확보한 신체 및 행동 반응성 수준을 활용했다. 목표 결과치로는 7학년이 된 아이들 본인과 엄마, 교사들이 아동의 정신 건강 징후에 관해 보고한 내용을 취합한 자료를 사용했다.

그 결과 이제는 익숙해진 특수한 민감성 패턴이 나타났다. 높은 투쟁–도피 반응성과 수줍어하는 태도를 지닌 난초 아이들은 1학년 담임과 어떻게 지냈는지에 따라 가장 높거나 가장 낮은 수준의 향후 정신 건강 징후를 보였다. 교사와의 갈등이 많았으며 반응성이 큰 1학년들은 6년 뒤에도 걱정스러울 만큼 높은 수준의 정신 건강 징후를 보인 반면, 똑같이 반응성이 크더라도 갈등이 적었던 아이들은 그런 징후가 놀라울 정도로 낮은 수준이었다. 대조적으로 민들레 아이들은 교사와 갈등이 있었다 해도 거의 영향을 받지 않았다. 이는 특수 감수성을 더욱 뚜렷하게 보여주는 예시였다.[10] 신체와 행동 민감성 측정치는 현재의 정신 건강 징후를 예측할 뿐 아니라 6년이라는 시간을 넘어 사춘기가 시작될 무렵의 징후와도 상관관계를 보였다.

1학년과 7학년 사이를 잇는 입학 초 교실 환경과 정신병리 징후 사이의 강력한 전향적 관계를 매우 전형적으로 보여주는, 기억에 남을 만한 위스콘신 어린이가 두 명 있었다. 첫 번째는 1998년 여름 진입로에 있는 밴에 태우는 것은 고사하고 집 바로 앞까지 나오게 하는 데도 설득이 필요했던 난초 사내아이였다. 담황색 머리칼의 마른 소년은 이미 앞니가 두 개 빠져 작은 트럭 한 대는 너끈히 지나갈 만한 틈을 내보이며 수줍게 웃었다. 소년은 우리가 실제로 도착하기 한참 전인 전날부터 우리 팀이 오기로 되어 있다는 사실만으로도 침착성을 잃고 불안해하기 시작했다. 우리가 인사를 나누는 동안에는 계속 엄마 치마 뒤에 숨어 있었고, 아이가 건넨 타액 샘플 안에는 기름 안의 발사믹 식초처럼 눈으로 봐도 구분되겠다 싶을 정도로 엄청난 양의 코르티솔이 들어 있었다. 밴 안에서 소년은 우리가 제시한 모든 유형의 과제에 즉각 투쟁-도피 반응을 보임으로써 자신의 난초다운 생물학적 특성을 유감없이 발휘했다. 스트레스 요인에 대한 고강도 반응성과 두어 주 뒤에 시작될 1학년 수업에 대한 명백한 불안에도 불구하고 소년은 학교생활을 아주 잘해냈고, 7학년 무렵에는 원기 왕성하고 자신감도 적당히 있으며 이렇다 할 정신 건강 징후를 전혀 보이지 않는 중학생이 되었다.

짙은 갈색 눈을 지닌 민들레 소녀인 두 번째 아이는 여러 면에서 본질적으로 완전히 반대였다. 소녀는 우리를 침착하고 즐겁게 맞이했고, 신이 나서 밴과 그 안의 장비를 탐색했으며 자기가 여름에 할 일과 1학년이 얼마나 기대되는지를 열띤 목소리로 쉬지 않고 얘기했다. 소녀가 잔뜩 뱉어준 타액 샘플 안에는 코르티솔이 거의 없었으며 우리가 제시한 적당한 스트레스 요인에 소녀의 투쟁-도피 체계는 거의 꼼짝도 하지 않았다. 교사와의 갈등도 조금 있었으며 1학년 담임과는 특히 관계가 좋지 않았는데도 소녀는 당연하다는 듯 공립학교의 첫 일곱 학년을 제비처럼 날쌔게 통과했다. 아동기 정신 건강의 모범적 전형을 그림으로 그린 듯한 아이였다. 이 둘은 긍정적이고 고무적인 학교 환경에서 학교라는 세상을 향한 자신의 상대적 개방성과 민감성 **덕분**에 순조롭게 성장한 난초 아이와 가끔은 문제가 있었던 교실 환경에 상대적으로 무관심했기에 심리적 문제를 겪지 않고 아동 중기를 보낸 민들레 아이의 아주 좋은 예시였다.

사춘기를

향하여

위스콘신 어린이들이 청소년기로 조금씩 나아가는 모습을 지켜보며 우리는 사춘기 자체도 (3장에서 제시한 바와 같이) 아이가 자기 주변의 환경에 적응하는 과정에 영향을 받는 것은 아닌지 궁금해졌다. 난초와 민들레 아이들에게 부모와의 관계는 난초와 민들레가 자라는 토양에 해당하며 그만큼 강력한 영향을 미칠까?[11] 만약 그렇다면 사춘기 성숙의 시점과 속도에 미치는 양육의 영향에서도 특수 감수성이 나타날 가능성도 있었다. 3장에서 지적했듯 소아과 의사들은 혼란스럽고 스트레스가 많은 가정의 아이, 특히 여자아이가 너무 빠른 속도로 성숙해지는 사례를 종종 목격한다. 이렇듯 빨라진 성숙을 진화론적으로 설명하자면 빈약한 가정환경에서 아이는 더 어린 나이에 생식을 준비해서 원가족을 떠날 가능성을 높임으로써 생존과 번식 성공률을 높이는 것이라 할 수 있다.

위스콘신 가정 및 노동 연구 집단은 다시 한 번 그러한 예측을 테스트할 완벽한 종단 연구 기회를 제공해주었다. 사춘기가 시작되는 시점과 성적 성숙이 일어나는 속도는 임상적으로도 중요하다. 이른 나이에 진행되는 사춘기는 이른 나이의 첫 성 경험과 연결되고, 이는 다시 10대 임신과 임질, 매독, 에이즈 같은 성병 감염 위험과 이어지기 때문이다.

태너 척도Tanner scale는 가슴 몽우리나 음모, 고환과 음경 크기와 형태 같은 1차, 2차 성징의 점진적 성숙을 기초로 사춘기의 신체 발달을 평가하는 5단계 기준이다. 우리는 모두 가슴도 털도 없고 성기에 변화도 없는 태너 1에서 출발하지만, 결국 모두 늦든 빠르든 반갑지 않은 여드름이나 절망적인 열망, 몸에 비해 큰 발 등이 드물지 않게 나타나는 태너 5에 도달한다. 하지만 한 단계에서 다음으로 넘어가는 방식이 생식 관련 건강 위험도에 상당히 큰 영향을 미친다는 사실이 밝혀졌다. 장기적 건강을 놓고 볼 때 최선은 사춘기에 느지막이 접어들어 천천히 성숙하는 것이고, 최악은 사춘기가 일찍 시작되어 빠른 속도로 2차 성징이 발현되는 것이다. 지난 한 세기 동안 남녀 양쪽의 사춘기 시작 연령은 극적으로 낮아졌고, 그 결과 여자아이들은 초경이 더 빨라졌고 남자아이들은 성 경험 횟수가 늘어났다.[12]

1998년 여름 이동식 실험실 연구에서 얻은 스트레스 반응성 데이터를 부모의 보고, 유치원 기간 동안 관찰을 통해 측정한 부모의 지원 정도와 함께 활용해 우리는 6년에 걸친 사춘기 발달의 궤도를 조사했다.[13] 이 궤도는 부모와 아이가 2차 성징의 발달에 관해 설명하고 묘사해서 정기적으로 제출한 보고서를 태너 척도로 평가해 산정했다. 반응성이 낮은 민들레 아이들은 부모가 자상하거나 별로 그렇지 않은 경우 두 개의 평균적이고 직선적인 사춘기 발달 궤도를 그렸고, 두 선은 통계적으로 큰 차이를 보이지 않았다. 반면 반응성이 높은 난초 아이들은 부모가 자신을 제대로 지원하지 않는 경우 사춘기 변화가 극적으로 가속화되었고, 부모가 매우 자상한 경우에는 사춘기의 시작이 12.5세까지 늦춰졌다.

이번에도 난초 아이는 가장 이르고, 가장 빠르고, 가장 위험한 사춘기(어른들이 방지하고 싶어 하는 청소년기 임신 같은 결과와 연결됨) 또는 가장 늦고, 가장 더디고, 가장 안전한 사춘기(첫 성경험이 지연되는 등 건강에 좋은 결과와 연결됨)를 겪었다. 난초 아이가 어떤 성숙 궤도를 따르느냐는 특히 부모가 가정에서 행하는 지원과 격려 수준에 달려 있었다. 민들레 아이는 부모의 지원과 관계없이 선형적인 중간 수준의 사춘기 궤도를 보였다. 이 결과에서 놀라운 것은 난초 아이의 특수한 생물학적 민감성이 미래의 건강 상태뿐 아니라 **비임상적인 발달상의 위험 요인**에도 영향을 미친다는 점이었다. 즉 난초 아이로 산다는 것은 자기 주변의 사회적 환경에 따라 질병에 취약해질 뿐 아니라 사춘기가 빨라지는 등의 위험 요소까지 짊어지게 된다는 뜻이다.

거의 모든 것을 기억하거나

아무것도 기억하지 못하거나

이러한 '연관성', 즉 반응성과 사춘기 진행 속도 같은 두 변수 사이의 측정 가능한 관계를 연구하다 보면 잘못된 결론을 내리는 함정에 빠지기 쉽다. 예를 들어 도박과 암은 통계적 관련성을 보이므로 도박하는 사람에게는 악성 종양이 있을 확률이 높다는 말은 상당히 그럴싸해 보인다. 하지만 실제로 그런 연관성이 발견되었다 해도 '암과의 전쟁'을 펼치겠다고 카지노를 불법화하기 전에 도박과 암 양쪽이 흡연이나 음주 같은 세 번째 변수, 또는 관계가 있다고 착각하게 하는 '교란 변수confounder'와 연결되어 있을 가능성을 고려하는 편이 현명하다. 도박 성향이 암을 예측하거나 심지어 유발한다는 유의미해 보였던 연관성은 각 요소와 흡연 또는 음주라는 드러나지 않았던 세 번째 요소의 연결에서 파생된 사소한 결과일 뿐이다.[14] 어떤 도시 안의 성직자 수와 전신주 수사이의 입증 가능한 연관성도 이와 마찬가지로 설명할 수 있다. 두 숫자는 아마 상당히 밀접한 상관관계를 보이겠지만, 그건 단지 두 가지 모두 도시의 인구 규모라는 교란 요인과 연관되어 있기 때문일 뿐이다.

이러한 교란 문제 탓에 과학자들은 종종 진짜 인과관계를 찾는 방편으로 **실험** 연구에 눈을 돌린다. 진정한 의미에서의 실험을 하려면 참가자들을 임의로 최소 두 가지 각기 다른 조건을 할당한 집단, 대개는 처치 집단treatment group과 아무 처치를 받지 않거나 덜 효과적으로 수정된 처치를 받는 통제 집단control group으로 나누어 연구해야 한다. 예를 들어 임상 시험에서는 환자들에게 임의로 가능성 있는 신약 또는 위약을 나누어준다. 이렇게 임의로 조건을 할당하면 흡연이나 음주, 사람 수와 같은 교란 요인이 양쪽 집단에서 동일하게 유지될 가능성이 커지므로 교란 변수의 영향을 제거(또는 '통제')하는 데 도움이 된다. 암과 싸우려면 카지노 문을 닫는 것보다 더 효과적이고 오류의 여지가 적은 방법을 찾아야 하기에 우리는 두 변수 사이의 유의미한 인과관계를 드러내는 증거를 찾는 데 최적화된 실험 방식을 생각해냈다. 사실 그때까지 우리가 모은 난초 아이의 특수한 민감성에 관한 증거는 모두 실험이 아니라 관찰에 의한 것이었으며, 상황에 따라 달라질 여지도 많았다.

더 설득력 있는 논거를 쌓기 위해 버클리 실험실의 예전 동료인 한 포스트닥터는 진짜 실험을 통해 특수 감수성 이론을 검증할 필요가 있다고 생각했다. 그녀는 4~6세 어린이들을 실험실로 데려와 투쟁-도피 및 코르티솔 반응성을 확인하는 우리의 표준 스트레스 검사 과정을 거치게 했다. 그리고 검사 끝에 새로운 요소를 하나 덧붙였다. 그녀는 아이들에게 검사에서 정말 잘해주었기 때문에 보상으로 코코아를 한 잔씩 타주겠다고 말했다. 그런 뒤 물을 채운 전기 주전자를 켜고 아이 앞에 놓인 탁자 위에서 코코아를 만들 재료를 준비했다. 재료는 코코아 가루 한 봉지, 마시멜로 약간, 달콤하고 알록달록한 스프링클 한 팩이었다. 예상대로 아이들은 정신없이 군침을 흘렸고, 눈을 휘둥그레 뜨고 익숙하고 달콤한 간식을 기다리며 의자에서 들썩거렸다.

그러다 주전자가 김을 뿜으며 삐익 소리를 내기 시작하면 옆 방에서 매직 미러 너머로 지켜보며 기다리던 연구 조교가 찢어지는 듯한 소리가 나는 화재 경보기를 20초 동안 작동시켰다. 동료는 진짜로 불이 난 건 아니라며 재빨리 아이를 안심시키고, 각본대로 주전자를 끄고, 경보기 근처에서 주전자를 치우고, 손을 휘저어 김을 날려 보내고, 주전자를 다시 탁자 위에 놓는 일련의 행동을 함으로써 경보가 울린 원인을 아이에게 보여주는 동시에 제거하는 시늉을 했다. 그런 뒤 화재 경보가 울린 것은 틀림없이 주전자에서 나온 김 때문이라고 아이를 다시 안심시킨 다음 신중하게 짜인 순서대로 다시 코코아를 만들기 시작했다. 컵에 물을 붓고 코코아 가루를 넣어 저은 다음 마시멜로와 스프링클을 올렸다. 아이와 동료는 기분 좋게 따뜻한 코코아를 함께 마셨고, 아이는 재미있는 이야깃거리를 가지고 부모에게 돌아갔다.

하지만 우리 과학자들이 여기서 이야기를 마무리할 리가 없다. 반응성 테스트와 화재 경보 사건으로부터 2주가 지난 뒤 연구에는 다시 두 가지 요소가 추가되었다. 먼저 검사에서 수집된 데이터를 이용해 각 아동의 투쟁-도피 및 코르티솔 반응 점수가 계산되었고, 아이들은 스트레스 반응성이 낮은 쪽과 높은 쪽으로 분류되었다. 양쪽 집단의 아이들은 모두 실험실을 다시 방문해 달라는 요청을 받았고, 이번에는 2주 전의 방문에서 기억나는 것이 무엇인지에 관해 매우 상세한 질문을 받았다. 질문은 서술형(예를 들어 "지난번에 우리 실험실에 왔을 때 어떤 일이 있었는지 전부 말해 보렴.")과 단답형("컵에 휘핑크림도 넣었니?") 두 가지로 구성되었고, 아이가 전에 만난 적이 없는 인터뷰어가 질문을 제시했다.

이 연구에서 실험에 해당하는 부분은 민들레와 난초 두 집단의 아이들을 각각 두 가지 인터뷰 상황 중 하나에 임의로 할당하는 것이었다. 첫 번째 상황('친절한 인터뷰어'라고 부르기로 하자)에서 아이와 상호작용하는 사람은 더없이 친절했다. 아이 말을 긍정하고, 상냥하게 격려하듯 말하고, 아이를 편안하고 차분하게 해주려고 세심한 노력을 기울였다. 반대로 두 번째 상황('불쾌한 인터뷰어')에서는 같은 인터뷰어가 모든 학생이 두려워하는 신경질적인 임시 교사로 변신했다. 아이에게서 거리를 두고, 퉁명스럽고 냉담한 어조로 말하고, 심하지는 않아도 피부로 느껴질 정도의 불편함을 조성했다. 이렇게 인공적이지만 실감 나는 상황을 조성함으로써 아이들은 각각 낮은 반응성과 높은 반응성(민들레와 난초), 친절한 인터뷰어와 불쾌한 인터뷰어라는 조건에 따라 네 집단으로 나뉘게 되었다.

관찰 위주의 비실험 연구에서 반복적으로 나타났던 대로 반응성 낮은 민들레 아이들은 2주 전 실험실을 방문했을 때를 상세히 떠올려보라는 요청에 썩 괜찮지만 평균적인 능력을 보였고, 이들의 기억력은 인터뷰어가 보이는 태도에 아무런 영향을 받지 않았다. 달리 말하면 이들은 삶의 갑작스러운 변화에 쉽게 영향받지 않으며 긍정적이든 부정적이든 극단적 반응을 쉽게 보이지 않는 듯했다.

반면 반응성 높은 난초 아이들은 친절한 인터뷰어가 지난번 실험실 방문에 대해 질문할 때는 상세하고 정확하며 백과사전 같은 기억력을 보였지만, 무례하고 불쾌한 인터뷰어와 상호작용할 때는 거의 하나도 떠올리지 못했다. 사실 난초 아이들은 온화한 분위기에서는 심지어 우리 직원들도 기억하지 못하는 사소한 것, 이를테면 코코아 재료가 컵 안에 들어간 정확한 순서라든가 그날 연구 조교가 입고 있던 옷, 화재 경보가 울릴 때 누군가가 확인하러 실험실에 들어왔던 것, 경보가 꺼졌을 때 연구 조교가 했던 정확한 말까지 기억했다. 하지만 반대 조건에서는 거의 아무것도 기억하지 못했다.

이는 난초 아이의 민감성과 사회적 환경이 그들의 인지 능력(생각하고, 기억하고, 판단하는 능력)에 미치는 영향에 관해서 우리가 처음으로 진짜 실험을 통해 얻어낸 증거였다. 난초 아이들은 질문받는 방식에 따라 거의 모든 것을 기억하거나 아무것도 기억하지 못했지만, 민들레 아이들은 양쪽 조건에서 평균적 기억력을 보였다.[15] 이 새로운 발견으로 난초와 민들레 아이는 **완전히 같은 경험**(사건)을 매우 다르게 경험하며 이 극적인 대조는 실제 세상과 고도로 통제된 실험실 환경 양쪽에서 나타난다는 사실이 더욱 명확히 밝혀졌다. 아이들이 살면서 겪는 역경에 대한 잡음 많고 엄청나게 다양한 반응 속에서 그러한 다양성의 원천에 관한 명확하고 체계적이며 신뢰성 높은 진실이 드러나기 시작한 것이다.

지극히 현대적인 작곡가 이고리 스트라빈스키의 불협화음이 두드러지는 발레 조곡 〈봄의 제전〉이 1913년 파리에서 처음 연주되었을 때, 관객은 그 무질서한 음악성에 소리를 지르고 폭력적으로 소동을 피우며 불만을 표했다. 샹젤리제 극장은 분노와 항의로 터져 나갈 듯했고, 극장 측은 난동을 부리는 사람들을 쫓아내기 위해 조명을 다시 켜야 했으며, 나중에 한 평론가는 이 공연을 "번거롭고 유치한 야만성"이라고 표현했다. 하지만 스트라빈스키는 아수라장 속에서도 규칙성을 구별하고 무조성(음조가 없음 – 옮긴이)과 불협화음, 혼란 속에서도 **음악**을 찾아내는 인간의 민감한 감지 능력에 기대를 걸었다. 그의 생각은 매우 타당했고, 〈봄의 제전〉은 모더니즘 음악의 역사적 선봉으로 손꼽히게 되었다.

이와 비슷하게 인간의 건강과 발달이 보이는 다양성이라는 잡음 많은 혼란 속에서 이해 가능한 패턴을 구분하려는 노력에서 출발한 우리 연구는 사회적 환경에 대해 각 개인이 보이는 감수성 격차에 관한 학문 분야라는 교향곡이 되었다. 원숭이와 인간 아동 양쪽에서 확인된 이 특수 감수성 또는 특별한 민감성은 두 종 가운데 어떤 특정 환경의 긍정적, 부정적 특징 양쪽에 높은 반응성을 보이는 상당수의 하위 집단, 즉 주변 세상에 이원적으로 반응하는 극도의 예민함을 보고 우리가 난초라고 이름 붙인 집단에 고르게 나타났다. 난초 개체는 훨씬 수가 많은 집단, 즉 삶이 부여하는 시련과 위협에 훨씬 놀라운 탄력성을 보이는 민들레 친구와 대비를 이뤘다. 난초와 민들레의 표현형을 설명하고 각각의 발달과 건강상의 의의를 밝히는 과학 분야는 이제 상당히 성숙했고 신뢰도 높은 관찰과 연구 논문도 많아졌다. 이미 탐색이 시작된 다음 개척 분야는 이런 민감성 차이가 어디에서 비롯하는지, 그런 차이가 어떻게 인체의 생명 작용 안에 자리 잡는지, 그리고 그것이 개인의 현재와 미래 성격에서 지속적 특성으로 고정되는 것은 언제인지를 알아보는 데서 출발한다.

5장

난초 아이의
기원과 형성

이제 난초 아이의 민감성은 실제 삶에서 생기는 문제와 위험에 국한되지 않고 나 같은 과학자가 만들어 낸 실험 환경에도 반응을 보인다는 점이 분명해졌다. 마찬가지로 가정이나 공동체 내에서 흔히 찾아볼 수 있는 민들레 아이는 어린 시절에 일상적으로 발생하는 전형적 사건과 스트레스 요인에 강한 탄력성을 보인다는 점도 확인되었다. 하지만 환경에 대한 이런 민감성 차이는 어디에서 비롯하는 것일까? 지금까지 전 세계 연구자들이 조사한 바에 따르면 아동의 유전적 특성은 소인을 만들어내지만, 결과까지 결정하는 것은 아니었다. 예를 들어 니콜라에 차우셰스쿠의 독재 치하에 몹시 태만하고 때로는 잔혹했던 고아원에서 자란 루마니아 아동들을 연구한 과학자 연합은 뇌의 신경전달물질인 세로토닌과 연관된 유전자가 짧은 경우 난초를 닮은 표현형이 출현한다는 사실을 발견했다. 이 짧은 대립 유전자allele(유전자의 여러 선택적 형태 중 하나)를 지니고 고아원에서 쭉 지냈던 아동은 지적장애와 극도의 부적응에 시달렸지만, 같은 대립 유전자를 지니고 수양가족에 입양된 아이는 발달과 정신 건강 면에서 급속도로 회복되었다.[1] 이와 유사하게 한 네덜란드 연구팀은 감정을 자극하는 유니세프 비디오를 보여주고 아이들의 금전적 기부 패턴을 알아보는 실험에서 난초 아이들처럼 도파민 신경전달물질 유전자를 지닌 참가자들이 부모와의 애착 관계가 안정적인지 불안정한지에 따라 가장 많거나 가장 적은 자선 기부금을 냈다는 사실을 발견했다. 그 말은 즉 유전적이지 않은 요인에 따라 결과가 달라졌다는 뜻이다.[2]

그러므로 아직 더 많은 연구가 필요한 질문은 매우 분명했다. 아이를 난초 또는 민들레가 되게 하는 것은 유전자뿐일까? 난초는 그런 식으로 태어나는가, 아니면 생애 초기 경험을 통해 난초로 변하는가? 모든 것은 유전자 때문일까, 아니면 생애 초기에 난초 또는 민들레 표현형이 발달하도록 영향을 미치는 무언가가 있는 것일까? 감염에서 행동 문제까지, 공격성에서 자비심과 공감까지 중대한 결과를 낳는 것으로 보이는 이 강력한 차이가 생겨나는 원인은 오로지 유전자 또는 어린 시절의 환경, 또는 두 가지 모두일까? 답을 찾는 데 도움이 될 첫 힌트는 뜻밖의 원천, 즉 출생 직후의 몇 분에서 발견되었다.

자궁 밖에서의

첫 순간

　　젊은 소아과 의사와 산부인과 의사가 실습 기간 먼저 배우는 기술 중에는 출산 직후 첫 몇 분 동안 신생아의 생리적 상태를 평가하는 방법이 있다. 새내기 소아과 의사였던 시절 완전히 새롭고 아무도 본 적 없는 인간, 말 그대로 머리에 피도 안 마른 채 이 밝고 시끄러운 세상에 막 도착해서 빨간 얼굴로 울어 젖히는 아기의 상태를 처음으로 확인하는 사람이 된다는 것은 내게 아주 보람 있고 즐거운 의무였다. 길고 위험하며 돌아갈 수 없는 길을 지난 끝에 이 세상에 나오게 되는 탄생의 순간은 늘 성스러운 의미를 지닌 사건 같았다. 그 순간을 지켜보고 손가락과 발가락을 세는 것 외에 소아과 의사는 아프가 점수Apgar score를 활용해 태어난 아기의 상태를 점검하는 정식 절차를 거쳐야 한다. 아프가 점수는 1950년대 컬럼비아 대학교 산과 마취의였던 버지니아 아프가 박사가 자신의 이름을 따서 만들었다. 아기가 태어난 뒤 1~5분 사이에 생리적 기능의 다섯 영역에 각각 0~2점을 부여해 합계 0~10점의 점수를 매기는 방식이다. 다섯 영역은 약간 억지스러워도 외우기 쉽게 APGAR라는 약자로 표시되며, 각 철자가 뜻하는 바는 다음과 같다.

A = 겉모습Appearance: 몸과 손발이 띠는 분홍빛 또는 푸른빛

P = 맥박 수Pulse rate: 심장이 뛰는 속도

G = 찡그림Grimace: 비강 또는 구강 흡입이나 기타 자극에 대해 아기가 울거나 얼굴을 찡그리는 반응

A = 활동성Activity: 근육 굴곡의 정도와 강도

R = 호흡Respiration: 무호흡에서 활기찬 울음까지 아기가 보이는 호흡 활동 수준

아프가 점수 합계는 질식 정도에 따라 의학적 치료가 필요한지 아닌지를 보여주는 지표다. 그 말은 아기가 호흡과 울음(그렇다, 신생아가 우는 이유는 세상에 처음으로 감정을 쏟아내기 위해서일 뿐만 아니라 울음이 더 힘차게 숨을 쉬는 방법이기 때문이다)을 통해 산소와 이산화탄소를 얼마나 수월하게 교환하고 있는지 판단한다는 뜻이다. 아기들은 대부분 입술이나 손발에 약간 푸른 기운이 돌거나 근육 굴곡이 덜 힘차거나 자극에 대한 반응이 조금 느린 정도의 사소한 이유로 약간의 감점을 받아 7~10점 사이의 아프가 점수를 얻는다. 점수가 7점 미만인 아기들은 따뜻하게 데운 요람

이나 기도 흡인을 비롯해 적극적이고 신속한 자극이나 소생술이 필요할 수도 있다. 점수가 4점 미만이면 호흡을 돕기 위해 기관 내 삽관을 하거나 드물게는 흉부 압박을 해야 할 때도 있다. 미숙아나 선천적 감염 또는 기형이 있는 아기는 매우 낮은 아프가 점수를 받기도 하며, 이는 필요한 의학적 대응의 강도와 속도를 정하는 데 참고 자료로 활용된다.

한편 아프가 점수에서 특히 흥미로운 점은 심장박동 수, 반사, 손발의 혈액순환 등 이 척도가 측정하는 항목이 스트레스 상황 대처에 관련된 투쟁—도피 자율신경계의 반응에 따라 조절된다는 사실이다. 아프가 하위 점수(약자의 알파벳이 나타내는 각 항목의 점수)는 탄생이라는 상당한 신체적 (그리고 아마도 감정적) 스트레스 요인에 몸이 얼마나 적응했는지 보여주는 지표이며, 낮은 점수는 투쟁—도피 반응의 적응력이 떨어진다는 사실을 반영한다. 어쨌거나 태아에게 탄생이란 극단적이고 전례 없는 경험이며, 인간은 대개 극단적 경험을 통해 자신이 어떤 사람이며 어떤 생물학적 특성이 있는 존재인지에 관해 가장 많이 깨닫게 된다.

출생 이후의 삶은 대단하고 때로는 위험한, 어찌 보면 탄생에 딱 어울리는 과정을 통해 시작된다. 3킬로그램 남짓의 신생아는 엄청난 압력에 짓눌려가며 좁고 해부학적으로 제한된 산도를 통과해 놀라고 성난 상태로 춥고 시끄럽고 환하게 밝혀진 세상으로 나온다. (물론 산모가 치르는 고통과 노력이라는 대가도 마땅히 언급해 두어야겠다.) 자신이 태어나던 과정을 한순간이라도 기억하는 사람은 아무도 없지만, 준비되었든 아니든 심리학자이자 철학자인 윌리엄 제임스가 말한 대로 육체를 지닌 삶이라는 "굉장한, 정신없는 혼돈" 속으로 밀어 넣어진다는 것은 모순적이게도 기억에 강하게 새겨질 만한 경험임이 틀림없다.

자궁 밖의 삶이라는 예기치 못하고 익숙지 않고 불편한 스트레스 요인에 급하게 신체를 적응시키는 이 모든 과정은 우리에게 이제 익숙한 과정, 즉 연구 실험실에서 신체적, 감정적 과제를 부과해서 아이의 생리적 반응을 불러일으켜 스트레스 반응성을 측정하는 검사와 놀랍도록 비슷하다. 실제로 탄생은 출생 후의 삶이 시작되는 순간 벌어지는 효과적인 첫 스트레스 반응성 시험이라고 할 수 있다.

인간은 모두 비명과 함께 장대한 스트레스 반응성 시험 속으로 내쫓기며 삶을 시작한다는 점을 생각하면 아프가 점수에서 기도를 확보하거나 아기 몸을 닦고 따뜻하게 해주어야 한다는 것 외에 더 많은 정보를 알아낼 수도 있지 않을까? 낮은 점수가 실제로 적응력이 떨어지고 보정력이 약한 투쟁-도피 반응을 보여준다면 이는 출산 질식뿐 아니라 좀 더 장기적으로 볼 때 인생 도처에 널린 스트레스에 대한 적응력이 떨어지는 경향성을 시사한다고 볼 수 있지 않을까? 만약 정말 그렇다면, 0~10점에 걸친 아프가 점수는 출생 직후의 스트레스 이상을 예측한다고 할 수도 있지 않을까? 어쩌면 훨씬 보편적이며 발달상으로 먼 미래의 결과까지 예견하고 있을지도 모를 일이었다. 과연 자궁 밖에서의 첫 순간이 앞으로 다가올 아기의 삶 전체에 대해 무언가 중요한 것을 예언할 수 있을까?

　현재는 이 가설이 매우 정확했다는 사실이 밝혀졌다. 박사 과정에 있는 제자 하나와 포스트닥터인 예전 동료는 3만 4,000명에 달하는 캐나다 매니토바의 아동을 대상으로 신중한 역학 조사를 시행한 끝에, 생후 5분의 아프가 점수가 5세가 된 아이의 교사가 다양한 발달 측면에 관해 보고한 발달 취약성을 예측한다는 사실을 확인했다.[3] 예를 들어 아프가 점수 7점(출생 당시 손과 입술에 약간 푸른빛이 돌았고 울음소리가 덜 힘찼다는 뜻)인 아이들은 9점 또는 10점인 아이들에 비해 여러 측면에서 발달 취약성을 보인다는 평가를 교사로부터 받았다. 마찬가지로 심하지 않은 출산 질식으로 입술과 손이 파래지고 울음소리가 약하고 심장박동이 느려 아프가 점수 6점을 받은 유치원생들은 3점이나 4점을 받은 또래에 비해 보고된 발달 취약성 숫자가 적었다. 중요한 것은 학생의 발달 상태를 보고한 교사들은 5년 전 아이들이 태어날 때 받은 아프가 점수를 사전에 알지 못했다는 점이다. 교사들이 보고한 취약성은 이를테면 규칙이나 지시를 따르는 능력이 조금 떨어지거나, 가만히 앉아서 집중하지 못하거나, 책과 독서에 흥미가 상대적으로 부족하거나, 연필을 올바로 잡고 쓰지 못하는 것 등이었다. 아프가 척도에서 낮은 점수를 받은 아이들은 정규 교육 첫해인 5년 뒤 신체, 사회성, 정서, 언어, 의사소통 측면의 발달이 모두 유의미하게 뒤떨어지는 모습을 보였다. 조산아 혹은 체중 미달이었던 아이들은 당연하게도 더 낮은 아프가 점수를 받았지만, 이런 변수를 통계적으로 보정한 뒤에도 점수와 발달 상태 간의 연관성은 유지되었다. 투쟁-도피 반응이 불안정하고 생리적 회복 능력이 떨어지는 상태로 태어난 아기들은 발달 면에서도 취약했다.[4]

그렇다면 이는 무슨 의미일까? 사람들은 출생 시 나타나는 특성이나 특징은 모두 '선천적'이므로 유전자에 새겨져 있거나 어떻게든 운명적으로 정해져 있다고 여겼다. 윌리엄 셰익스피어와 스페인에서 그에 버금가는 극작가 페드로 칼데론 데 라 바르카 Pedro Calderón de la Barca는 17세기 사람들의 이런 믿음을 반영해 각각 자기 작품에 개인의 삶에서 지울 수 없고 가차 없는 영향력을 발휘하는 운명에 관한 대사를 썼다.

> 운명이 부여하는 것을 인간은 받아들여야 하나니 바람과 물결
> 에 맞서보았자 소용이 없노라.
>> ― 윌리엄 셰익스피어, 《헨리 6세》
> 하지만 운명은 인간의 힘으로는 깨어지지 않고 인간의 속임수
> 로는 막을 수 없도다.
>> ― 페드로 칼데론 데 라 바르카, 《인생은 꿈》

유전자 결정론과

환경 결정론

　　이러한 전통적 관점을 더 현대적이고 과학적인 용어로 **유전자 결정론**이라고 부른다. 인간의 신체적 특징, 능력, 취약성, 잠재력에서 나타나는 차이는 모두 수정되는 순간 어머니와 아버지에게 물려받아 합쳐진 DNA 안에 단단히 새겨져 있다는 이론이다. 이는 내부에 초점을 맞춘다는 점에서 개인의 운명과 기질이 피, 노란 담즙, 검은 담즙, 점액에 따라 정해진다는 히포크라테스의 체액론이나 흙, 물, 공기, 불의 비율에 따라 결정된다는 전통적 4원소설 같은 고대 이론과 상당히 비슷하다. 인간의 특성에 관한 이런 이론은 선천 대 후천이라는 오랜 논쟁에서 '선천'에 해당한다고 할 수 있다.[5] 여기서 '선천'은 우리가 세상에 나올 때 이미 사람으로서 형태를 갖추고 나온다는 관점, '후천'은 우리가 사는 세상이 인간의 특성과 발달을 결정한다는 관점을 가리킨다.

　　최근에도 궁극적 '선천' 접근 방식인 인간 게놈 프로젝트가 시작되고 완료되면서 이와 똑같은 결정론적 논쟁에 불이 붙었다. 사람들은 이 프로젝트로 자폐, 조현병, 심장병, 암을 '유발하는 유전자'가 결국 밝혀질 것이라는 희망을 품었다. 하지만 그런 단일 유전자는 밝혀지지 않았고, 인간이라는 개체의 구성에서 유전자의 역할은 그리 단순하지 않고 유전자와 생태, 또는 DNA와 표현형이 일대일로 대응하지도 않는다는 사실이 분명해졌다. 인간은 현대인이 생각한 것보다 훨씬 복잡하고 섬세하며 확률에 좌우되는 신체를 지녔다. 정말 솔직히 말한다면 우리 과학자들은 세심히 쌓아 올려 소중하고 자랑스럽기 그지없는 가설일지라도 자연계의 정교한 복잡성 앞에서는 빛이 바랠 수밖에 없다는 사실을 거듭 깨닫게 된다.

한편 소아과에서 흔히 하는 농담으로 모든 예비 부모는 환경 결정론자(모든 것이 후천적이라고 여김)였다가 실제로 아이를 낳는 순간 매우 열성적인 유전자 결정론자(모든 것이 선천적이라고 여김)로 변한다는 말이 있다. 이 말의 속뜻은 다음과 같다. 자기 아이가 생기기 전에는 주변에서 아이들이 부리는 말썽이 잘못된 육아의 산물이라고 생각하기 쉽다. 식당 옆 테이블에서 떼를 쓰며 우리 식사 분위기를 깨는 저 아이는 뭐가 문제일까? 당연히 그건 아이를 통제하지 못한 부모 잘못이며 양육이 제대로 이뤄지지 않은 것이다. 하지만 일단 부모가 되고 자기 아이가 식당 옆 테이블이나 비행기 옆자리에서 떼를 쓰는 예비 범죄자가 되면 관점이 달라지는 경향이 있다. 예전에 다른 부모를 비판적 시선으로 봤던 일은 잊어버리고 자신이 최선을 다하고 있음을 주변 사람들이 이해해주기를 바란다. 아이는 그저 유전자 탓으로 그런 기질을 타고났고, 그러므로 자신의 양육과는 아무런 상관이 없다. 시끄럽거나 문제를 일으키는 유아의 행동을 부모에게 직접적인 책임이 돌아오는 양육 기술과 능력 탓이 아니라 상대적으로 부모에게는 단지 소극적 책임밖에 없는 유전자 탓으로 돌리는 편이 훨씬 쉽고 마음이 편하기 때문이다.

하지만 최근에 유전자 결정론이 대중의 마음을 사로잡은 것과 마찬가지로 **환경 결정론**이 전적으로 강력히 지지받던 시기도 있었다. 내가 젊은 소아과 레지던트로서 과학에 푹 빠져들기 시작한 1970년대에는 환경적 요소가 유전자보다 훨씬 유력하고 인과적 영향력이 있다고 여겨졌고, 정신 건강 및 발달장애의 경우에는 특히 그러했다. 나이 지긋하고 독실한 체하던 한 정신과 의사가 기억난다. 그는 "냉정하고 무관심한 엄마"가 자폐와 조현병의 주된 원인이며 더 넓게 보면 아이들의 혼란한 사고와 행동은 모두 오로지 가정환경 탓이라고 말하는 사람이었다. 가족을 교정하면 장애도 교정될 터였고, 정신 질환을 유전자나 심지어 '신체적 특성' 탓으로 돌리는 것은 "피해자를 비난하는" 행위에 해당하므로 당시의 의학 전문가 사이에서는 절대 용납될 수 없는 일이었다.

이른바 '냉장고 엄마' 가설(냉정한 엄마가 자폐를 유발한다)이 그냥 틀린 것뿐이었다면 확실한 망신거리가 하나 늘어난 데서 끝났을 것이다. 하지만 그 이론 탓에 자폐나 다른 문제가 있는 아이를 둔 한 세대의 엄마들 (그리고 어느 정도는 양쪽 부모 전부) 전체가 아이를 키우면서 종종 비극적이고 지속적인 고통이 되는 장애의 주된 원인이 어떤 식으로든 부모 자신에게 있다고 믿었다는 것은 말이 되지 않을 정도로 안타까운 일이었다.

소아과에 있다 보면 자기 아이를 해하거나 방치하는 부모의 이야기를 수없이 듣게 되지만, 다행스러운 것은 실제로 자신이 치를 금전적 또는 감정적 대가를 전혀 생각지 않고 아이를 아끼고 보호하고 격려하는 부모가 압도적으로 많다는 사실이다. 오래전 나는 두 의사 부모의 첫 아이인 네 살짜리 소년의 행동을 평가해달라는 요청을 받은 적이 있다. 진찰실에 들어서자 30대 초반의 젊은 부모가 보였다. 아빠는 잠든 10개월짜리 딸을 안고 있었고, 눈물이 글썽한 엄마는 내가 들어오는 것조차 눈치채지 못하고 퍼덕거리며 몸부림을 치는 아이를 진정시키려 애쓰고 있었다. 진찰실 안에는 누가 봐도 분명한 먹구름이 가득했다.

소년(데번이라고 부르기로 하자)은 건강하고 씩씩한 신생아였고, 부모가 흔히 품는 희망적 기대와 함께 집으로 왔다. 데번의 엄마는 첫 6개월 동안 모유 수유를 했지만, 육아휴직이 끝나면서 젖을 떼고 분유로 바꾼 다음 고된 외과의 수련 과정으로 돌아갔다. '순한' 아기였던 데번은 생후 6주에 부모 얼굴을 보고 웃고, 4개월에 뒤집기를 하고, 관심을 요구하며 떼를 쓰지도 않고, 한 살이 될 무렵 한 음절짜리 단어를 말하기 시작했다.

하지만 돌이 지난 직후부터 부모는 데번의 발달에 뭔가 문제가 있다고 생각하기 시작했고, 걱정은 점점 커졌다. 데번의 단어 사용은 생후 2년째에 기대대로 확 늘어나기는커녕 눈에 띄게 줄어들었다. 데번은 다른 또래 아이들처럼 관심이 가는 장난감이나 물건을 손으로 가리키지도 않았다. 부모는 눈을 맞추거나 말을 걸거나 까꿍 놀이 같은 게임을 하며 소통하려 노력했으나 무관심한 아들과 교감하기 어렵다는 사실을 깨달았다. 데번은 점점 말을 하지 않았기에 부모가 알 수 없는 혼자만의 생각과 자기 세계 속으로 멀어지는 것 같았다.

데번이 두 돌을 맞을 무렵 부모는 뭔가가 잘못되었다고 확신하기에 이르렀다. 이름을 불러도 아들이 대개는 무시했기에 귀가 들리지 않는 것인지 의심하기도 했지만, 검사 결과 청력에는 문제가 없었다. 데번은 팔을 퍼덕거리거나 앞꿈치로 서서 격렬히 위아래로 몸을 움직이는 등의 반복 동작까지 하기 시작했다. 이제 말은 아예 하지 않았고, 대신 불편하거나 짜증이 날 때는 판에 박힌 듯 똑같이 새된 소리를 질렀다.

온전히 좋은 의도를 지녔고 당시의 자폐 개념에 대한 교육을 받았던 데번의 담당의는 아이와 엄마의 애착 관계가 보이는 특징, 데번이 아기일 때 엄마와 보낸 시간, 직장으로 복귀할 때 엄마가 느낀 죄책감에 관해 캐물었다. 메시지는 명확했다. 그 의사는 엄마와 아이의 관계가 차갑고 무관심했다는 증거를 찾고 있었다. 하지만 거꾸로 데번의 장애가 원인이 되어 부모 자식 간의 상호작용이 어려워졌던 건 아니었을까? 이 진료는 결국 데번의 아빠가 분노를 폭발시키고 이에 놀라고 당황한 의사가 함께 화를 내면서 눈물바다로 마무리되었다.

그 뒤 자폐라는 진단을 확인해주고, 그 소식을 들은 부모의 슬픔과 경악을 다독이고 인정하고, 장애의 원인이 부모에게 있다는 부당하고 불공평한 암시는 사실이 아니라고 말하고, 가족이 아이의 상태를 받아들이고 조처할 수 있도록 돕는 것은 내 몫이었다. 아무리 순수한 의도였다고 해도 환경 결정론은 틀렸을 뿐 아니라 해로웠으며, 병의 원인을 밝히는 이론에는 가치 판단이나 특정한 결과가 따르기에 십상이라는 사실을 잘 보여준 사례다. 중요한 것은 데번이 난초인지 민들레 아이인지 알아내는 게 아니었다. 문제는 난초를 닮았든 민들레를 닮았든 상관없이 모든 아이가 그리고 어른으로 성장해서 어떻게 현재의 자기 자신이 되는지 이해하는 것이었다. 그 해답은 공교롭게도 선천과 후천 **사이**에 있었다.

이것 아니면 저것

또는 양쪽 모두?

          '위대한 덴마크인'이라 불리던 철학자 쇠렌 키르케고르는 첫 저서 《이것이냐 저것이냐》에서 개인이 성장하고 성숙하는 과정에서 생기는 삶에 대한 탐미적 관점과 윤리적 관점 사이의 갈등을 다루었다. 그는 생애 초반에는 쾌락주의적이고 주관적인 종류의 의식 안에서 발달이 일어난다고 주장했다. 자연스러운 이기심이 고스란히 남은 아이의 마음은 당면한 욕구와 욕망 충족에 집중되어 있다는 뜻이다. 하지만 키르케고르는 이런 존재 양식이 결국은 더 윤리적인 방향으로 전환되고 도덕적 책임과 의무를 추구하는 의식 있는 성인으로 성장하면서 더 포괄적이고 양심적인 관점에 도달하기 위해 세속적 욕망을 억누르고 이기적 우선순위를 바꾸게 된다고 믿었다. 이 상충하고 모순되는 두 존재 양식에서 인간을 구원할 것은 종교적 믿음뿐이라는 것이 그의 궁극적 주장이었다.[6] 여기서 핵심은 인간의 조건을 온전히 이해하고 싶다면 우리가 자신을 구성하는 힘을 무 자르듯 양분해서 단순하게 인식하는 경향을 버릴 필요가 있다는 점이다. 사실 지나치게 단순한 이분법적 관점은 인간의 진정한 특성에 숨은 심오한 복잡성과는 맞지 않을 때가 많다.

어떤 의미에서 최근 몇십 년간 발달 및 건강 관련 현대 과학은 "이것이냐 저것이냐" 하는 키르케고르의 구분처럼 질병과 장애의 원인을 바라보는 유전자 결정론과 환경 결정론 사이에서 양립의 여지가 없는 선택을 강요하는 상황에 처했다. 환경적 관점은 인간이 사는 사회적, 물리적 맥락(이를테면 자폐의 경우 양육 환경) 안에 존재하는 **외부적** 원인에만 초점을 맞추라고 요구하는 반면, 유전적 관점은 이에 맞서 개체의 표현형과 삶을 결정하는 것은 게놈이기에 내부적 원인이 현저한 우위에 있다고 주장했다.

정도의 차이는 있더라도 각 진영에서는 다른 진영을 약화시키려고 끈질기게 노력했고, 다들 유전자 결정론과 환경 결정론은 모순되고 조화를 이룰 수 없는 이론이라고 여겼다. 하지만 이 두 가지가 답하려는 근본적 질문은 같았다. "인간이 겪는 병과 어려움의 원인은 어디서 오는가?" "왜 어떤 사람은 자주 아프고 다른 사람은 그렇지 않은가?", 그리고 이를 뒤집어서 "인간의 건강과 성취의 원인은 어디서 오는가?" "왜 어떤 사람은 지극히 건강하고 많은 것을 이루는 반면 다른 사람은 그렇지 못한가?"라는 질문이었다.

이 융통성 없는, 이것 아니면 저것 식의 두 결정론을 화해시키려는 첫 시도는 **행동유전학**behavior genetics* 분야에서, 그리고 인간 쌍둥이 연구에 관한 예리한 분석에서 출발했다. 행동유전학자들은 유전자 결정론이 진실이라면 일란성 쌍둥이(하나의 수정란이 갈라져서 따로따로지만 똑같은 두 배아를 형성해 태어난 쌍둥이) 중 한 명에게서 조현병이 나타나면 다른 한 명에게도 나타나야 한다는 설득력 있는 의견을 내놓았다. 유전 변이가 질병 인과관계의 유일한 열쇠라면 동일한 게놈을 가진 두 개체는 반드시 같은 장애가 있어야 했다. 하지만 신체 모든 세포의 DNA가 완전히 동일함에도 성격과 행동 양식에 상당한 차이가 있고 서로 다른 정신적, 신체적 건강 문제가 있는 일란성 쌍둥이는 흔히 찾아볼 수 있다. 일란성 쌍둥이와는 반대로 이란성 쌍둥이(별개의 두 수정란에서 생겨난 쌍둥이) 중 한 명에게 조현병이나 다른 장애가 나타날 때 쌍둥이 사이의 일치율concordance rate(한 명에게 장애가 있으면 다른 한 명도 똑같은 장애를 보일 확률)은 쌍둥이가 아닌 형제자매 사이의 일치율과 비슷한 정도여야 한다. 반면 환경만이 원인의 전부라면 '조현병 가계'에서 태어난 아이는 전부 조현병 증세를 보여야 마땅하다.

하지만 일란성 쌍둥이 사이의 조현병 일치율은 100퍼센트가 아니라 50퍼센트다. 유전자와 환경 **양쪽**이 대략 동일한 비율로 원인 역할을 한다는 뜻이다. 마찬가지로 자폐 일치율 또한 약 50퍼

---

* 행동유전학: 행동 원인을 유전자에 기초한 요소와 환경적 측면에 기인한 요소로 분석하는 것을 목표로 삼는 학문 분야. 일란성과 이란성 쌍둥이 연구를 통해 행동 특성의 유전 가능성을 추정하는 성과를 올렸다.

센트이며, 이 사실 역시 유전과 환경 요인 양쪽이 작용함을 암시한다. 그래서 행동유전학자들은 쌍둥이 연구를 활용해 다양한 행동과 정신장애의 원인을 유전 요인과 환경 요인에 각각 배분하려는 노력을 기울였다. 원인에서 유전과 환경 요소가 차지하는 비율을 정확히 나눌 수 있다면 그 정보로 조현병, 당뇨, 비만 등의 '유전 가능성'을 예측할 수 있을 터였다.

하지만 행동유전학조차도 근본적으로 잘못된 가정을 채택하고 있었다. 질병의 원인은 유전 **또는** 환경(키르케고르 방식), **또는** 두 가지의 분리 가능한 조합(이를테면 물 두 컵에 기름 한 컵처럼 유전 2/3에 환경 1/3)이라는 가정이었다. 그건 "선천과 후천, 유전과 환경 중에 어느 것이 더 중요한가?"라는 질문에 대한 조금 더 세련된 답변일 뿐이었다. 캐나다 신경정신과 의사인 도널드 헵Donald Hebb은 인간의 성격에 선천과 후천 중 어느 쪽이 더 큰 영향을 미치느냐는 질문을 받았을 때 이 지나치게 단순한 이분법에 뉘앙스를 더하는 답을 했다. "직사각형의 면적에 더 큰 영향을 미치는 것은 가로일까요, 세로일까요?" 과연 그러하다. 이제 우리는 애초부터 이 문제가 이것 또는 저것이 아니라 양쪽 다라는 사실을, 우리 시대의 가장 흥미진진한 과학적 질문은 "어떻게 유전자와 환경이 협력해서 건강을 유지하거나 질병을 발생시키는가?"라는 것을 잘 알게 되었다.

이렇게 해서 인간의 건강과 질병의 원인에 관해 과학자들이 생각하는 방식이 획기적으로 달라지면서 우리는 유전자와 환경을 따로따로, 또는 단순한 덧셈 조합으로 생각해서는 질병의 매우 복잡한 발생 과정을 설명할 수 없다는 사실을 깨닫기 시작했다. 이제 과학자들은 건강과 질병의 원인이 **유전자와 환경 사이의 상호작용**에 있다고 여긴다. 좋은 쪽이든 나쁜 쪽이든 우리를 **우리 자신**으로 만들고 살아 있는 몸 안에 질병의 첫 거점을 만드는 것은 바로 이 연계 작용이다.

인간의 거의 모든 기질과 정신 및 신체 장애가 몸에 뿌리를 내리고 자라서 발전하게 하는 것은 바로 내부적 요인과 외부적 요인 사이의 복잡한 상호작용이다. 그리고 궁극적으로 개인 간의 차이를 이해하고 인간의 질병을 줄이거나 예방하는 열쇠를 찾으려면 다양한 유전자와 여러 가지 환경이 **함께** 작용해서 생리적 과정에 변화를 주는 방식을 더 자세하고 깊게 파고들어야 한다. 본질적으로 염증이든, 신진대사 관련이든, 전염병이든, 암이든 상관없이 인간의 질병은 대부분 유전자와 환경 요인의 강력한 상호작용을 통한 조합에 뿌리를 두고 있다. 내향적이든 외향적이든, 다혈질이든 점액질이든(히포크라테스의 4기질론에서는 다혈, 우울, 담즙, 점액으로 사람의 기질을 구분함 - 옮긴이), 난초든 민들레든 인간의 특성과 경향 또한 유전자와 환경의 상호작용에 기초해서 생겨난다. 무엇이 난초와 민들레를 피거나 시들게 하는지, 또는 이 어렵고 변화무쌍한 삶의 여정에서 이 두 상태 사이를 오가게 하는지 조금이라도 더 깊이 이해하려면 한층 복잡한 이 과학적 접근 방식으로 인간의 본질과 건강에 관한 '퍼즐 풀기'에 도전해야 한다.

난초의 기원

민들레의 씨앗

부정적이거나 긍정적인 사회감정적 환경 양쪽에 극도로 섬세한 민감성을 보이는 난초 아이는 **유전자의 영향**으로 특수 감수성을 보이는 성향을 타고났을지 모르지만, 현재 알려진 바에 따르면 생애 초기의 **환경적 영향** 또한 새로 태어난 난초가 완전히 피어나는 과정에 상당한 영향을 미칠 가능성이 크다. 사실 난초와 민들레 아이는 생애 초기 적응 과정에서 유전자와 환경 요인이 일으킨 상호작용의 산물일 확률이 매우 높다. 유전자와 사회적 환경(가족 등) 양쪽 모두 아동의 두 가지 표현형에 영향을 미치는 것은 거의 틀림없지만, 내 연구 중 아동의 행동과 건강을 표시하기 위해 만든 그래프에서 아이들이 차지하는 위치를 결정하는 요인은 유전자와 환경 사이의 **상호작용**일 것이다.

하지만 유전자─환경 '상호작용'이라는 이 핵심 개념의 진짜 의미는 무엇일까? 상호작용이란 둘 이상의 구성 요소(이 경우에는 유전자와 환경, 또는 신체 생리와 경험)가 모여 일종의 결합 효과를 내는 시너지를 가리킨다. 여기서 1 더하기 1은 2가 아니라 3이나 4가 되고, 전체는 부분의 합보다 크며, 새로운 조합은 양쪽의 효과가 섞여 융합하며 나타난 '창발적' 특성을 보인다.

물, 밀가루, 효모를 섞어 오븐에 구우면 완전히 새로운 종류의 물질인 빵이 되고, 각 구성 요소를 따로 먹는 것과는 전혀 다른 방식으로 먹기에 적합해진다(의심스럽거든 뜨거운 밀가루를 한 입 먹어보라). 유전학에서는 복수의 유전자가 상호작용하며 한 유전자의 효과가 동시에 발생하는 다른 유전자의 효과에 영향을 받는 상황을 표현하기 위해 상위성epistasis이라는 용어를 쓴다. 의학적으로 약물 상호작용이란 두 약을 함께 사용했을 때 발생하며 어느 한쪽 약만으로는 나타날 수 없는 부정적 또는 긍정적 효과를 말한다. 하지만 이 상호작용의 의미를 각각 들여다보면 상호작용이 실제로 일어나게 하는 물리적 과정이나 메커니즘은 매우 모호하거나 부분적으로만 알려진 경우가 대부분이다. 대문호 D. H. 로런스는 대체로 모호한 상호작용의 본질을 짤막한 시 〈세 번째 무언가The Third Thing〉에 담아냈다.

물은 H_2O, 수소 둘과 산소 하나
하지만 그걸 물로 만드는 세 번째 무언가가 존재하나
아무도 그게 뭔지는 모른다
원자는 두 가지 에너지를 붙들어두지만

그걸 원자로 만드는 건 세 번째 무언가의 존재다.

유전자-환경 상호작용에서도 마찬가지다. 특정 질병에 대한 개체의 취약성, 건강하게 장수를 누릴 확률, 사회적 환경에서의 경험에 대한 감수성과 민감성 차이에 유전 변이(DNA 염기서열의 차이)가 중대한 영향을 미친다는 증거는 이미 나와 있다. 이런 유전적 영향은 거의 항상 단일 유전자 안에서 일어나는 한 가지 돌연변이 또는 변형보다는 다수의 유전자가 변이함으로써 (때로는 수십 또는 수백 개의 유전자가 한꺼번에 관여해 여러 유전자에 내재한 위험인 '다유전자성 위험polygenic risk'을 일으킨다) 발생한다. 빈곤, 아동 학대, 폭력에의 노출과 기타 불행한 경험, 혹은 이 중 두 가지 이상이 결합해 나타나는 사회 환경적 위험 요소가 다양한 정신적, 생체의학적 장애에 영향을 미친다는 증거도 있다. 하지만 건강과 발달에 가장 강력한 영향을 미치는 것은 유전자 집합과 같은 생물학적 요인과 각종 환경적 노출 사이의 연계일 가능성이 매우 크다. 이 점을 더 잘 이해하기 위해 아동 구강 건강 문제를 살펴보도록 하자.

치아우식증, 즉 치아의 단단한 법랑질이 부식으로 파괴되는 질환인 충치는 아동기에 매우 흔한 단일 만성질환이고, 세계적으로 60~90퍼센트의 아동에게 피해를 주며 염증이 일어나면 성인이 된 뒤의 건강 상태에까지 부분적으로나마 영향을 끼칠 수 있다. 또한 구강 건강과 충치는 인종과 사회경제적 환경에 따라 격차가 크게 나타나며, 가난하고 소수 집단에 속하는 아동은 훨씬 높은 구강 질환 발병률을 보인다. 치과와 소아과 의사들에게는 가난한 아이들은 부모가 칫솔질과 치실 사용 같은 구강 위생 관리법을 가르치고 요구하고 강제하지 않은 탓에 충치가 많다는 통념이 있다. 이쯤 되면 실제로는 문제가 그리 간단하지 않다는 말을 들어도 놀랍지 않으리라.

충치가 어떻게 생기며 왜 불우한 공동체에 속한 아이에게 충치가 더 흔한지 더 자세하고 제대로 이해하기 위해 우리는 버클리 공립학교에서 우리 연구에 참여하는 여섯 살짜리들에게 1학년 동안 빠진 젖니를 가져오라는 조금 별스러운 부탁을 했다. 덧붙여 가정 내 스트레스 요인에 관해서 묻고 타액 샘플을 채취해서 스트레스 호르몬인 코르티솔도 측정했다. 코르티솔은 뼈나 치아 같은 석회질 조직의 구조적 무결성을 약화할 수도 있기 때문이었다. 당연하게도 우리는 여기에 '이빨 요정 프로젝트'라는 이름을 붙였고, 유치가 빠진 뒤 24시간 이내에 우리에게 이를 가져오는 아이에게는 10달러를 주겠다고 제안했다. 이는 당시의 일반적인 이빨 요정 시장 가격보다 훨씬 높은 보상가였으므로 유치를 뽑아 가져올 동기로는 충분했다. 유치가 실험실에 도착하면 우리는 그걸 보존액에 담가 캘리포니아 대학교 샌프란시스코 캠퍼스의 치과대학으로 보냈고, 아이는 빳빳한 10달러짜리 새 지폐를 받았다.

빠진 유치 수집과 더불어 우리는 각 아이에게 종합 구강 검진을 시행하고 잇몸을 면봉으로 닦아 아이 입안에 사는 우식성 박테리아의 존재와 개수를 확인했다. 치아를 썩게 하는 우식성 박테리아는 대개 생후 1년 안에 어머니에게서 옮는다. 유치의 경우에는 치대 동료들의 도움을 받아 환자의 머리, 복부, 무릎 관절 내부를 살펴볼 때 사용하는 컴퓨터 단층촬영(CT)으로 치아 각 층의 단단함과 두께를 측정했다. 앞서 강조했던 생리–환경 상호작용 이론에 걸맞게 우리는 우식성 박테리아 수도 아이 가정의 사회경제적 스트레스 요인도 따로따로 보면 충치 발생을 예측하지 못한다는 사실을 발견했다. 하지만 가정의 경제적 스트레스 수준은 아동의 타액 내 코르티솔 수준을 예측했고, 코르티솔은 다시 유치를 보호하는 법랑질의 두께와 강도를 예측했다.

이는 혈중 코르티솔 농도가 만성적으로 높아지는 질환인 쿠싱증후군Cushing's disease 환자들이 골다공증을 겪는 현상과 비슷하다. 만성적 스트레스와 쿠싱증후군 양쪽에서 과다 분비된 코르티솔은 치아나 뼈 같은 석회질 조직을 녹인다. 그래서 스트레스로 타액 코르티솔 농도가 높아진 아동의 약해진 치아 법랑질과 우식성 박테리아 개수를 합쳐 고려하니 충치가 있는 아이와 없는 아이가 정확히 예측되었다. 스트레스로 인한 아동의 치아 법랑질 부식도 구강 내 박테리아 증식도 단독 범인이 아니었다. 그보다 둘은 조합을 이뤄 상호작용하는 공범이었다. 즉 구강 건강이 악화하는 과정에서 스트레스와 박테리아는 둘 다 필요조건이지만, 충분조건이 아니었던 셈이다.

인간의 건강과 생존이 단순히 내부적 취약성(얇은 치아 법랑질 등)의 존재나 외부적 위협(구강 박테리아)과의 조우 어느 한쪽만으로는 흔들리지 않는다는 것은 논리적으로 완벽히 말이 되는 이야기 아닐까? 내부 원인과 외부 원인 사이에서 불운하고 그리 흔치 않은 우연, 또는 시너지, 상호작용, 융합이 일어나서 질병이 탄생했다는 것은 매우 그럴듯하지 않은가? 성스러운 창조주의 지혜를 믿든, 진화 과정에서 일어나는 자연 선택의 무결성을 믿든, 혹은 둘 다 믿든 간에 질병과 감수성의 출현에는 내적 위험과 외적 위험이 둘 다 필요하다는 사실을 보면 뭔가 복잡한 것, 이를테면 견제와 균형 체계 같은 것이 존재한다는 점은 분명해 보인다.

인간 영아는 심지어 태어나기 전부터 처음에는 자궁 안에서, 나중에는 부모가 아기를 위해 꾸며놓은 보금자리에서 주변 환경의 동적 요소에 놀라울 정도로 섬세하게 적응한다는 사실은 이미 널리 알려졌다. 인간 태아와 신생아의 뇌는 놀라울 정도의 감각적 발달 능력을 지닌 '블랙홀'이며 자신이 경험하게 될 세상과 겪게 될 어려움에 대한 방대한 정보를 빨아들여 저장한다. 임신 5주에서 25주 사이 신경줄기세포에서는 분당 2만 5,000개라는 어마어마한 속도로 새 뉴런이 생성되고, 조금 뒤에는 뉴런 사이의 연결점인 시냅스$_{synapse}$ *가 대량으로 만들어지는 시기가 시작되어 초당 4만 개의 새로운 연결이 생겨난다. 이 방대한 회로의 성장을 통해 결국 100조 개가 넘는 시냅스, 860억 개의 뉴런, 850억 개의 비뉴

---

* 시냅스: 두 뉴런의 '팔' 사이에 존재하는 작은 공간이자 한 뉴런에서 다른 뉴런으로 정보를 전달하는 연결점.

런 세포로 구성되며 우리가 아는 세상에서 가장 복잡한 단일 신체 기관인, 인간의 뇌가 만들어진다.

이 놀라운 뇌 성장과 뉴런 발달의 결과로, 아기는 인간의 얼굴과 얼굴을 닮은 시각적 패턴을 구별하고 선호하는 즉각적 능력을 보인다. 신생아는 생후 이틀째에 엄마 얼굴을 알아보고, 모유 냄새로 엄마를 구분하고, 부모의 표정과 행동을 모방하고, 듣기와 보기를 통해 태내에서 줄곧 들었던 모국어를 즉시 구별할 줄도 안다. 심지어 더욱 놀라운 것은 엄마가 노출된 역경의 수준을 가늠하고(태반의 스트레스 호르몬 농도를 통해), 영양가 있는 음식을 구할 수 있는 환경인지 추측하고(태반에서 전해지는 칼로리와 생애 초기의 식생활을 통해), 부모의 흡연을 감지하는(자궁 안의 산소 공급 변화를 통해) 영아의 무의식적 능력이다. 인간 태아는 자궁 밖에서 예상되는 환경에 관해 무척 많은 것을 알아내고 거기 반응한다. 심지어 환경을 의식적으로 인식할 수 있게 되기 전부터!

방대한 양의 초기 환경 정보를 다운로드한 덕분에 태아와 신생아는 '생애 초기 프로그래밍'을 위해 무의식적으로 상황적 적응을 하기 시작한다. 여기서 핵심은 아이가 결국 씨름하게 될 삶의 환경에 노출될 때까지 기다렸다가 적응하는 것이 아니라 태아 또는 신생아의 뇌는 적응해야 할 중요한 과제를 감지하는 순간 일찌감치 그런 환경에 대한 생리적 적응을 무의식적으로 시작한다는 점이다. 위험을 무릅쓰지 않고 안전하게 가려는 일종의 분산 투자이다. 이 초기 프로그래밍은 최소한 사춘기에 접어들어 생식 능력이 생길 때까지 단기 생존 가능성을 높여주지만, 심혈관 질환이나 비만, 당뇨, 정신장애 같은 만성 성인병에 걸릴 위험이 높아진다는 단점이 따라올 수도 있다. 이는 단기간의 생존율과 장기적으로 짧아지고 덜 건강한 인생을 맞바꾸는 진화 전략이다. 유전자 전달을 보장하지만, 길고 건강한 삶을 살 기회를 지켜주지는 않는 전략이라고 할 수 있다.

우리는 환경에 대한 감수성 격차, 그리고 난초와 민들레 아이가 이런 식으로 출현했다고 생각한다. 3장에서 잠시 다루었듯 특별히 강화된 민감성을 지닌 아이들은 생애 초기에 자신의 이점이 빛을 발할 만한 특정한 사회적, 물리적 환경과 만나면 살아남아 잘 자랄 확률이 높아진다. 예를 들어 지속적 위협과 포식자가 존재하는 환경에서 자라는 아이는 논리적으로 볼 때 민감한 난초 특유의 경계심과 매와 같은 관찰력에 보호받을 가능성이 크다. 먼 옛날 고대 환경에서 원시 인류 무리 가운데 끼어 있는 몇몇 난초 개체는 동물이나 다른 무리의 공격에서 **집단** 전체를 보호하는 데 도움이 되었을지도 모른다. 한편 반대쪽 극단, 즉 예외적일 정도로 안정되고 안전하며 풍부한 환경에서 사는 이들에게도 난초 특유의 특성은 큰 이점으로 작용했을 것이다. 이 경우 주변 사건이나 환경적 노출을 열린 자세로 흡수하는 난초 아이의 성향 덕분에 난초 표현형들이 있는 하위 집단은 더 많은 이익을 누렸을 수도 있다. 그런 환경에서는 아이들이 대부분 잘 자라지만, 난초는 눈이 부실 정도로 피어났으리라.

이런 극단적인 성장 환경 외에는 민들레가 되는 것이 가장 적은 대가를 치르면서 가장 큰 보상을 거두는 확실한 방법일 것이다. 민들레는 극도로 매서운 위협이나 상해를 빼고는 모든 것을 아무렇지 않게 받아넘기는 것처럼 보인다. 인간 사회의 전형적인 기복 속에서 역경에 부딪혀도 회복력 있고 강인하고 낙천적인 모습을 보이는 이들이 바로 민들레다.

따라서 환경 조건의 양극단에 있을 때는 난초 표현형이 진화의 선택을 받는 반면 인간이 주로 경험하는 넓은 가운데 영역에서는 민들레 표현형이 우위를 차지한다. 아니나 다를까 최소한 엄청난 위협도 대단한 행운도 따르지 않는 환경에서는 민들레가 불균형할 정도로 많이 나타난다는 증거도 어느 정도 발견되었다.

후성유전체,

유전자와 환경을 잇는
물리적 고리

          얼어붙을 듯 추운 캐나다의 삼림 지대
에서 한동안 머무른 경험은 과학자로서의 내 삶과 개인적 연구 계
획을 송두리째 바꿔놓았다. 캐나다는 인간의 발이 닿지 않은 드넓
은 자연과 깊이를 알 수 없는 바다뿐 아니라 아이디어가 열대우림
처럼 자라나는 자유로운 지성을 갖춘 땅이었다. 이제는 본인이 그
렇게도 사랑하던 세상을 떠났으나 결코 잊을 수 없는 동료 클라이
드 허츠먼Clyde Hertzman과 소아과 학계에서 모범이 될 만한 지식과
창의성을 지닌 발달 소아과 의사인 론 바Ron Barr가 나를 브리티시
컬럼비아 대학교로 데려왔다. 2년 동안 거의 평생치의 고민과 계
획을 거친 끝에 나는 7년간의 과학적, 개인적 모험이 펼쳐질 브리
티시컬럼비아주에 도착했다. 그곳 캐나다에서 나는 신의 가호라고
할 만한 행운으로 마이크 코버Mike Kobor와 말라 소콜라우스키Marla
Sokolowski를 만나게 되었다.

유럽 출신으로 버클리에서 공부한 유전학자이며 1992년 세계 조정 대회에 독일 국가대표로 나간 적도 있는 마이크는 토론토 대학교에서 유전학을 연구하고 캘리포니아 대학교에서 포스트닥터 연구 과정을 마친 뒤 내가 2006년 밴쿠버에 도착하기 직전에 브리티시컬럼비아 대학교에서 처음으로 교편을 잡았다. 누구나 들어가기를 원하는 캐나다 연구 교수회의 일원이기도 한 그는 효모 게놈의 분자생물학을 연구하고 가르친다. 토론토 대학교의 뛰어난 교수이자 동유럽 홀로코스트 생존자의 딸이기도 한 말라는 저명한 파리 유전학자이다. 말라는 초파리의 채집 유전자foraging gene(줄여서 for라고 부름)를 발견하고 파리를 비롯한 여러 종에서 나타나며 채집 유전자의 DNA 염기서열 차이에 따라 정해지는 두 가지 주요 행동 표현형인 '떠돌이rover'와 '붙박이sitter' 개념을 확립했다. 알다시피 빵을 부풀리는 작디작은 효모균과 우리 귀나 입안에 들어가는 하루살이도 우리 인간을 만드는 것과 똑같은 DNA 재료로 구성된 유전자를 가지고 있다.

빛나는 지성 외에도 마이크와 말라는 단순한 동물 모형에서 발견한 사실을 어떻게 인간 사회를 더 기능적이고 평등주의적으로 (민주적이고 공평하게) 만들고 유지할 것인가 같은 더욱 큰 문제로 확장하고 적용하는 특출한 능력을 공유했다. 이들은 유전자만 보고도 문명을 파악한다. 둘 다 분자생물학을 배우지 않은 사람, 심지어 나 같은 소아과 의사도 알아들을 수 있을 만한 언어와 이미지로 자기 분야의 난해하고 복잡한 개념을 가르치고 전달하는 신기한 능력도 지녔다. 더불어 어렵고 복잡해도 많은 것을 얻을 수 있는 학제 간 협업을 선호하는 취향도 비슷했다.

우연찮게 나와 허츠먼, 바, 코버, 말라는 캐나다 혁신기술 연구소Canadian Institute for Advanced Research, CIFAR의 후원 아래 모여서 '아동 및 두뇌 발달 프로그램'을 꾸렸고, 말라와 내가 공동 대표를 맡은 이 협업 프로젝트는 15년째에 접어들었다. 이 연구소는 1982년 혁신적 지식을 창조하려면 위험을 감수하는 과학적, 지적 구심점이 필요하다는 사실을 깨달은 J. 프레이저 머스타드J. Fraser Mustard의 계획에서 태어난 캐나다 단체다. 혈소판을 연구한 의사 겸 과학자였던 머스타드는 맥매스터 대학교 의과대학 설립자이며 세상을 뜨기 전까지 캐나다 생체의학계의 최고참이었다. 23개 학제 간 프로그램이 연구소의 지원을 받았고, 이 프로그램에는 17개국에서 거의 350명의 과학자가 참여했으며, 연구소가 출범한 이래 18명이 노벨상 수상자가 되었다. 캐나다 혁신기술 연구소는 세계적으로 봐도 비슷한 예를 찾아볼 수 없는, 지극히 독특하며 캐나다다운 개념이자 단체라고 할 수 있다.

우리를 보호하면서도 과감히 내디딜 자유를 주는 연구소의 학제적 지휘하에 아동 및 두뇌 발달 프로그램은 이 장에서 다루는 궁극적 질문이자 흥미로운 연구 주제에 빠르게 초점을 맞추었다.

유전자와 환경, 특히 불리하고 불평등한 환경은 어떤 방식으로 함께 작동하여 이미 알려진 감수성, 행동, 건강, 질병의 개체차를 발생시킬까?

그 질문의 답은 난초와 민들레가 어디서 오며 그런 민감성 차이가 어떻게 생기는지 일부라도 이해하는 데 꼭 필요한 열쇠였다.

우리는 각 유전자를 구성하는 DNA 암호에 나타나는 변화인 유전 변이가 난초와 민들레 아이의 발생에서 특정한 역할을 한다는 데까지는 밝혀냈다. 유전자는 DNA의 화학적 기본 구성 요소인 네 가지 뉴클레오타이드nucleotide(아데닌adenine, 구아닌guanine, 시토신cytosine, 티민thymine)로 이루어지는 배열이다. 이 네 뉴클레오타이드로 구성된 각 유전자 서열은 각 부모에게서 하나씩 왔으며 태어나서 죽을 때까지 변하지 않는 두 개의 서로 다르고 상호 보완적인 복사본으로 이루어진다. 인간 게놈 전체에는 그런 뉴클레오타이드 쌍이 300만 개 정도 들어 있으며, 각 유전자의 배열에는 글자로 이루어지는 단어처럼 특정한 단백질을 만들라는 지시가 암호화되어 적혀 있다. 이렇게 생성된 또는 '발현된' 단백질은 눈 색깔, 기질, 신장, 지적 능력 같은 인간 개인의 신체적, 정신적 특징에 영향을 미치는 세포의 기능을 바꾼다. 난초와 민들레 표현형에 기여할 가능성이 있는 유전자는 상당히 많지만, 거의 확실한 연관성이 있는 것은 뇌 발달과 기능에 관련된 유전자다. 예를 들어 난초와 민들레에게서 매우 두드러지는 특징인 감정 통제와 행동 제어에 관련된 유전자 발현은 각 뉴런 사이에서 신경전달물질 통신을 좌우한다. 이를 비롯한 유전자 변이가 아동의 난초 또는 민들레다운 성격 형성에 영향을 미치는 것은 거의 확실하다.

하지만 앞서 살펴본 대로 생애 초기의 환경적 노출과 경험, 특히 역경과 위협에 노출되거나 가족과 공동체의 지지와 보호를 받는 경우 또한 의심의 여지없이 부가적 역할을 수행한다. 유전자와 환경이 합쳐지고 상호작용하며 난초와 민들레의 발생에 함께 기여한다는 새로운 이론이 대두되었지만, 이 유전자-환경 상호작용이 실제로 어떻게 일어나는지 정확히 밝혀지기 시작한 것은 극히 최근의 일이다. 현재 이 수수께끼 같은 풍경에 새로운 빛을 비춰준 것은 환경 노출이 유전자의 DNA 서열 자체를 바꾸지 않고도 유전자 발현에 변화를 주는 방식을 연구하는 분야인 **후성유전학**이다. 그리스어로 '위' 또는 '상위'를 뜻하는 접두사 'epi'는 화학적 '표지' 또는 꼬리표로 구성된 격자인 후성유전체epigenome*가 말 그대로 게놈 위에 놓여 평생 DNA의 발현 또는 침묵silencing을 조절하는 방식을 암시한다.

개별 유전자의 발현이 관리되고 변화될 수 있다는 사실은 여러 종류의 세포와 조직으로 이루어지는 우리 몸의 존재 자체에도 매우 중요하다. 혈액, 간, 피부, 뇌 등 인간이 소유한 모든 종류의 세포에는 정확히 동일한 게놈, 어머니와 아버지에게 반씩 받은 동일한 DNA 염기서열로 이루어진 동일한 유전자 집합이 들어 있음을 상기해보자. 단일 게놈에서 각각 구조도 기능도 다른 200여 가

---

* 후성유전체: 세포 분화와 경험에 따라 달라지는 유전자 발현을 조절하는 후성유전적 표지로 이루어지는 부가물의 총합.

지의 인간 세포를 만들어내려면 우리가 지닌 2만 5,000개 유전자의 기능을 따로따로 조절하는 방법밖에 없다. 그렇기에 배아 발달 단계에서 후성유전체의 역할이 중요해진다. 다양한 유형과 배열의 세포로 변할 예정인, 아직 분화되지 않은 원시 세포인 줄기세포는 수천 개의 유전자가 후성유전적 조정을 거쳐 프로그램되는 과정을 거쳐야 신장 세포나 백혈구 세포 등으로 발달하게 된다.

줄기세포가 분화되면 (백혈구 세포로 분화되었다고 치자) 그 세포의 기능 또한 세포나 유기체 전체가 처한 상황을 수용하거나 그에 적응하기 위해 조정되기도 한다. 예를 들어 심각하게 스트레스가 심한 환경에 처한 아동에게는 백혈구 세포의 분열 속도 변화(대응 가능한 면역 세포의 수를 늘리기 위해), 스트레스 호르몬에 대한 세포의 반응성 변화(예를 들어 코르티솔의 영향에 민감하게 반응하도록), 염증을 일으키고 통제하는 분자(화학적 메신저 역할을 하는 사이토카인cytokine 등) 생산력 변화가 필요할 수도 있다. 그래서 후성유전체는 두 가지 중요한 기능을 한다. 첫째, 다양한 유형과 조직으로 바뀌는 **세포의 분화**를 통제한다. 둘째, 당면한 상황에 적절하게 반응하기 위해 **세포 기능의 조정**을 촉진한다. 뛰어나고 유연한 즉흥 연주자인 후성유전체는 게놈에 붙어 있는 후성유전적인 화학적 표지를 조정해서 각 세포에 들어 있는 수천 개의 유전자 발현 정도를 높이거나 낮춤으로써 이 두 가지 기능을 해낸다.

게놈과 후성유전체를 이런 식으로 생각해보자(그리고 잠깐 시간을 내서 다음의 그림을 자세히 살펴보기 바란다). 인간의 유전자는

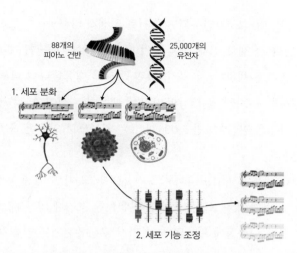

88개의
피아노 건반

25,000개의
유전자

1. 세포 분화

2. 세포 기능 조정

인간의 2만 5,000개 유전자의 발현 또는 암호 해독을 조정하는 후성유전체는 두 가지 주요 기능이 있다. 첫째, 배아의 줄기세포가 간세포, 뉴런, 백혈구 등 인체의 200가지 세포로 분화하는 과정을 조절한다. 이는 다른 조합과 배열로 피아노 건반을 눌러 200개의 서로 다른 멜로디를 지닌 곡을 만들어내는 것과 같다. 둘째, 후성유전체는 유전자 발현을 조절해 세포의 기능이 환경 조건에 맞도록 조정한다. 이는 오디오 이퀄라이저를 활용해 소리의 주파수와 크기를 바꿔서 한 멜로디가 연주되는 방식을 바꾸는 것과 같다.

각각 다른 음을 연주하는 피아노 건반과 같다. 피아노에는 희고 검은 건반이 88개밖에 없지만, 게놈에는 2만 5,000개의 유전자가 들어 있으므로 이 유전적 '키보드'는 피아노보다 수천 배 길고 훨씬 복잡하다는 점도 염두에 두어야 한다. 첫 번째 종류의 후성유전적 조정인 세포 분화cell differentiation*에서 이 건반들은 다양한 조

---

* 세포 분화: 줄기(미분화)세포가 간, 뇌, 폐 등 각 조직에 맞는 세포로 변화하는
  과정. 모든 세포는 정확히 똑같은 유전적 구성으로 이루어지지만, 그 유전자가
  발현되는 방식의 차이에 따라 완전히 다른 종류의 세포가 된다.

합, 배열, 간격으로 연주되면서 서로 완전히 다른 여러 '곡조'를 만들어낸다. 실제로 인체 내의 각기 다른 세포에 대응하는 200가지의 곡조가 존재한다. 한 곡이 뉴런 생산에 대응한다면 다른 곡은 백혈구에, 또 다른 곡은 상피 세포에 대응하는 식이다. 각 세포 유형과 기능은 건반이 2만 5,000개 있는 키보드로 연주한 곡 하나에 해당한다.

이 놀라운 피아노에서 세포가 분화되고 나면 이제 후성유전체는 두 번째 유형, 즉 유기체가 현재 처한 조건에 맞게 세포 기능을 조정하는 과정에 활용된다. 여기서 후성유전체는 일종의 '이퀄라이저'로서 각 세포의 곡조가 연주되는 방식을 바꿔서 세포의 기능을 조절한다. 이를테면 이퀄라이저는 노래의 고음역 또는 저음역을 강조하거나 양쪽의 균형을 바꿔서 재즈 음악이 더 강렬하게, 오케스트라 교향곡이 더 우아하고 풍부하게 들리도록 할 수 있다. 따라서 각 유형의 세포가 항상 같은 곡을 연주한다고 할지라도, 다시 말해 백혈구는 기본적으로 백혈구로 남아 있고 백혈구가 하는 일을 한다고 할지라도 세포가 기능하는 방식, 곡이 연주되는 방식은 특정한 환경에 맞게 적응하는 방향으로 조정될 수 있다.

예를 들어 생애 초기에 학대 같은 커다란 스트레스 요인에 맞닥뜨린 아이의 몸은 학대나 방치당하는 경험에 최대한 적응하기 위해 여러 세포 유형의 기능을 자율적으로 조정할 수도 있다. 부신 세포는 코르티솔(부신 세포가 연주하는 곡의 일부)을 더 많이 생산하라는 지령을 받고, 신경 세포는 투쟁-도피 체계(특정 뉴런이 연주하는 곡)를 활성화하며, 백혈구는 신체적 부상에 최대한 대비하며, 뇌세포는 아이의 감정적 반응을 누그러뜨릴지도 모른다. 여기서는 네 가지 세포 기능 조정만 예로 들었지만, 실제로는 아마도 수백 가지가 한꺼번에 일어날 것이다.

피아노 비유보다 조금 더 깊이 들어가면 이 후성유전적 세포 기능 조절이 세포 안의 분자 수준에서 **실제로** 일어나는 방식은 다음 그림과 같다. 세포핵 안에는 기다란 DNA 가닥이 히스톤 histone이라 불리는 하키 퍽처럼 납작한 원통형 단백질 주위에 감겨 있다. 합쳐서 보면 DNA와 히스톤은 실에 꿴 구슬과 비슷하

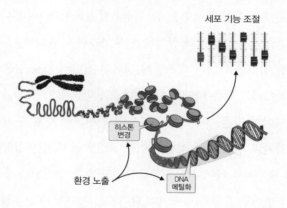

DNA 가닥은 실에 꿰인 구슬 같은 **염색질**chromatin 형태로 염색체 안에 단단하게 응축되어 담겨 있다. 여기서 실은 DNA이며, DNA가 감겨 있는 원반 모양 구슬은 **히스톤**이라는 단백질이다. 작은 화학적 표지(CH3 또는 메틸기methyl group)가 DNA 실 또는 단백질 구슬에 달라붙거나 붙어 있다가 제거되면 염색체 내 DNA가 응축된 정도, 즉 밀도가 낮았다가 높아지거나 높았다가 낮아지는 변화가 일어난다. 밀도가 높으면 DNA 암호 해독기가 유전자에 도달하기가 물리적으로 어려워지고, 따라서 유전자 발현이 억제되거나 약해진다. 반대로 염색질 밀도가 낮으면 유전자 발현이 쉬워진다. 개체의 경험은 화학적, 후성유전적 표지의 부착과 제거를 통제함으로써 염색질 응축의 밀도를 변화시켜 유전자 발현 수준을 조정한다. 이렇게 여러 유전자를 한꺼번에 조절하는 방식은 세포의 '멜로디'가 연주되는 방식을 조정하는, 다시 말해 세포의 생물학적 기능을 바꾸는 이퀄라이저와 같다고 할 수 있다.

며, 이 줄은 더 큰 단위인 염색체 안에 빽빽하게 또는 느슨하게 응축된다. 방치나 학대에 노출된 아이의 경험처럼 적응 반응을 요하는 환경 노출은 DNA 또는 단백질 '구슬'의 특정 지점에 부착된 화학적 표지를 변화시킨다. 경험의 종류와 관련된 유전자 종류에 따라 이 화학적 표지는 추가될 수도, 제거될 수도 있으며 두 경우 모두 아이의 적응 능력을 최대화하는 방향으로 유전자 발현 수준을 조정한다. 빽빽한 응축은 DNA의 암호를 해독하는 분자 메커니즘을 물리적으로 방해하므로 유전자 발현을 효과적으로 낮추거나 억제한다. 반면 느슨한 응축은 암호 해독 메커니즘이 작동할 공간을 마련해주므로 유전자 발현을 늘리거나 활성화한다. 여기서도 마찬가지로 화학적 표지에서 일어나는 후성유전적 변화는 각 유전자의 발현 정도를 다양하게 조절해 세포의 전반적 기능을 조절하는 이퀄라이저와 같은 역할을 한다. 난초와 민들레 같은 생물행동적 표현형이 수많은 유전자의 DNA 배열 변화에 영향을 받는 것과 마찬가지로 생애 초기 경험이 이런 표현형에 미치는 영향에도 여러 유전자에서 일어나는 후성유전적 변화가 수반된다고 볼 수 있다. 다만 어떤 유전자의 배열이 달라지고 어디에 후성유전적 표지가 생겨나야 난초 대 민들레, 내향 대 외향, 우울해지기 쉬운 기질과 쉽게 즐거워하는 성향, 기타 수많은 인간의 차이가 만들어지는지는 여전히 연구 중이다.

하지만 이제 우리는 인간의 성격, 천성, 건강에서 나타나는 다양성의 원인은 대체로 여러 유전자에서 일어나는 DNA 염기서

열 변이가 조합되며 상호작용을 일으키고, 여러 유전자의 발현 또는 암호 해독을 조절하는 후성유전적 표지가 경험의 영향을 받아 변화를 만들어내기 때문이라는 것을 꽤 확실히 알게 되었다. 관련된 변이의 개수, 유전자에서 일어나는 변화 횟수, 후성유전체의 표지 개수를 보면 말도 안 되게 복잡해 보이는 이 과정은 사실 설계 면에서 보면 우아할 정도로 단순하다. 유전자와 경험은 상호작용하며 인간의 운명에 영향을 미치고, 후성유전체는 유전자와 환경을 잇는 물리적 고리 역할을 한다. 그러므로 인간의 삶은 후성유전적 피아노와 거기 딸린 이퀄라이저로 연주되는 노래이자 유전자와 환경 양쪽에 의해 복잡하게 편곡된 결과물이라고 볼 수 있다. 사람은 각각 난초와 민들레처럼 특정한 유형의 오케스트라 악보를 연주하게끔 성향이 정해져 있지만, 독특한 변주와 즉흥 연주를 추가할 여지는 얼마든지 남아 있다.

모든 것이

합쳐지는 지점

1889년 베를린에서 열린 독일 해부학 학회 모임에서 산티아고 라몬 이 카할Santiago Ramón y Cajal이라는 젊고 의욕 넘치고 패기만만한 스페인 신경해부학자가 세계 각국의 과학자들 앞에서 긴장되는 첫 발표 무대에 올랐다. 어린 시절 그는 반항적이고 고집 세고 툭하면 성가시게 구는 소년이었고, 학교와 가족이 감당하기 어려울 만큼 똑똑한 머리와 충동적인 성격 탓에 늘 말썽을 일으켰다. 열한 살 때는 심지어 임시변통으로 대포를 만들어서 스페인 고향 마을의 출입문을 부쉈다가 유치장에서 하룻밤을 보낸 적도 있었다. 산티아고의 장난기와 에너지를 발산시킬 만한 출구를 찾느라 부모는 머리를 싸맸고, 아버지는 한 번은 이발사, 또 한 번은 구두공의 도제로 그를 억지로 들여보냈지만, 결국 오래가지 못했다. 그러다 결국 마음을 잡은 산티아고는 해부학자인 아버지와 같은 길을 택해 의대에 다니기로 마음먹었다. 하지만 매일 아픈 사람을 진찰하는 의무나 병원의 충실한 직원 역할에 전념하기를 원치 않았던 그는 그때까지 밝혀지지 않았던 뇌의 해부학적 구조라는 미스터리에 푹 빠져들었다.

카할은 중추신경계 구조에 관한 지배적 통념에 진지하게 도전하기 시작했다. 19세기 후반까지 뇌는 균질한 젤라틴 같은 하나의 덩어리, 더 작은 구성 요소로 나눌 수 없는 일종의 생각하는 '푸딩'으로 간주되었다. 하지만 산티아고는 광학 현미경과 골기 염색법Golgi stain(신경계 조직을 육안으로 구분하기 위한 새로운 방법)을 활용해 수십억 개의 세포 단위로 구성된, 놀라운 복잡성을 지닌 기관의 모습을 밝혀냈다. 1889년 베를린 학회에서 그가 발표한 연구는 즉 인체의 다른 기관과 조직처럼 뇌도 수많은 세포로 이루어진 구조를 지녔으며 셀 수 없이 많은 기능적 하부 단위인 **뉴런**으로 구성됨을 예측한 이론인 신경세포설neuron doctrine을 확인하는 쾌거였다. 그 역사적 순간에서 더욱 놀랍고 의미 있는 사실은 산티아고가 그린 뇌의 하부 구조에 본질적으로 따로따로 떨어져 있는 뉴런 간의 좁은 틈이자 연결 부위이며 뉴런 사이의 통신을 담당하는 **시냅스**가 분명히 나타나 있었다는 점일지도 모른다. 이렇게 뉴런 세포 간 시냅스 연결을 발견함으로써 카할은 물리적 접합부, 즉 뉴런 사이의 실질적 연결점의 존재를 알아낸 셈이었다. 이 발견은 전기적으로 연결되어 공통의 집합적 기능을 수행하는 뉴런 네트워크인 뇌 회로망 연구와 뉴런들의 '대화'를 담당하는 화학적 '메신저'인 시냅스 신경전달물질의 발견으로 이어졌고, 이를 토대로 정신약리학psychopharmacology(정신에 영향을 미치는 약물을 연구하는 학문 - 옮긴이)이라는 새로운 분야와 그에 관련된 산업이 생겨났다. 카할이 다시 한 번 대포를 쏘아 현대 뇌과학으로 통하는 문을 열어젖힌 것이다.

거의 130년 전 라몬 이 카할이 그린 뇌 조직 그림이 시냅스라는 구조적 통신 경로(뇌 속의 전기 회로와도 같은)를 밝혀낸 것과 똑같이 이제 성장 중인 학문인 후성유전학은 **유전자와 환경 사이의 물리적 연결점**을 규명하고 유전과 경험 사이의 엄청나게 복잡한 관계망을 눈에 보이는 형태로 만들었다. 인간 집단을 대상으로 한 초기 연구에서 유전자와 환경 사이에 상호작용이 일어난다는 점이 분명히 나타나기는 했지만, 새롭게 떠오르는 후성유전학은 그런 상호작용이 어떻게 일어나는지를 처음으로 명확히 밝혔다. 이 상호작용은 살면서 겪는 경험(가족, 트라우마, 또는 평범한 사건 등)을 통해 게놈에 화학적 수정이 가해지고, 이로 인해 특정 유전자가 해독되고 발현하는 시기, 장소, 정도가 조절되는 방식으로 일어난다. 난초든 민들레든 그 중간 어딘가에 있든 인간은 모두 그런 상호작용을 통해 자기가 성장하는 환경과 성장 설계도인 유전적 차이 양쪽의 영향을 받으며 자기 자신이 된다. 그 결과로 탄생하는 것은, 우리가 들어왔던 모든 소리에 섬세하게 반응하며 우리 각자가 하나씩 가지고 있는 건반 2만 5,000개짜리 유일무이한 악기로 연주되는, 놀라운 아름다움과 복잡성을 지닌 교향곡이다.

6장

같은 가정,
다른 경험

난초와 민들레 연구에서 새로운 돌파구가 나타날 때마다 의사이자 연구자로서 내 직업적 여정은 점점 사적인 방향으로 기울었고, 나는 여동생 메리와 나의 대조적인 삶을 다시 곱씹게 되었다. 우리 남매가 내키지 않는 마음으로 사람들이 '중년'이라고 부르는 나이로 접어들고 있는 동안, 우리 인생의 간극은 점점 눈에 띄게 뚜렷해졌다. 나는 학문적 의학과 연구라는 열광적 신도들의 대성당으로 정신없지만 보람 있는 순례를 떠나는 참이었다. 아내와 내게는 키우고 가르치고 보살필 아이들이 있었고, 만날 친구들, 감독을 맡을 축구 경기, 참석할 행사가 있었다. 더불어 나는 조교와 학생들을 관리하고, 논문과 책을 쓰고, 생리의학 연구 기금을 따내는 숙련된 수렵 채집자가 되려고 애쓰느라 눈코 뜰 새 없이 바빴다. 한편 그 무렵 메리는 생각이 더 깊어졌으나 불길한 생각에 사로잡히고, 더 사색적으로 변했으나 걱정스러울 정도로 집착이 심해졌다. 여동생은 지병 탓에 점점 더 어두운 쪽으로 끌려가고 있었다. 돈독했던 남매 관계의 잔재는 아직 존재했고 때로 겉으로 드러나기도 했지만, 내가 대학 생활의 혼란 속에서 외줄타기를 하느라 시간을 쏟는 동안 메리는 정신장애의 미로 속에서 출구를 잃고 헤맸다. 메리는 혼란의 악마와 계약한 무력하고 괴로운 삶을, 나는 학문이라는 우상에게 열광적이고 헌신적인 충성을 바치는 삶을 살았다.

우리 삶의 차이는 기량이나 재능과 아무런 관계도 없지만, 모든 것을 미리 알고 선택할 기회가 주어진다면 메리의 괴로운 길을 택할 사람이 있을 거라고는 생각할 수 없다. 하지만 우리 삶이 이토록 멀어진 것은 메리나 내가 의식적 또는 의도적으로 선택한 결과가 아니었다. 우리 삶은 어떻게 이렇게까지 달라졌을까? 수정 전에 염색체가 분배될 때 다른 대립형질이 획득되는 어떤 분기점이 존재했을까? 우리 삶의 풍경 전체를 완전히 바꿔놓을 만한 부모님의 육아 태도 차이나 태아 시절 바이러스 또는 스트레스 요인에 노출되는 사건이 있었던 걸까? 아니면 메리의 고난은 그저 심각한 병과 혼란을 향해 조금씩, 하지만 가차 없이 나아가는 기나긴 여정일 뿐이었을까? 그런 여정이 우리 유전자 발현의 환경적, 후성유전적 조절에 차이를 만들어냈고, 그 탓에 난초 여동생과 민들레 오빠는 슬픈 이별을 맞이하게 된 걸까?

메리와 나는 분명히 유전적으로나 심리적으로나 똑같지 **않았다**. 하나는 남자아이, 하나는 여자아이였다. 둘 다 기질 면에서 내

200

향적이었지만, 여동생은 숫기 없는 오빠보다도 훨씬 더 수줍어했다. 둘 다 공부 머리와 학구열을 타고났지만, 메리의 재능이 나보다 뛰어났다. 반면 우리는 나이, 기질, 행동, 신체적 표현형이 놀라울 정도로 비슷했다. 둘 다 유전적으로 보면 남부 캘리포니아 해변보다 스코틀랜드 산악 지대에 더 잘 어울리는 빨강머리였다. 어린 시절 우리는 주근깨가 많았고 6월부터 9월까지는 까맣게 탔으며, 일찍이 햇볕이 강한 환태평양 지역 동쪽 끝에서 그을리며 10년을 보낸 탓에 중년이 되어서는 얼굴에 기미가 생겼다. 둘 다 책벌레에 샌님 기질이 있었고, 둘 다 고집이 세지만 장난기도 있었다. 철없던 시절 내내 우리는 서로 가장 친하고 늘 함께하고 싶은 놀이 친구였다. 의자 몇 개를 뒤집고 담요를 씌워 만든 터널이자 기차 겸 오후 내내 책을 읽을 은신처만 있으면 마냥 즐거웠다. 하지만 우리의 놀이에는 복잡하고 슬픈 미래를 암시하는 듯한 연약하고 그늘진 순진함이 있었다. 어린 시절의 '은신처' 밖으로 나와 어른으로 성장하면서 우리는 매우 다른 사람이 되었다.

중년에 접어들 무렵 메리의 난초를 닮은 성격은 위험하고 파괴적인 방향 전환을 겪으며 정신병과 혼란, 지나친 의존과 자멸을 향해 나아가기 시작했다. 메리는 돈을 받는 직장에 다니기는커녕 지원하는 것조차 힘들어했다. 끊임없이 미래에 대한 불안에 시달렸고, 자기 가족이 악의를 품었다고 확신했으며 이웃은 적대적이고 친구는 자신을 배신한다는 음모론에 빠져들었다. 그 무렵 창창하던 동생의 청년기를 망쳐놓은 끔찍한 환청은 엉망으로 뒤죽박

죽이 된 그녀의 마음에 완전히 뿌리를 내렸다. 이 책에서 내가 거듭 물었던, 그리고 수많은 사람이 살아가며 하는 질문이지만, 그토록 가깝고 마음이 통했던 두 피붙이의 길, 발달상의 궤도가 어떻게 이렇게 멀어질 수 있단 말인가? 거의 **나 자신**과 같았던 사람, 많은 부분을 공유했던 사람이 어떻게 어린 시절 함께 걸었던 넓고 평탄하고 대체로 즐거웠던 길을 벗어나 그렇게 돌이킬 수 없을 만큼 비극적으로 엇나갈 수 있을까?

메리는 난초 아이 특유의 비상한 민감성을 지녔으며 나는 민들레답게 꿋꿋하고 무심했다는 사실 외에도 우리의 꼭 닮은 어린 시절에는 그보다 중요한 실마리가 숨어 있었다. 이 괴로운 이야기가 전하는 더 깊은 수수께끼는 **같은 가정에서 자라는 아이는 없다**는 가슴 저미는 진실에 담겨 있음이 틀림없다. 같은 부모에게서 태어나 같은 집에서 자란다 해도 형제자매는 부모의 대우, 유전, 환경의 차이에 따라 매우 다른 현실 속에서 성장하고 발달한다. 사회적 맥락의 미묘한 변화에 대한 민감성 차이 외에도 나는 큰아들이었고 메리는 둘째로 태어난 딸이었다. 우리 부모님의 세 자녀 중 첫째라는 지위에도 나는 아버지가 가장 예뻐하는 아이는 아니었다. 그 영예는 남동생, 부전자전이라는 말대로 아버지의 굳건한 선량함과 너그러운 성격을 신기할 정도로 쏙 빼닮은 기질과 행동거지를 지닌 막내아들에게 돌아갔다. 하지만 내게는 내가 멋진 청년으로 자랄 거라고 칭찬을 아끼지 않았던 어머니가 있었다. 어머니는 내가 생김새로나 성격으로나 어머니가 사랑하는 동시에 두려워했던 외할아버지를 많이 닮았다고 여겼기에 때로는 양가적 태도를 보이기도 했다. 하지만 어쨌거나 그건 칭찬이고 존중이었으며 의심할 수 없는 사랑이었다.

내가 자라고 성장한 가정은 메리가 아는 가족과는 완전히 달랐다. 태어나서 어느 정도 클 때까지 메리와 나는 기질과 성향 면에서 분명한 몇몇 공통점을 보였지만, 우리의 생물학적 기초(예를 들어 유전자 구성)는 달랐기에 후성유전적 적응력도 다를 수밖에 없었다. 그리고 어린 시절 서로 상당히 다른 경험을 했기에 성장해서 완전히 다른 어른이 되었다. 매우 다른 후성유전적 '스위치'가 켜졌기 때문이다. 메리는 자신이 꽃피기 어려운 가정이라는 토양에 심긴 난초였다. 나는 애초부터 대체로 회복력이 좋은 민들레였고, 나를 보살피고 보호하려고 애쓰는 부모가 꾸준히 비추는 햇살이라는 조건까지 갖추고 있었다.

요즘 부모들은 대부분 '자기 아이들을 모두 공평하게 대한다'는 평등주의적 이상을 신봉한다. 우리 모두 최소한 육아 초기 몇 년간은 편애하지 않고 한 아이에게 해주는 것을 다른 아이에게도 똑같이 하려고 애를 쓴다. 아이에게 쏟는 정성이나 아이의 안전을 살피는 조심성, 교육과 복지에 쓰는 신경 등이 눈에 띄게 한쪽으로 쏠리는 것을 드러내놓고 자랑스러워하는 부모는 거의 없다. 하지만 공평한 육아라는 원칙을 강력히 고수하겠다는 부모가 대부분인데도 한 가정에서 자란 형제자매가 나와 메리처럼 확연히 다른 경우가 많다.

1991년의 어느 날 나는 대학 도서관 개인 열람석에 앉아서 안개 낀 골든게이트 공원의 녹지를 내려다보며 이 아이러니를 곱씹고 있었다. 다행스러운 우연으로 나는 이제는 수없이 인용되며 유명해진 행동유전학자 로버트 플로민Robert Plomin의 1987년 논문을 읽게 되었다.[1] 플로민은 이 논문에서 "같은 가정에서 자란 아이들이 그렇게 서로 다른 이유는 무엇일까?"라는 문제를 제기했고, 그가 내놓은 답은 메리와 내가 발달상에서 다른 길을 걸으며 멀어지게 된 이유를 부분적으로 설명하는 새로운 이론이었다. 형제자매가 성격, 정신병리, 인지 능력 면에서 차이를 보이는 원인은 같은 가정환경을 실제로 다르게 경험하기 때문(행동유전학자들은 이를 '비공유 가정환경'이라고 칭했다)이라는 주장이 이론의 핵심이었다. 열쇠는 뉘앙스였다. 다른 사건을 겪는 것뿐 아니라 같이 겪은 일이든 아니든 형제자매가 사건을 자기 뇌와 몸에 내면화하는 방식이 다르다는 점이 중요했다.

같은 가족의 아이들이 종종 매우 다른 유전적 특성을 보인다는 점 외에도 형제자매가 가정 내에서 경험하고, 대우받고, 느끼는 방식에는 상당하고도 중요한 차이가 존재한다. 성별, 출생 순서, 태도, 적응 '적합성', 그 밖에도 수없이 많고 때로는 미묘한 특징으로 인해 아이들은 '같은' 가정의 '같은' 부모 슬하에서 '같은' 시기에 자라면서도 그 같은 가족을 매우 다르게 경험하고 다른 인상을 받는다. 이런 차이는 후성유전적 변화를 일으키고 아이가 어떤 어른으로 자랄지에 큰 영향을 미친다. 그러므로 우리는 유전자 차이의 산물일 뿐 아니라 가족이 우리를 어떤 식으로 생각하고 바라보고 돕고 대우했는지, 그리고 우리 자신이 그 경험을 후성유전체에 어떻게 새겨 넣었는지에 따라 달라지는 존재다. 더불어 삶에는 물론 선택이나 결정의 여지가 없음에도 우리에게 내적 영향을 끼치는 '외부적'이고 우연한 사건, 이를테면 가정 내 비극이나 지역 내 폭력, 경제적 위기, 기타 상처가 될 만한 일도 많다.

이를 유전학적으로 가장 잘 보여주는 예는 서로 다른 생물학적 부모에게서 태어나 피가 이어지지 않았으나 같은 가정에 입양된 두 아이를 관찰하는 자연 실험natural experiment(실험 조건과 통제 조건이 자연적으로 결정되는 경험적 연구 - 옮긴이)이다. 이런 경우 두 아이는 완전히 다른 생물학적 혈통을 지녔기에 같은 유전자를 공유하지 않지만, 같은 가정환경은 공유한다. 유전자를 공유하지 않으므로 이들이 보이는 정신적 발달 결과, 즉 성격, 정신 건강, IQ 등에서 나타나는 공통점은 같은 양육 환경을 공유함으로써 나타난 효과임이 틀림없다. 하지만 실제로 입양된 형제에게서는 그런 정신적 공통점이 거의 전혀 나타나지 않았다! 일란성 쌍둥이조차 성격, 정신 건강, IQ가 똑같지 않기에 모든 것이 유전자에서 온다고 볼 수는 없으므로 가정환경이 정신적 발달에 영향을 미친다는 것만은 확실하다. 그렇다면 이 실험 결과는 무슨 의미일까? 가정환경이 아이의 발달에 미치는 영향은 자녀 사이에 공유되지 않으며, 가족의 영향이 있다는 점은 분명하나 그 영향은 아이마다 다르다는 뜻이다. 같은 가정에서 자라는 아이들은 실제로 그 가정을 필연적으로 완전히 다른 방식으로 경험한다. 환경의 영향이 공유되지 않는 이 현상은 성별, 출생(또는 입양) 순서, 부모와 형제자매의 대우가 아이마다 다르기 때문에 일어난다.

특정 가정에서 아이들이 겪는 경험의 차이가 뇌와 몸 전체의 조직에서 유전자 발현을 조절하는 후성유전적 과정에 영향을 미칠 수도 있을까? 성격 발달과 심리적 안녕, 질병과 장애 위험을 좌우하는 비공유 환경 영향의 공통 경로가 바로 후성유전체일까? 생애 초기에 가정, 동네, 공동체에서 겪는 경험으로 인해 우리는 난초와 민들레 아이로 갈라져 서로 다른 민감성으로 세상을 바라보게 되는 것일까? 만약 이 말이 진실이라면 이로 인해 "잔인무도한 운명의 돌팔매와 화살을 견디는"(《햄릿》에 나오는 대사 — 옮긴이) 부담을 영원히 짊어지게 되는 아이도 있을까?

난

새끼들을 핥아줄
시간이 없어!

생애 초기 가정환경이 후성유전적 행동 변화에 미치는 영향을 밝힌 연구 가운데 가장 유명하고 널리 알려진 것은 맥길 대학교의 심리학자 마이클 미니Michael Meaney와 생물학자 모셰 스지프Moshe Szyf가 처음 만든, 어미 쥐의 핥기와 털 고르기와 관련된 쥐 실험 모델이다.[2] 이 모델은 여러 가족 **간**의 육아 행동 차이로 인한 행동적, 생물학적 결과뿐 아니라 가족 **내**에서 부모가 각 아이를 어떻게 대하는지에 따라 나타나는 차이를 잘 보여준다. 이 모델을 보면 새끼 쥐를 대하는 어미의 태도는 새끼 쥐가 어떤 성체로 자라는지를 후성유전적으로 조절할 뿐만 아니라 새끼를 대하는 어미의 대우가 (그리고 그에 따라 새끼의 후성유전적 표지 패턴도) 한 배 새끼(다태 동물이 1회 분만 시 출산하는 새끼)들 안에서도 각각 다르게 나타난다는 사실을 알 수 있다.

인간 어머니와 마찬가지로 어미 쥐는 자기 새끼를 돌보는 방식이 각각 상당히 극적으로 다르다. 어떤 쥐들은 거의 끊임없이 새끼의 항문 성기 부위를 핥아주고, 듬성듬성한 털을 골라주고, 젖에 가장 쉽게 접근할 수 있게 허리를 활처럼 휜 자세를 취해 가며 새끼를 지극정성으로 돌본다. 대조적으로 다른 어미 쥐들은 새끼가 죽지 않고 건강하게 자라는 데 꼭 필요한 정도에 맞춰 핥기, 털 고르기, 젖 먹이기를 찔끔찔끔 베푼다. 이는 어미 쥐 대부분이 가운데 어딘가에 위치하고 핥기와 털 고르기 스펙트럼의 양쪽 끝에는 적은 숫자만이 분포하는 육아 행동의 연속체다. 나로서는 좋은 인간 부모가 되는 데 필요한 조건에 두 아이를 핥아주는 행동이 포함되지 않아서 늘 다행스럽게 생각한다.

쥐와 인간 사이의 좋은 육아 행동 기준을 비교하면서 잠시 우리가 지금까지 다뤘던 여러 종의 유사점과 차이점은 무엇인지, 분홍빛 눈을 지닌 어미 쥐와 털도 거의 없고 손가락 한 마디보다 작은 새끼 쥐들에게서 인간의 조건에 관해 진정으로 뭔가를 배울 수 있을지 생각해보자. 인간, 원숭이, 쥐는 진화상의 사촌인 호저(豪猪, 긴 가시털로 뒤덮인 동물 – 옮긴이), 고래, 순록을 비롯한 5,400여 종의 동물과 마찬가지로 모두 **포유류**다. 모든 포유류 암컷은 새끼에게 유선(가슴)에서 분비되는 젖을 먹이고, 대부분 자궁 안에서 태아에게 양분을 전달하는 태반이 있으며, 이는 아주 일찍부터 자식을 돌보고 먹일 수단을 갖추고 있다는 뜻이다. 또한 모든 포유류는 소리를 뇌에 전달하는 중이가 있고, 알이 아니라 살아 있는 새끼를 낳는다.

인간과 가장 가까운 유인원 선조와 인간의 DNA 염기서열 차이는 사람들이 흔히 생각하는 것보다 훨씬 적은 동시에 작다. 현재 추산된 인간과 침팬지의 게놈 **상이성**은 1퍼센트를 겨우 넘는 수준이다. 달리 말해 우리는 유전적으로 99퍼센트 동일하지만, 그 작은 차이가 큰 차이를 만든다고 할 수 있겠다. 인간과 인간 외의 포유류 양쪽을 연구한 과학자들을 항상 가장 놀라게 하는 (그리고 아마도 겸손해지게 하는) 것은 사회 구조와 행동 양식, 생리, 신체 구조, 분자 생물학 면에서 종 간에 엄청난 수준의 유사성이 발견된다는 사실이다.[3] 인간 어린이와 새끼 원숭이의 행동을 장기간 관찰한 사람으로서 말하자면 어린 원숭이 무리가 인간 아동과 똑같은 방식으로 놀고, 다투고, 우정을 형성하고, 경쟁하는 모습을 보면 흥미롭기 그지없다.

미니와 스지프의 획기적 통찰은 육아 행동 연속체에서 양극단에 있는 어미 쥐들이 키운 새끼 쥐들의 행동, 생리, 후성유전적 표지를 비교해 도출되었다. 우선 이 모성 행동 연속체에서 어미가 어느 위치에 있든 특별히 치명적이거나 유익한 점은 없다는 사실을 염두에 두도록 하자. 핥기, 털 고르기, 젖 먹이기를 자주 하는 것과 가끔만 하는 것(지금부터는 간단히 줄여 **많이 핥기**와 **적게 핥기**라고 부르기로 하자)은 둘 다 쥐라는 종에서 전형적으로 나타나는 육아 행동이며, 양쪽 유형의 어미가 낳은 새끼들은 어미가 초반에 들인 정성과 관계없이 대체로 살아남아 잘 자라고, 번식하고, '성공'을 거둔다. 그럼에도 미니와 스지프는 많이 핥는 어미의 새끼가 자라서 된 성체와 비교하면 적게 핥는 어미의 새끼들은 휴식 중에도 코르티솔 농도가 더 높고, 스트레스에 코르티솔 체계가 더 크게 반응하고, 더 불안한 행동을 보이고, 성적으로 일찍 성숙하고, 번식 성공에 도움이 될 만한 더 공격적이고 지배적인 행동을 보인다는 사실을 발견했다. 적게 핥는 어미의 새끼들이 보이는 이런 특징은 모두 무의식적으로 먹을 것이 적고 위험하며 빨리 번식해야 하는 삶에 대비하는 행동으로 보인다. 마치 이 새끼들의 발달 중인 뇌가 보살핌이 적고 먹이 공급도 불안정하며 스트레스 요인이 많은 초기 환경을 감지하고 생존과 번식 확률을 최대화하는 방향으로 새끼의 행동과 생리를 조정하는 듯하다.

하지만 흥미로운 발견은 여기서 끝이 아니다. 적게 핥는 어미의 한 배 새끼 중 암컷들은 몇 주 뒤 성숙해서 번식할 때 관찰해보니 자기가 낳은 새끼들을 돌볼 때 똑같이 집약성이 떨어지는 육아 행동을 보였다. 성체가 된 새끼들이 자기 어미에게서 받은 모성 행동을 되풀이하는 것이다. 일단 설치류에 국한되기는 하더라도 이는 생애 초기 어미에게 받은 대우가 새끼의 스트레스 반응 수준, 성적 조숙, 불안과 공격성, 성체가 된 뒤의 육아 행동과 직접적으로 연관되어 있다는 증거였다. 새끼 쥐는 어떤 어미 손에 자라느냐에 따라 어떻게 자라고 성숙하며 어떤 부모가 되는지가 완전히 달라진다. 새끼를 보살피는 데 관심을 덜 쏟는 어미에게서 태어났다면 스트레스와 어려운 상황에 강하게 반응하고, 더 불안해하고, 자기 새끼를 집중적으로 돌보는 데 관심이 적은 성향을 지닌 성체가 된다. 이는 마치 세대 간에 위험 요인이 전달되는 것처럼 보인다.

어쩌면 적게 핥는 어미의 새끼도 적게 핥는 것은 단순히 유전적으로 연결되어 있기 때문이며 양쪽이 공유하는 유전자가 두 세대에 걸쳐 같은 행동을 일으키는 것이라고 생각할 수도 있다. 하지만 여러 번에 걸쳐 '교차 탁아'를 한다는 영리한 발상으로 미니와 동료들은 세대 간 육아 행동 전달의 원인이 어미와 새끼 사이의 유전자 공유가 아니라는 사실을 밝혀냈다. 적게 핥는 어미의 새끼들을 태어나고 얼마 되지 않아서 많이 핥는 어미의 새끼들과 바꾸면 그 새끼 쥐들은 성장 후 키워준 어미와 똑같이 많이 핥는 행동을 보인다. 마찬가지로 많이 핥는 어미에게서 태어난 암컷 새끼 쥐들은 적게 핥는 어미 쥐에게서 자라면 자신도 적게 핥는 행동을 보이는 어미가 된다. 여기서는 양육이 천성보다 강한 셈이다.

마지막으로 미니와 스지프는 어미의 핥기가 새끼의 행동, 성숙, 스트레스 생리에 미치는 영향이 어미의 보살핌에 따르는 신체적 자극에 따라 스위치가 켜지는 후성유전적 변화 때문이라는 사실을 명확히 밝혀냈다. 앞 장에서 다뤘듯 후성유전체의 화학적 표지는 DNA나 히스톤 단백질에 달라붙어 염색질이 응축되는 정도를 조절함으로써 유전자 발현 또는 암호 해독을 통제한다. 어미의 핥기가 낮은 수준이면 새끼의 유전자 안에서 코르티솔 수용체를 생산하는 DNA 메틸화가 일어난다. 코르티솔 수용체란 뇌의 뉴런에서 코르티솔이 '플러그 꽂듯' 꽂히는 부분인 일종의 분자 수신기다. DNA 메틸화는 코르티솔 수용체 단백질의 낮은 발현으로 이어지고, 이는 다시 더 큰 코르티솔 반응성과 높은 수준의 불안으로 이어진다. 더불어 적게 핥는 어미의 암컷 새끼는 성장해서 자신도 적게 핥는 어미가 된다. 따라서 어미가 새끼의 생후 첫 며칠 동안 핥아주고 털을 고르는 자연적 빈도는 새끼의 코르티솔 수용체 유전자가 후성유전적으로 조절되는 방향을 바꿈으로써 성체에서 나타나는 각기 다른 두 가지 표현형을 만들어낸다고 볼 수 있다. 그 결과로 새끼가 평생 스트레스와 불안에 어느 정도의 취약성을 보일지가 완전히 바뀐다.[4]

모성 행동의 조절에서 중요한 역할을 하는 또 하나의 생물학적 요인은 소위 평화와 화합의 호르몬이라 불리는 옥시토신이다.[5] 19세기가 끝나갈 무렵 발견된 옥시토신(그리스어로 '빠른 출생'이라는 뜻)은 뇌의 시상하부에서 만들어지는 단백질 분자이며 출산 중 자궁 수축과 모유 수유 중 유즙 배출을 비롯한 여러 생식 과정에 관련한다. 갓 아기를 낳은 엄마가 모유 수유를 하며 만족감, 행복, 심지어 관능을 느끼도록 하는 호르몬이기도 하다. 옥시토신은 일부 종에서 암컷과 수컷이 맺는 평생 동반 관계의 원동력이기도 하며(인간의 경우 친밀감 증진을 위해 성관계 후에 분비된다고 추정된다), 부분적으로는 암컷 쥐의 각기 다른 모성 행동과도 관련이 있다. 핥기와 털 고르기가 새끼의 뇌에서의 코르티솔 수용체 발현에 미치는 영향과 더불어 모성 행동의 원천에서 옥시토신의 역할은 호르몬 자체와 뇌 수용체 양쪽의 발현을 조절하는 후성유전적 변화와 관련된 것으로 보인다.[6]

마찬가지로 인간의 후성유전체에도 생애 초기 부모의 보살핌 차이에 따라 나타나는 표지가 존재할까? 인간 부모의 자상함과 무관심 정도에 따라 신생아의 스트레스 생리와 행동이 조절될까? 그리고 '새끼' 인간에게 각인된 초기 육아의 차이는 난초와 민들레 표현형의 출현과 모종의 관련이 있을까? 내 동생 메리가 태어난 직후 어떻게든 다른 가정에 옮겨 심어졌다면 난초 아기였던 메리의 삶은 근본적으로 달라졌을까? 알아낼 길은 없지만, 이 질문은 내가 우리 남매의 성장기를 회상할 때마다, 그리고 아내와 내가 우리 아이들을 키우며 똑같이 중요한 시기를 보낼 때마다 내 마음을 어지럽혔다. 난초 아이의 놀라운 민감성은 가정환경의 아주 작은 차이도 증폭할 수 있고, 어떤 아이에게 그런 차이는 인생이 바뀌는 발달상의 영향을 미칠 수도 있다. 그 차이가 안정된 직업과 가족이 있는 삶과 혼란과 단절이 가득한 삶을 가를 수도 있을까? 그리고 답이 만약 '그렇다'라면 그 점을 안다는 사실은 '한 배'에서 태어났지만 '다른 가정'에서 자라는 아이들이 더 나은 결과를 맞이하도록 하는 데 도움이 될까?

변화하는 삶과

성장하는 뇌

인간 부모는 자기 자식을 핥아줄 필요는 없지만, 아이를 보살피는 육아 행동의 적절함과 빈도가 아이의 뇌, 지적 능력, 행동 발달에 크나큰 영향을 미친다는 증거가 있다. 루마니아의 부쿠레슈티 출산 장려 프로젝트는 안타깝게도 생애 초기에 방치되거나 보살핌을 거의 받지 못하며 기관에서 자란 아이들에게서 신경발달의 근본적 변화가 나타날 수 있음을 보여주었다.[7] 잘못된 예로 널리 알려진 이 정책에서 니콜라에 차우셰스쿠 정부는 임신과 출산을 강제로 늘리는 방법으로 국가 노동력을 확충해 국가 경제를 활성화하려 했다. 그 결과 가정에서 경제적으로 보살피고 부양할 여력이 없는 한 세대의 아동 집단이 생겨났다. 17만 명에 달하는 루마니아 아이들이 고아원에 버려졌고, 아이들과 보육사의 비율은 15 대 1이었다. 같은 나이 또래의 아이 열다섯을 엄마 한 명이 돌봐야 하는 집에서 아이 한 명의 필요와 복지에 대체 얼마나 신경을 써줄 수 있을지 생각해보라. 그런 고아원의 물리적 환경은 형편없고 암울했으며, 심지어 아이들은 때때로 침대에 묶이기도 했고 침묵 속에 밥을 먹고 공장 조립 라인 방식으로 목욕을 하는, 효율적이지만 생기라고는 하나도 없는 나날을 보내야 했다.

유니세프는 전 세계에서 전쟁, 경제적 유기, 전염병 창궐의 결과로 1억 5,000만 명의 어린이가 적어도 부모 한 명을 잃었고, 1,300만 명이 부모 양쪽을 모두 잃었다고 추정한다. 부모를 잃어 시설에 들어가게 된 아이들은 지적장애부터 자폐와 비슷한 심각한 정신장애와 행동 문제에 이르기까지 극심한 발달 결핍을 보일 수도 있다. 1950~1960년대에 심리학자 해리 할로가 시행했으며 새끼 원숭이가 움직이지 않는 철사 엄마에게 물리적, 감정적 애착을 느끼다가 시간이 지나면서 점점 자폐적 행동을 보였던 유명한 연구를 떠올리면 이해하기 쉽다. 할로의 새끼 원숭이처럼 애정을 박탈당한 채 기관에서 자란 아이들은 몸을 흔들거나 머리를 끄덕거리거나 손가락을 빨거나 짐승 같은 소리를 내는 이상 행동과 극단적으로 관심을 끌려는 태도를 보인다. 비정상적으로 충동이 강하며, 자신에게 관심을 보이기만 하면 낯선 사람도 서슴없이 따라가려 하기도 한다. 결과적으로 이런 아동 집단에서는 성장 저하, 만성 신체장애, 심각한 정신병 빈도가 지나치게 높게 나타난다.

반면 부모가 자상하고 아이에게 집중하며 신경을 많이 쓰는 가정에서 자라는 인간 아기는 놀랍고 다양하며 거의 기적에 가까운 방식으로 성장하고 발달하며 피어난다. 9개월부터 네 살까지의 어린 손자 넷을 둔 자랑스러운 '하부지'가 된 나는 부모와 아기가 펼치는 섬세하면서도 강렬한 춤에 새삼 놀라는 중이다. 눈부신 속도로 발전하는 아기의 행동과 상호작용 능력이 부모가 스스로 지녔는지도 몰랐던 강력한 모성애와 부성애, 관심을 끌어내는 모습을 보면 감탄하지 않을 수 없다. 그건 마치 다 큰 어른이 원래는 존재하는지도 몰랐고 배운 적도 없는 언어를 술술 유창하게 할 수 있음을 깨닫는 모습을 지켜보는 것과 같다. 6~12주 사이에 인간 신생아는 미소 짓는 법을 배워 자신에게 홀딱 빠진 부모가 사랑과 애정 표현을 퍼붓도록 유도한다. 5개월짜리 영아는 부모의 말을 처음으로 어설프게 흉내 내기 시작하고, 엄마와 아빠는 기뻐서 어쩔 줄 모르며 부끄러움도 잊은 채 혀 짧은 소리로 아기에게 한참씩 말을 쏟아낸다. 돌을 맞은 아기가 새끼 망아지처럼 후들거리는 다리로 머뭇거리며 거실 카펫 위로 첫 발짝을 떼면 가족 3대가 일제히 환호성을 올린다. 이런 응원을 받은 아기는 자기 인생이라는 매혹적인 미래로 주저 없이 뛰어들고 싶은 새롭고 간절한 열망을 품게 된다.

버림받아 고아원에서 자라는 아이가 겪는 슬픈 발달장애든, 흠뻑 사랑받고 세심한 보살핌을 받은 아기의 폭발적 발달이든, 아동의 생애 초기에 벌어지는 일들은 좋든 나쁘든 양육의 부족 또는 풍부함에 의해 조절되는 후성유전적 과정의 결과다. 이런 환경적 사건과 생애 초기 조건은 유전자를 켜거나 꺼서 아이 자신이 태어난 세상에 무의식적으로 더 잘 적응하도록 하는 후성유전적 이벤트가 조합된 방대한 교향곡을 만들어낸다. 모든 아이의 목표는 자신에게 주어진 조건 안에서 가능한 한 최고의 결과를 내는 것이며, 후성유전체는 그 목적을 위한 수단이다. 분자 단위의 이 작디작은 사건과 조절은 루마니아 고아든 사랑받는 북미 신생아든 아이가 살아남아 각자 할 수 있는 최선을 다해 자라나게 하는 중요한 메커니즘이다.

새미는

뭐가 문제인가요?

        메말랐든 사랑과 자원이 넘쳐나든 상관없이 같은 종류의 환경 안에서도 각 아동의 적응 정도와 행복도는 놀라울 만큼 다르다. 민들레를 닮은 어떤 아이들은 고아원이라는 음울할 만큼 메마르고 차가운 '가정'에서도 잘 자라난다. 반면 상대적으로 안전하고 애정이 있는 가정에서 물질적, 감정적 풍요를 누리면서도 취약하고 고통스러운 삶을 짊어지는 아이도 있다. 전형적이지만 스트레스가 꽤 많았던 가정에서 자란 민들레 아이였던 나는 역경과 갈등을 극복할 수 있었지만, 난초의 섬세한 반응성을 지닌 내 동생 메리는 그러지 못했다. 지금까지 살펴본 대로 그런 차이는 사회적 환경과 신호에 반응하는 특수한 생물학적 민감성(난초 표현형)과 환경이 각 아이에게 똑같이 작용하지 **않는다**는 사실이 결합해 생겨난다.

        내가 의대 본과생으로서 여름 동안 실습했던 니카라과 시골의 선교 병원에는 가족에게 버림받아 그곳에서 보호받던 사랑스러운 소녀가 있었다. 앞으로 내가 마르타라고 부를 이 소녀는 어린이집에 다닐 만큼 어린 나이에 불안하고 가망 없는 상황에 처했음에도 사람들이 자기도 모르게 정을 줄 정도로 행복하고 밝은 영혼을 지닌 아이였다. 마르타는 병원에 버려져 의료진에게 떠맡겨진 첫 번째 아이도 마지막 아이도 아니었지만, 그 조그만 병원 구석구석을 돌아다니며 혼자 회진 도는 놀이를 하는 마르타에게는 반짝이는 매력이 있었다. 이른 아침이면 마르타는 누군가가 특별히 유아용 사이즈로 만들어준 빗자루를 쥐고 병원 응접실을 부지런히 쓸었다. 나중에 보면 진료 대기실 한쪽 구석에서 환자나 보호자들에게 자기가 원래 쓰던 미스키토Miskito어(니카라과 북부에 거주하는 아메리카 원주민의 언어 – 옮긴이)로 재잘대고 있었다. 내가 아동 병동에서 상태가 심각한 아이들을 마지막으로 돌아보는 저녁이 되면 종종 환자가 없는 깨끗한 침상 위에 옹송그리고 누워 잠든 마르타가 보였다. 그 아이는 척박한 병원 환경을 터전 삼아 부모가 없는 '가정'에서 기대할 수 있는 최대한의 관심과 보살핌을 끌어내고 있었다.

시설에 맡겨졌던 이 어린 생명에게 작은 기적이 일어나 그해 여름 마르타는 훌륭하고 사랑이 넘치며 이미 아이가 다섯인 북미의 한 가족에게 입양되었다. 체코 출신인 이 대가족은 이미 주행계에 50만 킬로미터가 찍힌 낡은 구형 택시를 몰고 노스캐롤라이나에서 니카라과 깡촌까지 터덜터덜 달려온 참이었다. 여름 내

내 거기 머물며 구성원 전체가 서서히 작고 깡마른 마르타에게 푹 빠져버린 이 가족은 마르타 없이 집으로 돌아간다는 것은 생각조차 할 수 없는 상태가 되었다. 니카라과 정부와 미국 영사관 사이를 수없이 오가며 온갖 노력을 기울인 끝에 그들은 마르타를 합법적으로 입양할 허가를 얻어냈고, 그렇지 않아도 미어터지는 차에 작은 승객 하나를 덧붙여서 북쪽으로 떠났다. 사랑스러운 아가씨로 자란 마르타는 지금도 자신에게 새로운 삶을 준 노스캐롤라이나 가족의 소중한 일원으로서 자신의 불운했던 출발점에서 거의 5,600킬로미터 떨어진 집에서 지낸다. 황량한 중남미 벽지에서 혼자 자란다는 삭막하고 빈곤하며 가망 없어 보이는 상황에 놓였으면서도 마르타는 똑같이 외딴 병원에 버려져 죽거나 연명했던 10여 명의 다른 고아들과는 이를 전혀 다르게 받아들였다. 같은 병원 '가정'에서 자랐는데도 마르타만은 일찌감치 그곳에 버려진 다른 아이들과는 전혀 다른 환경에 있었던 거나 마찬가지였다. 아이가 불우한 출발을 했다고 해서 아직 겪어보지도 못한 미래까지 모두 빼앗기는 것은 아니다.

내가 북미 곳곳에서 아이들을 진료하는 소아과 주치의로 지내는 동안, 유치원에서 중학교에 걸친 나이대의 네 아이를 데리고 정기 아동 건강검진을 받으러 우리 병원을 방문했던 가족도 기억난다. 진료실에 들어서자 체격 순서대로 나란히 앉은, 꾀죄죄하지만 뻐드렁니를 하고 웃는 모습이 과연 형제구나 싶은 사내아이 넷이 보였다. 한쪽 끝에 앉은 막내는 '의사 선생님'을 만나서 얘기한다는 기대감에 들뜬 반면 반대쪽 끄트머리를 차지한 첫째는 막 중학생이 된 질풍노도의 청소년답게 우울하고 매사를 삐딱하게 보는 얼굴을 하고 있었다. 가운데의 둘 중 하나인 여덟 살짜리는 지붕 가장자리에 서서 오줌을 누려고 하다가 떨어져서 앞니가 빠지는 바람에 형제들이 배꼽이 빠져라 웃었다고 했다. 꼬마는 요즘 같으면 최신 유행 취급을 받았을 기름 낀 갈색 더벅머리 사이로 살그머니 나를 올려다보았다. 내가 아이들의 건강, 학교생활, 성장과 발달에 관해 묻자 엄마는 단호한 말투로 가운데 앉은 중간 덩치의 수상한 용의자를 가리키며 "다들 건강한 편이에요. **쟤만 빼고요!**"라고 말했다. 문제의 소년을 새미라고 부르기로 하자. "대체 새미는 뭐가 잘못된 건지 모르겠어요." 엄마는 반쯤은 하소연하듯, 반쯤은 책망하듯 말했다. "다른 애들도 가끔 아프긴 하지만, 새미는 **뭐든지 다 걸리고**, 늘 어디가 부러지고, 늘 무슨 **두드러기**가 나고, 게다가 학교에선 항상 말썽에 휘말린다니까요! 제발 좀 알려주세요. **새미는 뭐가 문제인가요?**"

글쎄, 그다지 잘못된 곳은 없었다. 새미는 건강하고 튼튼하게 잘 자라는 일곱 살짜리 남자아이였고, 여러 가지 사소한 규칙 위반으로 교장실에 자주 들락거리기는 해도 학교에서도 그럭저럭 잘해내고 있었다. 하지만 자세히 알면 알수록 새미는 자기 형제들과는 상당히 다른 방식으로 자기 가족을 경험한다는 사실이 분명해졌다. 새미는 운동선수가 아니라 예술가 타입이었고, 개 가족 사이의 고양이었으며, 넉살 좋은 카우보이 무리에 섞인 내성적인 시인이었다. 손위 형제들은 새미를 가차 없이 괴롭혔고, 새미가 손아래 동생에게 똑같이 해보려고 하면 늘 붙잡혀서 혼이 나고 벌을 받았다. 학교에서는 늘 재능 있는 운동선수이자 익살꾼인 형의 희미한 그림자 취급을 받았다. 심지어 유치원생 막내까지 형들과 짜고 새미의 요구르트에 벌레를 넣거나 형들이 새미를 붙잡고 있는 동안 입에 깎아놓은 잔디를 밀어 넣는 식으로 새미를 괴롭힐 방법을 찾아냈다. 새미만이 완전히 다른 가정에서 자라는 것이나 마찬가지인 상황이었다.

사실 생각해보면 내가 아이들과 가족의 진료를 맡았던 오랜 세월 동안 부모가 둘째를 두고 "아, 이번 아이도 지난번 아이랑 똑같아요"라고 말한 적은 한 번도 없었다. 이건 부모가 아이들의 개별성을 인정해주는 차원의 이야기가 아니다. 가족답게 어느 정도는 닮은 외모를 빼면 같은 부모에게서 연달아 태어나는 두 아이는 비슷한 구석이 거의 없다. 마치 같은 가족의 아이들은 딴판으로 달라야 한다는 불가침의 자연법칙이라도 존재하는 듯하다. 첫째가 성마르고 영아 산통으로 잘 울었다면 둘째는 순하고 얌전하다. 첫째가 6개월째에 통잠을 잤다면 둘째는 두 돌이 될 때까지 애를 먹인다. 첫째가 사교적인 익살꾼이라면 둘째는 누가 말을 걸지 않으면 입을 열지 않을 정도로 과묵하고 유머를 모르는 부끄럼쟁이다. 같은 가족의 아이들은 기질, 성향, 세상을 대하는 태도 면에서 결코 대충이라도 일치하는 법이 없는 듯하다.

그렇다면 새끼를 핥는 어미 쥐 이야기는 세상의 새미들을 이해하는 데, 다시 말해 조기 육아가 가족 **간**이 아니라 가족 **내**에서 아이들의 차이를 만들어낼지도 모른다는 점을 확인하는 데 어떤 도움이 될까? 쥐 가족의 한 배 형제자매 중에서도 새끼 각자가 어미의 핥기, 털 고르기, 젖먹이기를 경험하는 횟수는 번식기가 다르거나 어미가 다른 경우와 마찬가지로 극적인 차이를 보인다. 심지어 번식하는 동안 평생에 걸쳐 새끼를 돌보는 데 들이는 평균적 노력에서 현격한 차이를 보이는 어미들에게서 태어난 같은 시기의 한 배 새끼들 사이에서도 새끼가 각각 받는 핥기와 털 고르기는 세 배까지 차이가 나기도 한다. 자주 핥는 어미든 적게 핥는 어미든 한 배 새끼 각자에게 들이는 시간과 집중도는 상당히 다르다는 뜻이다.[8]

한 배 새끼 사이의 육아 집중도 차이를 살펴보는 이 새로운 방향의 연구를 통해 수컷 새끼가 대체로 암컷보다 더 자주 보살핌을 받고, 새끼 각자가 받는 보살핌 격차는 열흘간의 신생아기 내내 안정적으로 유지되며, 한 배 새끼 내의 모성 행동 차이 또한 예상대로 성체가 되었을 때의 행동과 생리적 특징에 장기적 영향을 미친다는 사실이 추가로 밝혀졌다. 어떤 '형제자매' 중에서 핥기와 털 고르기를 덜 집중적으로 받은 새끼는 사회성이 비교적 부족한 성체로 자라서 새롭거나 어려운 환경에서 불안해하는 행동을 보이며, 스트레스 상황에서 더 큰 감정적 반응과 코르티솔 체계 반응성을 나타낸다. 이 연구에서는 어미의 관심을 덜 받은 새끼들이 보이는 행동 및 생리적 차이가 코르티솔과 옥시토신 수용체 같은 뇌 내 단백질 발현을 조절하는 후성유전적 차이 때문이라는 점도 확인되었다. 마지막으로 새끼 각각에 대한 모성 행동 차이가 성체가 된 뒤의 환경에 반응하는 행동 및 생리적 특징을 조절하기는 하지만, 울음소리의 자연적 강도나 높낮이 등 새끼가 타고난 특징 차이 또한 자신이 받는 보살핌의 수준에 영향을 준다는 사실도 드러났다.

8~10마리가 한 배에 태어나는 새끼 쥐와 마찬가지로 인간 형제자매도 결코 같은 가정에서 자라지 않는다. 난초와 민들레 아이는 자기가 태어난 가정을 대단히 다른 방식으로 경험할 뿐 아니라 난초와 민들레라는 정체성 자체 또한 부분적으로는 가족이라는 다면적 '둥지' 안에서 그들이 각각 차지하는 위치에 따라 정해진다. 남자아이인가, 여자아이인가? 첫째인가, 둘째인가, 셋째인가? 부모가 둘 다 있는가, 한부모 가정인가? 돈이 넘쳐나는가, 찢어지게 가난한가? 상냥하고 똑똑한 난초였던 내 동생 메리는 명목상으로는 **같을**지라도 민들레 오빠와 남동생과는 완전히 다른 가정에서 성장했다. 그런 차이 탓에 메리는 자상하고 여유 있는 집에서 자랐더라면 마땅히 손에 넣었을지도 모르는 건강과 빛나는 미래를 허락받지 못하고 질병과 좌절의 길을 걸어야만 했다. 섬세하게 조정된 수많은 환경적 변수와 아이 고유의 게놈에 내재한 제약이 합쳐져서 유래도 운명도 눈송이나 별만큼이나 다양한, 세상에 단 하나뿐인 인간이라는 유기체를 만들어내는 것이다.

이러한 차이 덕분에 인간이라는 종은 적응력을 확보하고 우리 개인의 삶은 독특하며 의미 있는 것으로 변한다. 하지만 그 차이 탓에 예전에는 인간이 과학적으로 이해하지 못했던, 그리고 당연하게도 메리와 나, 우리 부모님도 알지 못했던 방식으로 인간의 삶은 취약해지기도 한다. 하지만 가족이라는 둥지를 벗어난 난초와 민들레는 어떤 존재이며, 학교와 교우 관계라는 바깥세상에서 어떤 영향을 받을까? 어떻게 하면 이 아이들이 잘 자라서 꽃피게 할 수 있을까?

아이들의
순수함과 잔인함

1987년 겨울 여덟 살짜리 베트남 소녀 (란이라고 부르기로 하자)가 만성 복통을 호소하며 소아과 진료실을 찾아왔다. 반짝이는 갈색 눈을 지니고 귀여운 원피스를 입은 란은 진찰대 위에 앉아 기다리는 동안 불안한 듯 다리를 흔들었다. 란의 엄마는 걱정이 이만저만이 아니었다. 란이 느끼는 복통의 위치는 금세 파악되었지만 각종 노력에도 원인은 여전히 밝혀지지 않았다. 현대 의학의 최첨단 실험 장비와 진단 촬영 기법을 활용해 란의 주치의는 부지런히 그리고 능숙하게 종양이나 담석, 염증, 감염을 찾으려고 애썼지만 아무 성과가 없었다. 열은 없었고, 배 한가운데가 둔하게 '쑤시다가' 가끔 꼬이는 것처럼 강한 아픔이 찾아온다고 했다. 복통은 식사나 소변, 대변과 아무 관계없이 일어났고 체중 감소나 관절통, 여타 증상도 동반되지 않았다. 초경도 아직 시작되지 않았으며, 신체검사 결과를 보면 란은 아직 사춘기가 오지 않은 지극히 정상적인 소녀였다. 혈액과 소변 검사 결과도 모두 정상이었다. 빈혈이나 염증, 감염이 있다는 증거는 전혀 없었고, 복부 초음파에서도 비정상적인 점은 발견되지 않았다. 이 아이의 배에서는 대체 무슨 일이 일어나고 있었던 걸까?

란과 이야기를 나누고 차트를 살펴본 뒤 이것도 곧 다른 난초 아이들의 파일처럼 엄청나게 두툼해질까 궁금해하던 나는 두 가지 부가 정보에 생각이 미쳤다. 첫째, 때때로 복통이 너무 심해진 탓에 란은 학교에 가지 못했고, 엄마와 함께 집에 있는 동안 가끔 학교의 다른 아이들에 관한 고민을 입에 올렸다. 란은 "큰 언니들"이 더 어리고 작은 아이들을 깔보면서 놀이에 끼지 못하게 하고 무시하고 놀리는 등 교사들이 잘 아는 아이들 특유의 비폭력적 공격성을 드러낸다는 암시를 주었다. 란의 엄마가 자기 딸이 겪었던 초등학교 사회의 문제를 설명하는 동안 란은 진료실 구석에서 내가 늘 갖춰두는 종이와 크레용으로 뭔가를 그리고 있었다. 나는 명확한 진단을 제시할 수는 없었지만, 복통을 일으키는 원인은 대충 짐작이 갔다. 하지만 아직은 딱 잘라 말할 단계가 아니었으므로 우리는 얼마 뒤로 다음 진료 예약을 잡았다. 엄마와 함께 진료실을 나서던 란은 비밀 메시지가 적힌 쪽지를 전하듯 곱게 접은 그림을 내게 수줍게 건넸다. 나는 손을 흔들어 인사를 했다.

진료실로 돌아온 나는 그림을 살펴보았다. 곧 내 감이 맞았음이 확인되었다. 그림에는 세 명의 큰 아이가 그려져 있었다. 둘은 빨간 원피스를, 다른 하나는 파란 옷을 입은 그 소녀들 옆에는 울고 있는 작은 여자아이가 있었다. 란이 학교에서 겪은 일을 그렸다는 사실을 금세 알 수 있었다. 각 '등장인물' 옆에는 말풍선이 있었다. 큰 소녀들의 입에서는 이런 말이 나왔다. "너는 너무 어려서 같이 놀 수 업써!" "너는 또각또각 구두가 업쓰니까 안껴줘." "너는 키가 작아서 안껴줘." ('또각또각' 구두란 소녀들이 신발을 분류할 때 실제로 쓰는 기준이다. 어른 구두와 비슷한 정장용 구두이며, 단단한 바닥을 걸을 때 '또각또각' 소리가 나서 그렇게 부른다고 한다. 나는 그때까지 전혀 몰랐다.) 그림 아래에는 란의 말이 적혀 있었다. "큰 언니들이 나를 놀려서 왜롭고 마음이 찌저지는 것 같다."

란의 복통은 피부에 난 상처나 부러진 뼈와 똑같이 진짜로 아

여덟 살짜리 환자 '란'이 더 큰 아이들에게 따돌림을 당한 슬픔을 표현한 그림.

팠지만, 원인은 못을 밟거나 나무 위의 집에서 떨어지는 것처럼 단순 명쾌하지 않았다. 이 경우에는 감정적 경험이 신체적 아픔으로 전환된 것이었다. 란은 가혹하고 비우호적인 환경에서 꽃을 피우려고 애쓰는 난초였다. 이런 일은 정확히 왜 일어나며, 해결책은 무엇일까?

어린이집에서 발견되는

위계와 서열

란은 저명한 심리학자 일레인 아론 Elaine Aron이 "고민감성 아동"이라고 이름 붙인 유형에 속했고, 특별한 민감성 또는 특수 감수성 측면에서 우리 방식대로 표현하자면 전형적인 난초 아이였다.[1] 즉 심리적으로 보호받지 못하고 생물학적으로 환경적 어려움에 큰 반응성을 나타내며, 사회적 고통에 극도로 예민하다는 뜻이었다. 란이 느낀 지독한 복통의 원인은 질병이 아니라 학교에서 일상적으로 겪은 사회적 스트레스가 자기도 모르는 새 신체적 증상으로 발현되었기 때문이었다.

감정적 고통과 신체적 고통은 어떤 의미에서는 같은 것이다. 난초뿐만이 아니라 모든 이에게 그렇다. 신경과학자들은 실제로 사회적 소외로 인한 고통으로 활성화되는 뇌 영역이 급성, 만성 통증이 일어날 때 영향을 받는 영역과 똑같다는 사실을 밝혀냈다.[2] 같은 맥락으로 아세트아미노펜 같은 진통제가 실연 같은 감정적 상처를 줄이는 데 효과가 있다는 연구 결과도 있다. 따라서 란 같은 아이들은 같은 뇌 회로, 즉 뇌의 앞쪽에 있는 전측 대상회 anterior cingulate와 전두엽 피질이라는 영역에서 신체적 고통과 심리적 고통을 함께 겪는다. 뇌에서 일종의 '아픔 영역'이라고 할 수 있는 이 부분은 인간이 진화하며 발달시킨 중요한 도구다.[3] 신체적, 감정적 상처를 입었을 때 그 사실을 알아채는 것은 먼 옛날은 물론이고 지금까지도 생존에서 중요한 역할을 하기 때문이다. 감정과 신체의 고통이 뇌의 같은 영역에서 처리된다는 사실을 보면 학교에서 당하는 괴롭힘이 만성 복통 같은 신체적 경험으로 나타날 수 있다는 점이 명확해진다. 소외되고, 따돌림당하고, 외면받다 보면, 특히 당신이 민감한 여덟 살짜리 소녀라면 더더욱 신체적 고통을 느낄 수도 있다.

그렇다면 이 지식으로는 무엇을 할 수 있을까? 나는 의학과 보건 전공 학생들, 소아과와 정신과 연수의들에게 아동 발달 분야를 가르친다. 아동 발달은 의학 중에서도 불가해한 하위 분야 취급을 받기도 하지만, 실제로는 소아과와 아동정신과 전체의 기본이 되는 학문이다.[4] 이 분야에서는 아동의 행동과 발달에서 놀랍도록 넓게 분포하는 정상 범주의 다양성, 생애 초기의 인간관계 경험이 건강과 성취에 미치는 크나큰 영향, 아이가 유전적으로 부여받은 성향이 아이 주변의 외부 환경 특성과 상호작용하여 인생 전체에 걸쳐 건강과 질병, 성취와 좌절, 성공과 실패를 결정하는 방식을 다룬다. 난초와 민들레라는 아동의 분류 유형은 아이들의 서로 다른 민감성과 기질에서 '정상'의 범주가 얼마나 넓은지 보여주는 하나의 예일 뿐이다.

아동발달학은 의사, 교사, 부모들이 정상에서 장애까지, 지체에서 조숙까지, 난초에서 민들레까지를 아우르는 발달 스펙트럼에서 아이가 어느 위치에 있는지 판별하는 데 도움이 된다. 아이가 보이는 특이한 행동이 명확히 이상한 행동으로 보일지라도 나이를 고려하면 정상 범주에 있는 경우도 많다. 반면 그런 일탈이 정도가 심하거나 지속적으로 발생한다면 정신장애나 신경발달장애, 또는 성공적인 발달과 성장을 저해하므로 치료가 필요한 중요한 문제의 출현을 예고하는 것일 수도 있다.

놀 때, 공부할 때, 진료실에서, 집의 거실에서, 학교 운동장에서 아이들을 관찰하는 것만으로도 이런 '정상 범주'에 관해 정말 많은 것을 배울 수 있다. 나는 종종 동네 어린이집을 관찰의 장으로 활용해서 예상 가능한 유아의 전형적 행동 범위를 가르쳤다. 학생들은 어린이집 교실에서 3~4세 유아 20~30명이 소꿉놀이, 게임, 집 짓기와 부수기, 그림 그리기, '둘러앉기' 시간에 새 소식 공유하기, 간식 먹기, 낮잠 자기 등의 어린이다운 행동을 하는 모습을 관찰한다. 우리가 보게 되는 행동은 발달상으로 특정 연령대에 맞는 집단의 평균인 동시에 각 아이의 개성적 특징이기도 하다. 어떤 아이들은 늘 몰려다니는 반면 어떤 아이들은 혼자 논다. 교사의 지시와 요구에 즉시 따르는 아이가 있는가 하면 전혀 개의치 않는 듯한 아이도 있다. 사내아이들은 신체 활동과 경쟁을 좋아하는 반면 여자아이들은 미묘한 사회적 복잡성을 예민하게 통찰한다(때로는 완전히 반대일 때도 있다).

어린이집 교실에서 묵묵하고 꼼꼼하게 두세 시간 동안 관찰을 계속한 의대생은 지극히 다양한 행동을 목격하는 가운데 아이들이 사회적 권력과 영향력의 계급을 형성한다는 명백한 경향성을 깨닫게 된다. 이는 의학부 학생들이 가장 알기를 꺼리는 아동의 행동 특성이다. 이들 대부분은 어린아이란 순수함과 선함을 타고났으며 민주적 행동을 선호하는 존재라는 사회적 통념을 굳게 믿기 때문이다. 아이들이 전제적 서열 정리로 지배와 사회적 위치를 확립한다는 수많은 증거를 들이대도 학생들은 종종 강력히 항의하며 서너 살짜리 아이들이 거의 보편적으로 형성하는 홉스주의적 사회(주변 모든 사람을 경쟁자로 인식하는 사회 —옮긴이)를 인정하지 않으려 한다. "하지만 애들이 얼마나 착한데요." 박사 과정을 밟는 중인 제자들은 말한다. "우리 어른들한테는 없는 순수함이 있다고요." 학생들의 그런 환상에 찬물을 붓는 것이 내키지 않지만 내가 해야 할 일이다.

심지어 말도 배우기 전인 인간 영아도 제 나름대로 사회적 우위를 인식하고 생각할 줄 알며, 상대적 크기를 기준 삼아 상충하는 목표를 지닌 행위자 사이의 갈등이 어떻게 끝날지 예측한다. 한 과학자 집단은 각각 입과 눈이 달린 만화 캐릭터가 등장하는 컴퓨터 애니메이션을 활용해서 아기들에게 행위자 여러 쌍의 경쟁을 보여주었다. 10~13개월밖에 안 된 영아들조차 물체 하나를 두고 두 캐릭터가 경쟁하는 모습을 보고, 둘 중 더 큰 쪽이 우위를 점해 원하는 물건을 얻으리라 예측(시선을 추적하고 아기가 두 캐릭터를 바라보는 시간을 측정함)했다.[5] 이 실험은 인간 영아가 우위라는 개념을 이해하며 희소한 자원을 두고 벌어지는 경쟁의 결과를 예측할 줄 안다는 사실을 보여준다. 폭넓은 경험을 한 또래와 사회적으로 접촉하기 전부터 아주 어린 아이들은 누가 위고 누가 아래인지 생각하고 판단하는 인지 능력을 타고나는 듯하다. 물론 아이들은 순수하다. 바로 그렇기에 어른들이 하듯 자신의 행동을 그럴싸하게 포장해야 한다고 생각지 않는다. 대신 아이들은 인간의 경쟁적 상호작용을 노골적일 만큼 솔직하게 보여준다.

애니메이션의 만화 캐릭터와 마찬가지로 진짜 어린이들 사이에서는 승자와 패자, 강자와 약자, 이끄는 자와 끌려가는 자가 명확히 구분된다. 어떤 어린이집이나 유치원 교실을 방문해 봐도 항상 앞장서는 수지와 늘 따라만 다니는 에마가 있다. 다들 탐내는 장난감이나 선생님의 관심 같은 희소한 자원을 두고 벌어지는 경쟁에서 이기는 것은 늘 존, 캐서린 아니면 폴이다. 다섯 명이 놀이를 하면 규칙을 정하는 것은 항상 커스틴이다. 제자들은 종종 내가 평등한 어린 시절이라는 이상을 더럽힌다며 좌절하지만, 어떤 어린이집이나 유치원 교사에게 물어도 새 학기에 반이 짜일 때처럼 새로운 사회적 집단이 형성될 때면 2~3주 안에 아이들은 본능적으로 일렬로 정리된 사회적 위계에 따라 지배와 복종 관계를 형성한다는 현실을 확인해줄 것이다.

이러한 어린 시절의 위계는 사회적 안정이라는 순기능을 하기도 하지만, 곧 살펴볼 것처럼 한 아이를 다른 아이 또는 집단이 괴롭히거나 강압적으로 지배하는 사회적 역학 관계의 배경으로 작용하기도 한다. 때로는 이 서열의 어두운 면이 민들레 아이와 란과 같은 난초 아이의 삶에 커다란 영향을 끼치기도 한다. 앞으로 살펴볼 예정이지만, 이는 난초와 민들레 어른의 삶에서도 마찬가지다.

서열이 낮은 동물로
살아간다는 것

　　괴롭힘과 따돌림이 드문 곳이라고 할지라도 여전히 호모 사피엔스는 아주 어릴 때부터 특정한 경향성을 보인다. 지배자에서 피지배자, 강자에서 약자, 대장에서 졸병, 거물에서 조무래기까지 줄을 세워 수직적 사회관계를 구성하는 성향이다. 이 말을 들으면 아마도 병원이나 상담사, 학부모 면담 등이 존재하지 않는 원시적 세계, 이른바 동물의 왕국이 떠오를지도 모른다. 실제로 어린이의 행동과 매우 흡사한 동물의 행동 양식은 비록 야성의 부름에 저항한다 해도 우리가 원래 누구이며 어디서 왔는지 생생히 보여준다.

　　국립보건원에서 원숭이들을 관찰하며 일하는 동안 나는 종을 뛰어넘어 적용할 만한 좋은 실례를 얻었다. 원숭이들이 가장 탐내는 자원인 음식을 통해 우리는 아주 단순하지만 효과적이며 시각적인 방식으로 각 개체가 서열 연속체에서 차지하는 위치를 확인할 수 있었다. 우리는 잘 익은 바나나가 가득 달린 가지 두 개를 손수레에 실어서 30~40마리의 원숭이 무리가 사는 자연 서식지로 가져간 다음 바나나를 울타리 안쪽에 던져놓았다. 다음에 벌어진 일은 원숭이 무리의 사회적 서열이 어떻게 작동하는지를 생생히 보여주는 예였다. 서열 1위이자 다른 원숭이들이 모두 따르는 알파 수컷은 지극히 당연하다는 태도로 바나나가 있는 곳으로 느긋하게 걸어갔다. 그러더니 자리를 잡고 앉아서 넉넉한 배가 꽉 찰 때까지 바나나를 실컷 먹었다. 녀석이 먹는 바나나 수는 때로 20~30개에 달해서 〈폭력 탈옥〉에서 폴 뉴먼이 한 시간 안에 삶은 달걀 50개를 먹는 내기 장면을 방불케 했다. 만족하고 나면 알파 수컷은 요란하게 트림을 하고 엄청난 양의 대변을 본 다음 졸린 눈으로 으스대며 자리를 떴고, 그 뒤에야 서열 2위의 차례가 돌아왔다. 한 번에 한 마리씩 돌아가며 완벽하게 질서 정연한 방식으로 이 과정은 반복되었고, 마침내 서열 최하위의 차례가 돌아오면 남은 것이 거의 없을 때가 많았다. 서열이 낮은 동물로 살아간다는 것은 남은 바나나밖에 먹지 못하는 정도로 끝나지 않았다. 원숭이로서의 일상생활을 이어가는 동안 비바람이 칠 때 마지막으로 은신처에 들어가야 하는 것도, 같이 놀 친구가 없는 것도, 사춘기가 찾아와도 끝까지 무리를 떠나지 못하는 수컷도, '번식 기회'를 얻을 가능성이 가장 낮은 것도 바로 이들이었다.

꼭 가장 몸집이 크거나 사나운 개체가 무리의 정점에 서는 것은 아니었다.[6] 히말라야 원숭이 사회에서 사회적 지위는 얼마나 사나운지보다 누구와 친하며 얼마나 효율적인 리더십을 발휘하는 지에 달려 있었다. 알맞은 어미에게서 태어나고 알맞은 또래 친구 와 어울리며 금요일 밤이면 서식지 내에서 어깨에 적당히 힘을 주 고 돌아다니는 것이 몸집이나 호전성보다 훨씬 중요했다. 덧붙여 각 원숭이의 지위는 시간이 지나도 대체로 유지되기는 했지만, 우 발적 기회가 생기면 서열 변화도 **가능**했다. 영장류학자이자 분자 생물학자인 로버트 사폴스키Robert Sapolsky는 서열 관계가 엄격하 고 매서웠던 케냐 개코 원숭이 무리의 이야기를 들려준다. 서열이 높은 개체들은 다른 원숭이들이 관광객의 오두막 쓰레기장에 접 근하지 못하도록 공격적으로 행동했고, 대장 원숭이는 쓰레기장 을 독점한 채 느긋하게 만찬을 즐겼다. 하지만 알고 보니 쓰레기 속의 고기는 우형결핵bovine tuberculosis(소의 결핵이며 사람이나 다른 동물에도 전염된다)에 감염되어 있었기에 병균이 묻은 채 배달된 월스트리트 보너스나 마찬가지였다. 결국 지배 계급 원숭이들은 병에 걸려 죽었고, 그 결과 무리의 나머지 구성원은 훨씬 평등하 고 서로 돕는 관계를 형성했으며 더 평화로운 이 '문화'는 20년 이 상 유지되었다.[7]

이와 비슷하게 스티븐 수오미는 2009년 어느 날 아침 국립보 건원 영장류 서식지에서 '궁정 반란'이 일어났다는 사실을 알아냈 다. 센터 직원들이 웹캠을 보고 재구성한 바에 따르면 두 원숭이 사이에서 도발이 벌어졌고, 그중 한 마리는 지배적 파벌 소속이었 다. 무리 안에서 그 파벌이 차지했던 최고의 지위는 구성원 하나가 신장병으로 치료를 받느라 자리를 비우고 알파 수컷이 나이가 들면서 관절염에 걸리고 공격성이 줄어들어 예전만 못한 모습을 보이면서 조금씩 흔들리고 있었다. 지배적 파벌의 일원과 싸움이 벌어지자 서열에서 두 단계 아래의 파벌은 기회를 놓치지 않았다. 결국 모든 성체 원숭이가 참전한 폭력적 소요가 벌어졌다. 아수라장 끝에 지배 파벌 구성원 두 마리가 죽었고, 그 파벌의 잔당은 전기가 흐르는 서식지 주위 울타리 너머 주차장으로 쫓겨나 잠시 유배 생활을 하게 되었다. 다음 날 아침 영장류 센터 직원이 현장에 도착해보니 지배 계층이었던 원숭이들이 다치고 풀이 죽은 채 서식지 바깥 이곳저곳을 어슬렁거리고 있었다. 그 이래 몇 년 동안 서열 3위였던 파벌은 무리의 통제권을 분명하고 굳건하게 유지하고 있다.[8]

사폴스키와 수오미의 원숭이 혁명 이야기는 원숭이 집단에서 사회적 위치가 지니는 또 하나의 측면도 잘 보여준다. 사회적 집단의 서열에서 각 원숭이가 **어디**에 위치하는지와 어떤 **환경**에서 그 위치를 유지하는지는 그 개체가 먹게 되는 바나나 개수나 교미하는 암컷의 수뿐만 아니라 건강 및 수명과도 연관되어 있다. 동물의 왕국 전체를 통틀어 회충과 초파리부터 물고기와 인간 외의 영장류까지 집단을 이루는 동물은 정도의 차이는 있더라도 서열을 정해서 희소한 자원에 접근할 권한에 차등을 두고 지배적 구성원과 종속적 구성원 사이에 눈에 보이는 불평등을 만들어낸다.[9] 단순한 동물부터 고등동물에 걸쳐 이런 서열을 형성하려는 강렬하고 본능적인 욕구가 존재하는 이유는 아직 완전히 밝혀지지 않았다. 하지만 진화적 관점에서 지배 서열은 노동과 사회적 역할을 분배하고 사회 집단에 리더십을 제공하며, 예측 가능하고 지속적인 사회적 위치를 통해 공격성을 제어한다는 적응상의 이점 덕분에 오랫동안 보존되었을 가능성이 크다. 다시 말해 우리는 기나긴 세월 동안 개인으로서만이 아니라 집단으로 진화해왔다는 뜻이다. 우리는 부족으로서 생존했고, 이런 부족이 잘 돌아가려면 모든 이가 지도자 역할을 할 수는 없었다. 현대인인 우리가 고민해야 할 것은 어떻게 하면 사회적 계층의 장점은 살리는 동시에 다른 이들과 마찬가지로 바나나를 필요로 하는 (문자 그대로, 그리고 비유적으로) 세상의 여덟 살짜리 란들이 입는 부수적 피해를 줄일까 하는 문제다.

그런 서열 내에서 종속적 위치를 차지한다는 것은 다양한 생리적 결과로 이어진다는 사실이 밝혀졌다. 코르티솔 및 투쟁-도피 반응 체계가 만성적, 반복적으로 흥분하고, 뇌의 스트레스 반응 중추에 불이 들어오며, 면역 체계 전체에서 전시 수준의 경계 태세를 갖추라는 명령이 세포에서 세포로 전해진다. 낮은 사회적 지위의 그러한 '생물학적 대비'는 각 개체의 생애 전반에 커다란 영향을 미친다.[10] 예를 들어 사회적으로 소외된 위치에 놓인 원숭이는 신체적, 생리적 장애 또는 행동장애를 겪을 위험이 커지고 고혈압이나 심혈관 질환, 당뇨, 면역 결핍, 생식 장애 등의 기존 지병이 악화할 수도 있다. 사폴스키가 지적한 바와 같이 약자가 된다고 **항상** 이런 건강상의 내리막을 걷는 것은 아니다.[11] 사회적 종속의 유해함은 종과 사회적 집단의 특성, 전제적 또는 평등주의적 문화, 각 개체가 확보한 사회적으로 도움이 되는 기타 관계에도 좌우된다. 쓰레기를 먹다 죽은 대장 개코 원숭이와 국립보건원에서 지배적 위치에 있다가 궁정 반란에 휘말려 죽은 두 히말라야 원숭이는 '정치적' 파동이 일어나 집단 내 권력 구조가 극적으로 변할 때는 꼭대기라는 위치 또한 위험할 수 있음을 증명하는 실제 사례다.

이처럼 영광과 권력을 잃은 사례에 해당하는 인간을 찾는다면 멀리 갈 것 없이 지극히 인간적인 두 리처드, 즉 셰익스피어의 리처드 3세와 미국 대통령 리처드 밀하우스 닉슨을 보면 된다. 동명의 희곡 주인공이자 척추측만증을 앓았으며 무슨 짓을 해서라도 영국의 왕이 되려고 애썼던 비극적 인물 리처드 3세는 위로 올라가려는 자신의 야망에 걸림돌이 되는 이들을 모두 잔인하게 살해하며 공포정치를 자행했다. 결국 그는 백성에게 두려움과 혐오의 대상이 되었고, 밤새 자신이 목숨을 **빼앗은** 이들의 유령에 시달린 끝에 다음 날 리치먼드 백작이 이끄는 반란군에게 죽임을 당한다. 마지막 장면에서 리처드 3세는 이렇게 한탄한다.

내 양심은 천 개의 혀를 지녔고
그 혀 하나하나가 제각기 이야기를 지껄이는데
그 모든 이야기가 나를 악당으로 몰아붙이는구나.

    셰익스피어가 그려낸 비극적 왕과 상당히 닮은 리처드 닉슨은 민주당 전국위원회가 있는 워터게이트 빌딩에 정치적 목적으로 불법 침입하도록 사주했던 일이 폭로된 뒤 후폭풍을 견디지 못하고 1974년에 미국 대통령직을 사임했다. 마지막으로 백악관 직원들에게 침울하면서 딱한 마지막 말을 남기며 닉슨은 간곡히 조언했다. "항상 기억하세요. 사람들이 당신을 미워하더라도 당신도 그들을 미워하며 스스로 자신을 망치지 않는 한 그들은 이기지 못합니다." 사임 후 며칠 만에 닉슨은 다리에 심부정맥혈전증이 생겼고, 이것이 폐색전증으로 악화해 목숨이 위태로워졌다가 간신히 회복했다.

    사회정치적 스펙트럼의 양쪽 극단에는 그 나름의 단점과 함정이 존재하며, 가끔은 (사실 그렇게 가끔도 아닌 것 같지만) 정점에 선 자가 악의와 이중성을 품고 권력을 휘두르면 마땅한 '응징'을 받게 된다는 점은 분명하다. 하지만 아무래도 건강, 질병, 수명 면에서 만성적이고 측정 가능한 대가를 치르는 것은 대개 서열이 낮은 개체들이다.

낮은 사회경제적 지위와

더 큰 문제

　　동물 집단에서 사회적 지위, 그리고 인간 사회에서 사회경제적 지위socioeconomic status, SES가 건강에 미치는 영향은 놀라울 만큼 비슷하다. 사회적, 경제적으로 어디에 위치하는지는 살아 있는 동안의 건강뿐 아니라 죽음의 시기와 방식에까지 영향을 미친다. 원숭이 무리, 물고기 떼, 유치원생들이 상하 관계를 이루는 것과 마찬가지로 현대 인간 성체 사회에서도 개인의 교육 수준과 직업의 위상, 수입을 기준으로 산정되는 사회경제적 지위에 따라 권력과 존중, 자원에의 접근성을 어느 정도 배분 또는 분할하는 경향을 보인다.[12] 사실 사회경제적 지위는 삶의 모든 단계에서 인간의 건강과 발달을 가장 정확히 예측하는 단일 지표다. 급성과 만성질환, 신체 및 정신 건강, 사고 및 폭력 관련 부상, 학문적 성취, 글을 읽고 쓰는 능력, 수명 예측에서 사회경제적 지위가 변수로서 너무 강력한 나머지 연구자가 미리 통제하거나 조정해두지 않으면 위험 인자(콜레스테롤 수준이나 고혈압 등)와 건강의 상관 관계가 드러나더라도 결과를 의심해야 하는 수준이다. 어떤 인간의 삶 또는 죽음을 제대로 이해하고 싶다면 그 사람이 사회에서 차지하는 위치를 살펴보지 않으면 안 된다.

하지만 사회경제적 지위는 먼 옛날 수렵 채집 사회부터 인간의 삶에 커다란 영향을 미쳤음이 분명한데도 우리가 이 강력한 요소를 그 자체로 연구하기 시작한 것은 고작해야 20~25년밖에 되지 않았다. UCSF 동료 낸시 애들러Nancy Adler가 넓은 의미에서 인류 전체의 건강을 결정하는 요인이 무엇인지 함께 머리를 맞대고 생각하자는 취지에서 소집한 회의에 참석했던 일이 기억난다. UC 버클리 교수 레너드 사임은 거기 모인 사람들에게 이렇게 말했다. "흠, 인간의 건강과 질병을 무엇으로 예측할 수 있는지 알고 싶다면 제가 지금 당장 알려드릴 테니 다들 집에 가셔도 됩니다. 그건 바로 사회경제적 지위죠."

당시에는 낙후한 지역이었던 캐나다 위니펙주 매니토바에서 노동 계급인 전기공의 아들로 태어난 레너드는 UCLA와 예일에서 공부한 뒤 의료사회학자로 경력을 시작했다. 직장생활 초기에 그는 역학 연구 부서를 창설해달라는 부탁과 함께 국립보건원에 스카우트되어 사회학자로는 처음으로 미국 공무원이 되었다. 에밀 뒤르켐을 비롯한 초기 사회학자들의 저서에 매료된 레너드는 삶의 사회적 조건, 다시 말해 사회 및 재정적 자원 입수 가능성, 스트레스 요인과 역경에의 노출, 가까운 인간관계의 특성이야말로 아픈 사람과 건강한 사람을 결정하는 주요 환경 요인이라고 확신하게 되었다. 세월이 흐르면서 레너드는 노스캐롤라이나 대학교의 존 캐슬과 더불어 건강의 사회적 결정 요인과 건강과 발달에 영향을 미치는 것으로 널리 알려진 사회경제적 격차를 연구하는 사회역학 분야를 창시했다. 레너드의 제자 목록은 사회역학계의 인명록과도 같았다. 그렇기에 레너드 사임이 "그건 사회경제적 지위야, 바보들아"라고 말하면 모두 귀를 기울였다.

사임의 훈계를 귀담아들은 낸시 애들러는 맥아더 재단 연구 네트워크에서 13년간 사회경제적 지위로 인한 건강 격차의 생물학적 근거를 탐색하는 '사회경제적 지위와 건강' 프로젝트를 진행했고, 객관적 측정에 덧붙여 **주관적** 사회 지위(사람들이 스스로 평가해 자신에게 부여한 사회적 위치) 또한 건강 상태의 예측 변수로서 중요한 부가적 역할을 한다는 점을 밝혀냈다. 과거 버클리에서 사임의 제자로 박사 과정을 밟고 현재는 저명한 역학 및 보건학 교수로 유니버시티 칼리지 런던에 재직 중인 마이클 마멋sir Michael Marmot 경은 영국 공무원의 직위와 신체 및 정신, 급성 및 만성을 아우르는 거의 모든 형태의 질환 사이에 강력하고 단계적인 연관성이 있음을 반복해서 보여주었다. 그의 연구는 인간 사회에서 낮은 사회적 지위에 있으면 발달과 건강이 희생된다는 사실을 체계적으로 증명했다.[13] 마멋의 연구에 따르면 사회적 지위의 영향력은 사람들이 짐작하는 대로 단순히 가난 탓에 건강과 수명이 영향을 받는 데서 그치지 않고 사회경제적 지위의 연속적 기울기에 따라 질병 수준도 함께 달라진다. 이를테면 심지어 의사와 변호사의 자녀도 고액 연봉을 받는 CEO나 은행가의 자녀보다는 더 자주 다치고 만성적으로 건강상의 문제를 더 많이 겪는다. 가장 가난하고 사회경제적 지위가 낮은 어린이들에 이를 때까지 만성 질병률이 평평한 선을 그리다가 갑자기 치솟는 것이 아니다. 어떤 수준의 사회경제적 지위에 있는 아이든 가족의 재정이나 교육 상태에서 자기보다 조금 위에 있는 아이들보다는 더 높은 만성 질병률을, 자기 바로 아래에 있는 아이들보다는 낮은 질병률을 보인다. 건강 불평등의 원인은 단순히 가난이 아니라 사회적 불평등이라는 스펙트럼 전체라는 뜻이다.[14]

실제로 노팅엄 대학교의 리처드 윌킨슨Richard Wilkinson과 케이트 피켓Kate Pickett은 개인이 아니라 각 나라를 살펴보는 국제적 연구를 통해 국가의 소득 불평등은 건강 척도와 강력히 연관되어 있음을 신빙성 있게 제시했다.[15] 그들은 말 그대로 산더미 같은 전 세계의 역학 자료를 요약해서 특정 국가 내에서 건강과 사망률은 전통적 통념대로 나라의 전반적 부가 아니라 국민 전체에게 부가 얼마나 고르게 또는 고르지 않게 배분되었는지에 따라 달라진다는 점을 보여주었다. 사회경제적으로 덜 평등한 사회에 사는 사람들은 더 평등한 국가의 국민에 비해 전반적으로 건강이 더 나쁘고, 교육 수준이 떨어지고, 만성적이고 심각한 질병과 부상에 시달리고, 수명도 더 짧았다. 비만과 정신 건강, 학업 성취도와 10대 임신, 범죄율과 폭력, 약물 남용과 기대 수명 등의 건강과 복지 관련 척도에서도 마찬가지였다. 놀랍게도 가장 부유한 계층에 속하는 시민들조차도 자원과 부의 배분이 더 고르게 이루어지는 사회에서 더 건강하고 행복하다는 결과가 나왔다.

최근 미국은 점점 소득 불평등이 커지는 방향으로 흘러가고 있으며 실제로 대공황 이후 격차가 가장 크게 벌어졌다는 점을 고려해 윌킨슨과 피켓은 극도로 부유한 소수 집단에 사회의 부가 편중되고 나머지 사람들은 대조적으로 소박한 삶을 사는 상황에서 발생하는 신뢰 약화, 사회적 관계 붕괴, 사회적 불안 증가, 아웃사이더들의 소외와 그런 불평등으로 인한 건강 문제 사이의 관계를 추적한다. 미국 내의, 그리고 어느 정도는 국제적인 부와 권력 편중에 대한 세대를 아우르는 실망감의 표현으로 월스트리트 시위와 블랙 라이브스 매터 운동Black Lives Matter Movement(흑인의 목숨도 소중하다는 뜻으로 인종주의에 반대하는 흑인 민권 운동 - 옮긴이)이 일어났고, 사회적 정의와 더 평등한 경제, 제도적 인종주의 척결을 요구하는 목소리가 높아졌다. 상원의원 버니 샌더스가 2016년 민주당 대통령 후보 경선에서 기대 이상으로 선전했던 것도 이런 맥락에서 설명된다. 샌더스가 힐러리 클린턴에게 패하기는 했지만, 대머리에 걸걸한 목소리의 70대 사회 운동가가 그토록 열렬한 찬사와 지지를 모을 거라고는 아무도 예상치 못했다. 콘서트장, 경기장, 도시의 광장을 가득 채웠던 그의 지지자는 많은 미국인이 지도자로 원하는 인물상에 획기적인 변화가 일어났음을 반영한다. 사회경제적 지위에 관해 우리가 아는 바를 고려하면 이들은 단순히 미국의 소득 격차를 줄이기 위해 샌더스를 지지했던 게 아니다. 이들은 건강이 더욱 공정하게 배분되고 삶의 기회가 더 타당하게 할당되는 사회를 향한 자신의 바람을 표현하기 위해 모였던 것이다.

　사회적 불평등, 소수 집단의 지배, 사회계층 간의 엄청난 격차에 수반되는 건강상의 차이가 물질적 풍요와 삶의 결핍 탓인지 또는 행복과 만족감, 소속감을 경험하는 심리사회적 차이에서 비롯되는지를 두고 수많은 논쟁이 벌어졌다. 하지만 사회적 불평등에는 두 가지 종류의 박탈이 모두 연관되었다는 것이 정답일 가능성이 크다. 내가 애송이 의사일 때 콜로라도 상공에서 출산을 도왔던 쌍둥이처럼 사회경제적 지위 수준이 낮은 아이들은 살면서 다양한 물질적 격차로 인해 손해를 입는다. 상대적으로 영양이 부족하고, 납 같은 독극물에 더 많이 더 반복해서 노출되고, 시끄럽고 비좁고 시설이 낙후된 집에서 지내고, 의료 서비스를 받을 기회와 비용도 부족하다. 게다가 이 아이들은 엎친 데 덮친 격으로 사회감정적 어려움마저 마주해야 한다. 동네와 가정 내에서 벌어지는 폭력을 목격하고, 때로는 잘못되었거나 무지한 방식의 육아를 감내하고, 덜 효율적인 교육을 받고, 스트레스와 역경에 지나치게 자주 노출된다. 낸시 애들러와 맥아더 재단 연구 네트워크의 동료들이 밝힌 것처럼 나라 또는 공동체 안의 사회경제적 지위 척도상에서 자신의 위치에 대한 주관적 직감은 종종 교육 수준, 직업의 위상, 수입을 기준으로 측정된 객관적 위치보다 건강과 이환율을 더욱 정확하게 예측하는 변수가 된다.[16] 이를테면 한 체계적 문헌 고찰systematic review(기존 자료를 포괄적으로 수집, 분석하는 연구 방법 – 옮긴이) 논문에서는 나라 혹은 공동체 내에서 자신의 사회적 지위가 낮다고 인식하는 사람은 실제 객관적 사회경제적 지위를 고려해 예측한 추정치에 비해 심혈관 질환, 고혈압, 당뇨, 혈중 콜레스테롤 불균형 위험도가 유의미하게 증가하는 것으로 밝혀졌다.[17] 오클랜드에서 잡역부로 일하는 나이 지긋한 아프리카계 미국인은 소득 부족 및 불안정으로 건강이 나빠질 수도 있지만, 지역 침례교회에서 집사로 일하면서 얻은 사회적 관계 덕분에 건강이 유지되거나 심지어 더 좋아질 수도 있다. 사실 사회적 계층이라는 사다리의 특정 위치에 서 있는 아동의 건강을 해치거나 지탱하는 것은 물질적, 심리사회적, 주관적 요인 전체라고 할 수 있다.

지배와 종속이

아이들의 건강에
미치는 영향

하지만 아동의 건강은 부모와 가족의 사회적 지위에만 영향받는 것이 아니다. 원숭이나 물고기, 초파리와 마찬가지로 어린이와 청소년이 새로운 사회적 환경에 놓일 때 형성하는 계층적 '초소형 사회' 또한 가족과 성인들의 사회경제적 지위에서 예측되는 것과 똑같은 방식으로 아이의 건강과 발달에 영향을 미친다. 덧붙여 복통을 앓던 베트남 소녀 란은 아주 어린 시절부터 또래 관계의 혹독한 위계가 아이의 건강과 안녕에 가시적이고 직접적인 악영향을 미칠 수 있다는 사실을 가르쳐주었다. 잠시 시간을 돌려 낸시 애들러, 포스트닥터 니키 부시Nicki Bush와 옐레나 오브라도비치Jelena Obradović, 연구원 줄리엣 스탬퍼달Juliet Stamperdahl과 내가 캘리포니아 버클리 공립학교 유치원 교실 거의 서른 곳에서 300여 명의 아이들을 대상으로 지배와 종속이 건강에 미치는 영향을 세심히 관찰하고 측정하는 연구를 설계했던 2003년으로 돌아가보자.

우리는 교실 내 지배 계층에서 각 아이가 차지하는 위치를 상당히 다른 두 가지 방법으로 측정하기로 했다. 첫째로는 앉을 의자와 아이들끼리의 상호작용을 기록할 디지털 태블릿을 지참한 대학원생 연구 조교를 각 교실에 한 명씩 들여보냈다. 이들은 아무하고도 얘기하지 말고 아이들과 절대 눈을 맞추지 말라는 지시를 받았다. 원래는 상당히 흥미로운 사람인 20대의 대학원생들은 아이들의 질문과 관심에 완벽하게 (때로는 답답할 정도로) 반응을 보이지 않음으로써 곧 '구석에 놓인 화분'으로 변신했다. 연구 조교들은 서너 시간에 걸쳐 교실과 운동장에서 아이 둘 또는 셋 사이에서 벌어지는 모든 형태의 신체적, 언어적 상호작용을 지켜보았다. 이들은 아이들의 상대적 위치를 보여주는 직접적 증거, 즉 한 아이가 다른 아이를 공격한다든가 장난감을 뺏는다든가 하는 행위뿐 아니라 한 아이가 다른 아이를 겁내는 것과 같은 더 미묘한 상호작용도 관찰 범위에 넣었다. 그러므로 기록된 상호작용 중에는 한 아이가 승리하고 다른 아이가 패배하는 등의 누가 봐도 확실한 지배권 행사도 있었지만, 한 아이가 다른 아이를 이끌거나, 따라가거나, 대신하거나, 가르치는 등의 덜 명백한 행위도 포함되었다. 우리는 한 소년이 다른 소년에게 새로운 공놀이 방법을 알려주고, 한 소녀가 다른 네 여자아이를 이끌고 운동장 주위를 활기차게 뱅글뱅글 돌고, 한 아이가 함께 놀던 친구와 다투다가 져서 침울해하는 모습을 관찰하고 기록했다. 두 여자아이가 독점했다는 의기양양함을 느끼려고 세 번째 소녀를 놀이에 끼워주지 않거나 몸집이 큰 소년이 통제권을 과시할 목적으로 작은 소년을 보란 듯이 무시하는 등의 '관계적 공격성relational aggression'이 드러나는 장면도 빠뜨리지 않았다.

UC 버클리 대학원생과 연구 조교들은 똑똑할 뿐 아니라 매우 성실했다. 교실에서 오랫동안 관찰한 결과 이들은 5세 아동들에게서 거의 3만 3,000건에 달하는 지배적 상호작용 데이터를 모았고, 이를 컴퓨터 알고리즘에 집어넣어 각 아이가 자기 반에서 차지하는 사회적 위치를 산출했다. 물론 이렇게 기록된 상호작용 하나하나만으로는 두 아이가 어떤 장기적 관계를 맺고 있으며, 교실의 사회적 위계에서 어떤 위치를 차지하는지 확실히 알 수 없었다. 하지만 3만 3,000개의 상호작용에서 뽑은 데이터로 평균을 내자 20~30명으로 구성된 반의 지배 서열이 상당히 뚜렷하게 나타났다. 아동의 성별이나 가족의 사회경제적 지위는 교실 내 지배 서열을 결정하는 요소가 아니었다. 집안 형편이 풍족하든 불우하든, 남자아이든 여자아이든 산출된 서열에서 지위가 높을 수도 낮을 수도 있었다. 이렇게 해서 각 아이의 교실 내 지배 위치를 알아낸 우리는 측정된 순위를 활용해 유치원에서 1년을 보내는 동안 지배와 종속이 아이의 건강에 어떤 영향을 미치는지 분석할 수 있었다.

교실 내 서열을 알아내기 위한 두 번째 방법으로 우리는 성별이 같고 사회적 지위가 비슷한 아동 네다섯 명을 커다랗고 흰 상자를 가져다 둔 방에 들여보냈다. 상자 안에서는 다섯 살짜리가 가장 열광한 만한 영상(2003년에는 〈니모를 찾아서〉였다)이 재생되고 있었다. 상자 앞면에는 눈을 대고 들여다볼 수 있는 구멍이 두 개 뚫려 있었다. '문제'는 상자 양옆에 달린 단추 두 개를 눌러야만 영상이 재생되며 한 아이가 혼자서 단추를 누르면서 영상을 보기에는 단추가 구멍에서 너무 멀리 떨어져 있다는 점이었다. 그러므로 아이들은 문제를 해결할 방법을 찾아야만 했다. 아이들은 모두 영상을 보고 싶어 안달이 났지만, 그러려면 최소한 다른 아이 두 명이 자신을 위해 양옆의 단추를 누르도록 설득해야 했다.[18]

우리는 아이들에게 작동 방법을 설명하고 15분을 줄 테니 마음대로 해도 된다고 말했다. 모든 그룹은 즉시 '그 영상을 보겠다'는 열망에 온통 마음을 빼앗겨 해결책을 찾으려고 덤벼들었지만, 문제를 해결하는 과정은 성별에 따라 확연히 달랐다. 반드시는 아니라도 대개 남자아이들은 집에 갇혀 있다 갑자기 풀려난 원숭이 무리 같은 방식으로 딜레마에 접근했다. 다들 흥분해서 상자 주변을 뛰어다니며 밀고, 당기고, 점프하는 가운데 고함과 지시가 난무하는 광경은 쉽게 상상할 수 있으리라. 한편 여자아이들은 대개 의자 네 개를 원형으로 늘어놓고 손을 무릎에 얹은 채 앉아서 가능한 한 평화롭고 예의 바른 방식으로 조곤조곤 대화를 나누며 문제를 어떻게 풀어나갈지 상의했다. (영화 시청을 두고 남녀 아동이 문제에 접근하는 방식에 관한 내 이야기가 믿기지 않거든 주변에서 유치원생들을 찾아 직접 시험해보라.) 15분 동안 실험 조교는 초시계

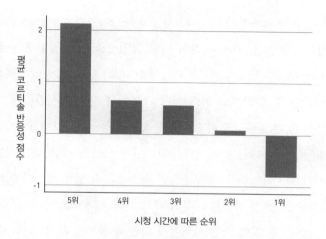

위는 유치원 아동 영화 시청 시간 순위에 따른 코르티솔 체계 스트레스 반응성을 나타낸 그래프다. 순위가 가장 낮은 아이는 실험실 스트레스 요인에 가장 큰 스트레스 반응성을 보인 반면 순위가 가장 높은 아이들은 반응성이 가장 낮았다.

를 들고 남녀 모든 그룹에서 각 아이가 실제로 영상을 보는 시간을 분초 단위로 기록했고, 시청 시간에 따라 아이들에게 1~4(또는 5)위의 순위를 매겼다.

이 유치원 서열 프로젝트에서 나온 데이터를 분석한 결과 유치원 사회계층에서 하위에 있을 때 치러야 하는 생물학적, 심리적 대가와 상위에 있을 때 얻는 생물학적, 심리적 이점을 반영하는 명확한 주제가 드러나기 시작했다. 우선 우리는 예전에 시행했던 스트레스 반응성 시험에서 측정된 코르티솔 체계 반응 수준이 영화 시청 순위에서 아이가 차지한 위치와 명백한 상관관계를 보인다는 점을 알아냈다. 시청 시간이 가장 짧았던 아이들은 코르티

7장 아이들의 순수함과 잔인함

솔 반응성 점수가 높았고, 시청 시간이 중간이었던 아이들은 점수도 중간이었으며, 시청 시간이 가장 길었던 아이들은 반응성 점수가 아예 **음수**(반응성 검사를 하는 동안 코르티솔 농도가 더 **내려갔다**는 뜻)였다. 그러므로 영화 시청 그룹에서 자투리 시간밖에 얻지 못한 (남은 바나나와 비슷하다) 종속적 아동들은 스트레스 반응성이 상당히 높다는 뜻이었다. 반면 시청 시간을 가장 많이 차지한 지배적인 아이들은 스트레스 반응성이 그저 낮은 정도가 아니라 오히려 반응성 시험을 시작할 때보다 끝날 때 코르티솔 농도가 더 낮았다. 즉 영화 시청 서열에서 낮은 순위는 심리적 스트레스에 대한 더 극적인 반응성과 연결되어 있었다.

아이들의 건강과 안녕에 관련해 더욱 흥미로운 것은 유치원 등원 1년간 교사의 보고에 따르면, 교실 관찰에서 일상적으로 자주 종속적 행동을 보였던 (영화 시청 상황 이외에도) 아이가 더 높은 지배적 위치를 점한 아이들에 비해 우울과 집중력 부족, 좋지 못한 또래 관계, 학습 능력 부족 등으로 지적받는 일이 많았다는 사실이다. 종속적 아동, 즉 집단적 과정에 의해 교실 내 서열에서 바닥으로 밀려난 아이들은 교실에서 얌전하게 행동하고, 유치원에서 새 친구를 사귀고, 목표에 맞춰 독서 능력을 향상하고, 쓰기를 시작하고, 숫자를 이해하는 데 유의미하게 더 많은 어려움을 겪었다. 이는 예전에는 아직 발견되지 않았던, 유치원 어린이들의 작디작은 초소형 사회의 계층화도 나라 전체의 사회 계층화와 똑같은 방식으로 작동한다는 증거였다. 구성원 일부를 더 낮은 사회적 위치로 강등시키는 계층화는 건강과 발달상으로 더 잦고 심각한 장애를 부른다는 뜻이었다. 성인 사회에서 사회경제적 지위가 낮은 구성원과 유치원 교실에서 종속적 위치에 있는 아동 모두 낮은 서열과 계층 탓으로 개체의 건강과 안녕 면에서 측정 가능한 부작용을 겪었다.

이런 결과가 나오자 나는 초등학교 초반에 다른 아이들, 특히 지배적이고 고집이 센 아이들과의 관계로 몹시 힘들어하던 내 동생 메리를 떠올릴 수밖에 없었다. 메리는 돈독하고 때로는 장기적인 우정을 맺는 데 성공했지만, 그녀의 엄청난 예민함은 어린 시절의 사회적 관계라는 복잡한 미로를 헤쳐나가는 데 종종 걸림돌이 되기도 했다. 동생이 처음으로 조심스럽게 학교에 첫발을 내디딘 때로부터 40년이 넘게 지난 뒤 유치원생 340명의 발달 과정과 건강을 면밀히 추적 관찰하는 동안, 나는 그동안 우리가 발견한 사실을 한눈에 보여주는 디에고라는 소년을 만나게 되었다. 디에고는 어린이집에서 평화롭게 혼자 노는 걸 좋아했고, 가끔은 집단 역학이라는 혼란 속으로 끼어들기도 했으나 대개는 4~6명의 아이하고만 어울렸던 소년이었다. 어린이집 선생님들이 주의 깊게 지켜봐준 덕분에 디에고는 다른 아이들과 사회적 상호작용을 해야 하는 끊임없는 부담과 새로운 환경에 적응하는 어려움에 어느 정도는 대처할 수 있었다. 하지만 무시무시한 5~6학년과 자기보다 훨씬 큰 '상급생'들이 같은 공간에 있는 공립학교의 부속 유치원은 더욱 힘든 도전이었다. 갑자기 새롭고 적대적인 또래의 바다에 빠진 기분이 된 디에고는 숨을 곳을 찾아 후퇴했다.

하지만 새 교실에는 숨을 만한 곳이 별로 없었다. 교실은 작아지고 아이들은 더 많아지고 교사가 바쁜 탓에 감독은 줄어들었기에 최소한의 통제만 존재하는 난장판이 펼쳐졌다. 더 고압적인 아이들이 툭하면 디에고의 장난감이나 물감, 자리를 빼앗았고, 디에고는 일상적으로 벌어지는 신체적 공격, 언어적 강압, 사회적 소외로 자신의 낮은 위치를 끊임없이 되새겨야 했다. 1년 뒤 디에고는 다른 아이들과 어울리기를 (또는 당연하게도 싸우거나 경쟁하기를) 더욱 꺼리게 되었고, 자기 능력과 가치에 대한 자신감이 하락했고, 안전하고 행복한 학교생활을 할 가망이 없다고 걱정하게 되었다. 모든 학교 교실에서 자율적으로 형성되는 위계에서 아이가 차지하는 위치에는 실질적이고 중대한 영향이 수반되었고, 안타깝게도 디에고가 위치한 바닥 가까운 자리는 편안하고 성공적인 학교생활을 누릴 가능성이 별로 없는 사회적 지위였다. 하지만 다행스럽게도 아이와 체질과 교실의 특성 양쪽에 사회적 종속의 불운한 결과를 누그러뜨리거나 심지어 뒤집을 수 있는 중요한 차이점이 존재한다.

하세야와 제이컵,

민들레 아이들의 꿋꿋한 면모

　　민들레 아이의 본질을 설명하는 방법 중 하나는 자기 삶의 환경이 미치는 영향에 기질적으로 **얽매이지 않는다**고 보는 것이다. 가혹하고 빈곤한 조건에서 자란 민들레 아이는 마치 그런 환경의 해로운 영향을 전혀 흡수하지 않는 것처럼 이례적으로 건강하고 강인할 수도 있다. 가난한 아이라고 모두 빈곤이나 종속이라는 암초에 걸려 침몰하는 것은 아니다. 반대로 풍족하고 유리한 조건에서 자라는 민들레 아이는 이례적으로 아프거나 위험에 처할 수도 있다. 환경의 사회경제적 이로움에도 똑같이 영향받지 않기 때문이다. 사회적 지위가 높은 가정에서 태어난 아이라고 모두 질병이나 불운에서 자유로운 삶을 사는 건 아니다. 과거에 내가 만났던 두 아이는 어떻게 민들레가 가끔은 불리한 조건의 위험 또는 풍요로움의 가호를 피해 가는지 이해하는 데 도움이 되는 예다. 이 아이들을 하세야와 제이컵이라고 부르기로 하자.

1978년 내가 잠시 돌보았던 열 살짜리 소녀 하세야(나바호 언어로 '그녀는 일어선다'라는 뜻)는 상당히 전통적이며 재앙 그 자체인 가정 출신이었다. 아버지는 일은 하지 않고 술만 마셨고, 어머니는 남편이 술에 취한 모습을 보일 때마다 그를 두들겨 팼다. 아버지는 종종 의식을 잃거나 두피와 얼굴이 찢어질 때까지 얻어맞아서 그렇잖아도 희미하던 정신이 더욱 흐려졌다. 하세야의 오빠 하나는 여자 친구가 헤어지자고 하자 그녀가 운전하던 차에서 뛰어내려서 머리와 목에 심한 외상을 입어 평생 휠체어를 타는 신세가 되었다. 남은 평생 사막 땅에서 오빠의 휠체어를 밀어야 한다고 생각해보라. 설상가상으로 이 가족은 비소 농도가 기준치를 넘은 우물물을 썼고, 하나뿐인 좁다란 텃밭에는 농약을 듬뿍 쳤고, 호건hogan(나뭇가지를 엮고 진흙을 덮어 만드는 나바호족 전통 가옥 - 옮긴이)에는 양이 제멋대로 들락거렸고, 위생 관념은 아예 없는 거나 마찬가지였다.

바람이 휘몰아치는 황량한 땅뙈기 위 아수라장인 집에서 구제 불능인 가족과 지독하게 가난한 삶을 살면서도 머리를 종종 땋고 사랑스럽게 눈을 반짝이는 나바호 소녀 하세야는 건강함 그 자체였다. 태어날 때부터 우렁차게 울고 회복력이 좋은 건강한 아기였다. 학교에 다니기 시작할 무렵에는 흔하고 소소한 질병으로 소아과를 찾아오기도 했지만, 심각하게 아프거나 입원한 적은 한 번도 없었다. 게다가 학교 성적도 제법 좋았다. 붙임성 좋고 굳센 하세야는 어디에 데려다 놔도 잘 살 것 같은 느낌을 주는, 사막 땅에서도 끈질기게 자라나서 선명한 노란색 꽃을 피우는 민들레 같은 원주민 소녀였다. 사람들이 흔히 말하는 '꿋꿋한 아이'를 그림으로 그려놓은 듯했다.

기억에 남는 또 한 명의 꼬마 환자 제이컵은 샌프란시스코의 부유한 가정에서 태어나 어린 시절과 사춘기 내내 각종 급성, 만성 질환으로 고생했다. 철저한 건강관리와 동네에서 다들 부러워하는 집, 자애로운 가족, 최고 수준의 비싸고 세련된 유치원 같은 조건을 모두 갖추었음에도 제이컵은 온갖 항생제를 쓰고 심지어 귀에 관을 삽입하는 수술까지 했는데도 좀처럼 낫지 않는 귀 염증에 시달렸다. 이 만성 염증은 결국 장기간의 청력 장애와 언어 습득 지연으로 이어졌고, 제이컵은 일련의 언어 치료를 받아야 했다. 학교에 들어갈 무렵에는 (교사 대 학생 비율이 1 대 12인 사립 초등학교였다) 폐렴으로 두 번이나 입원을 해서 학업 진도가 뒤처졌다. 사춘기가 다가오자 종종 부모와 권위 있는 어른의 지시를 무시하며 반항적인 행동을 보였고, 고등학교에 들어가서는 시험 삼아 대마초에 손을 대다가 일상적으로 코카인을 흡입하는 지경에 이르렀다. 삶이 아이에게 부여할 수 있는 거의 모든 이점을 다 지녔는데도 제이컵의 건강은 부모와 소아과 주치의의 걱정거리였다. 하지만 다행스럽게도 성인이 될 무렵 건강 문제는 조금씩 해결되었고, 대학 생활 중반에 접어들면서 제이컵은 더 안정되고 전도유망한 삶으로 방향을 틀었다. 학업 성적도 좋아졌고, 가끔 친구들과 어울리며 마리화나를 한 모금 피우는 정도를 제외하고는 약물도 끊었고, 열렬히 사랑하는 여자 친구도 생겼다.

　어떤 의미에서 제이컵은 민들레라는 '동전'의 뒷면을 보여준다. 어린 시절 제이컵의 건강은 자기가 살던 환경, 이 경우 부유하고 지위가 높은 가정의 영향을 받지 않았다. 매우 혜택받은 환경에서 자라면서도 반복해서 병에 시달렸다는 점에서 자신을 완전히 둘러싼 사회경제적 자산에 둔감한 민들레다운 특성이 드러났다. 하세야와 똑같이 제이컵은 자신의 사회적, 물질적 지위에 체질적으로 둔감했지만, 하세야와 달리 그 지위는 빈곤이 아니라 특권에 속하는 것이었다. 둘의 이야기를 합쳐보면 민들레의 본질에서 진짜 핵심은 '회복력'이라기보다는 삶의 환경에 아랑곳하지 않는 불투과성이라는 사실이 드러난다. 그러므로 민들레 아이를 정의하는 특징은 환경의 영향에 대한 저항력, 즉 생애 초기의 환경과 나중의 결과가 분리되어 나타난다는 점이다.

　숫자가 적고 예민한 감수성으로, 훨씬 수가 많은 또래 민들레들과 구분되는 난초 아이는 하세야처럼 빈곤한 나바호 가정에서 자랐다면 심각하고 장애를 초래하는 건강 문제를 달고 살았을 가능성이 크다. 그런 난초 아이는 제이컵의 유복한 집에서라면 보기 드물 정도로 건강하게 쑥쑥 자랐을 수도 있다. 자신을 둘러싼 사회적 환경을 민감하게 받아들이는 난초 아이에게는 해롭고 위협적이든 유익하고 안정적이든 환경이 지닌 고유한 특성이 많은 것을 좌우한다. 이들이 얻는 결과는 자기 외부의 조건과 단단히 한데 묶여 있다. 반면 하세야와 제이컵 같은 민들레 아이에게는 자신의 가능성과 잠재력을 저해하거나 증폭하는 사회적 환경의 영향력을 어느 정도 거부하는 억센 면이 있다. 이들은 어린 시절 사회적 조건의 양극단에서 편안하고 안전하게 차단된 채, 대개는 상당히 건강하고 탄탄한 성공을 거두는 삶을 산다. 더불어 그런 민들레 아이들은 자기 가족의 사회경제적 조건에 따르는 어려움이나 혜택에 상대적으로 영향받지 않는 것과 마찬가지로 때로는 강압적일 수도 있는 또래 집단의 종속과 지배를 경험해도 별 탈 없는 어린 시절을 보낸다.

때로는 엄격하게 계층이 나뉘는 성인 사회와 유치원 교실의 위계 구조 속에서 다수를 차지하는 민들레 아이들보다 난초 아이가 훨씬 고생하리라 짐작할 만한 근거가 두 가지 있다. 3장에서 제시한 바와 같이 극도로 민감하고 태도가 대개 내성적이며 덜 적극적인 난초 아이들은 낮은 사회적 지위라는 주변부로 밀려날 확률이 불균형할 정도로 높다. 난초 쥐나 난초 원숭이와 마찬가지로 인간 난초들은 어린 시절 사회적 집단 내의 종속적 저지대에서 지나치게 높은 지분을 차지할 수도 있다. 하지만 반대로 사회적 역학 관계에 대한 세심한 주의력과 그런 주의력에 수반될 수도 있는 리더십 덕분에 난초 아이들은 또래 서열에서 **가장 높은** 계층에서도 높은 비율을 보일 수 있다.

지배적 위치를 차지하려는 치열한 경쟁이 벌어지는 긴급 사태에 휘말린 난초 아이는 그런 경쟁에 따르기 마련인 어려움에 위협을 느끼고 제대로 대처하지 못할 수도 있다. 그래서 난초 아이들은 소외와 사회적 고립이 만연하는 낮은 계층 역할로 밀려나 예속, 스트레스, 체념의 징후를 경험하고, 이는 다시 심리적, 신체적 부담으로 이어진다. 반면 높은 사회적 지위를 손에 넣은 난초 아이들은 그런 지위에 따라오기 마련인 튼튼한 정신 건강과 발달상의 성취 면에서 더욱 두드러질 수도 있다.

유치원 교사라는

숨은 영웅

　　교사, 특히 '진짜 학교'를 경험하기 직전인 아이들을 맡는다는 점에서 유치원 교사는 매년 자신이 돌보고 가르치는 20~30명의 다섯 살짜리들의 삶에 엄청난 영향을 미치는 인물이다. 여러 면에서 예비 학교 교사는 자신이 만나서 가르치는 모든 아이의 발달과 교육 궤도를 잡는다는 엄청나게 중대한 임무를 수행한다. 미국에서 유치원 교사의 평균 연봉은 5만 2,000달러(2020년 현재 약 6,160만 원 - 옮긴이)지만, 이들이 각 개인의 삶과 더 큰 사회 전체의 특성에 미치는 영향력은 막대하다. 스탠퍼드 경제학자 라지 체티Raj Chetty는 초일류 유치원 교사 한 명에게서 우리 사회가 얻는 연간 투자 수익을 교실 하나당 32만 달러(약 3억 7,900만 원 - 옮긴이)로 계산했다.[19] 달리 말하면 진짜 실력 있고 잘 교육받은 교사가 있는 유치원 교실은 매년 32만 달러의 국가 수익, 즉 더 뛰어난 교육 성과, 더 많은 대학 진학, 더 나은 경제 생산성을 낸다는 말이다. 탁월한 실력을 갖춘 유치원 교사는 장기적으로 보면 더 성공적이고 생산적인 삶을 살고, 미혼모/미혼부가 될 확률이 낮고, 은퇴 후를 위해 저축할 확률이 높고, 어쩌면 더욱 놀랍게도 서른 살 무렵에 더 많은 연봉을 받는 학생을 키워낸다. 어린이들이 일찍이 뛰어난 교사 한 명과 한 해만 보내면 이 모든 것이 이루어진다니! 어린이집과 유치원 교사는 미국 교육 체계에서 가장 적은 월급을 받지만, 신경생물학적으로 초기 지식 형성의 가장 중요한 시기에 아이들의 마음과 삶에 지대한 영향을 끼칠 가능성이 가장 큰 교육자들이다.

또한 유치원 교사들은 교실 환경에서 펼쳐지는 대인 관계의 정치학과 조직적 구조에 관해서도 환히 알고 있으며 거기에 커다란 영향도 미친다. 버클리 유치원 프로젝트 초반에 연구 조교들은 각자 교실에서 다섯 살짜리들을 관찰해서 아이들의 사회적 서열을 명확히 확인해서 돌아왔다. 하지만 조교들이 눈치챈 것이 또 한 가지 있었다. 이들은 각 교실의 문화 또는 분위기, 풍기는 느낌이 놀라울 만큼 뚜렷하다는 점을 기록해서 대학교 연구실로 돌아왔다. 몇몇 조교는 분위기가 차갑고 삭막한 반에서는 권위주의적 교사가 엄격히 짜인 일과표를 지키고, 아이들이 까불거나 큰 소리로 웃지 못하게 하고, 지위가 높은 아이들의 재능과 강점을 강조하고, 다른 아이들의 눈에 덜 띄는 능력은 무시함으로써 계층 구조를 강화한다는 이야기를 들려주었다. 하지만 조교들이 더 밝고 자유로운 느낌이었다고 보고한 다른 반에서는 교사가 학생의 차이를 기꺼이 받아들이며, 가장 지위가 낮고 주변부로 밀려난 아이들의 능력까지 일일이 칭찬하는 모습을 보였다. 관찰이 이루어진 교실 중에서는 학생이 사회적 위계에서 어느 위치에 있는지가 별로 중요하지 않아 보이는 곳도 있었다. 이런 교실에서는 사회적 집단이 더 유연하고 덜 전형적이었다. 여아들은 여아들끼리, 남아들은 남아들끼리 놀기는 했지만, 매일 똑같은 아이들끼리 똘똘 뭉치지는 않았다.

유치원의 이러한 문화적 차이에 관해 함께 이야기를 나누던 우리는 교육학자들이 신중하게 지적한 바대로 아이들의 사회적 서열을 아동과 집단의 행동을 통제하는 수단으로 이용하는 교사가 있는 반면, 아동 중심적이고 평등주의적인 교육 방침으로 서열의 가시성과 영향력을 최소화하려고 열심히 노력하는 교사도 있다는 사실을 깨닫기 시작했다.[20] 예를 들어 어떤 교사는 지배적인 아이의 편을 들어 다툼을 끝내거나 특정한 아이를 주변으로 밀어내거나 소외시켜 갈등이나 실망을 피하려 했다. 이와 비교해 다른 교사는 의도적으로 학생들의 계층적 서열을 약화하거나 흔드는 기법 또는 전략을 동원했다. 이를테면 교사가 종속적 아동의 특별한 예술적, 지적, 신체적 재능을 공개적으로 인정하거나 '"너는 안 끼워줘"라는 말 하지 않기'라는 반 규칙을 만들어 누군가를 소외하는 사회적 행동을 차단하는 방법이 있었다.[21] 교사가 공정하고 배려하는 방침과 전략을 얼마나 쓰는지에 따라 각 반은 놀랍도록 달라졌고, 그런 아동 중심적이며 공평한 교실에서 난초 아이는 훨씬 수월하게 지내는 것처럼 보였다. 물론 여전히 모든 교실에는 계층이 존재했지만, 그런 서열이 훨씬 눈에 덜 띄고 영향력도 적은 교실도 있었다.

각 반의 이런 차이가 낳은 결과는 우리 프로젝트가 밝혀내기 시작한 연구 결과에 잘 드러났다.[22] 예를 들어 우리는 교실 내에서 아이의 사회적 지위와 우울증과 유사한 증상(슬프거나 외롭거나 불필요한 존재라고 느끼고, 실수를 저지를까 두려워 새로운 일을 시도하는 것을 겁내는 등)이 유의미하게 연결되어 있음을 알아냈다. 그리 놀랍지 않게도 이 작은 교실 안 사회에서 최하층에 있는 아이들은 위에 있는 아이들보다 우울증 관련 징후를 보이는 비율이 상당히 높았다.[23] 대조적으로 교실 내 서열에서 가장 높고 지배적인 위치를 즐기는 아이들은 정신적으로 가장 건강했다. 성별과 가족의 사회경제적 지위로 통계적 보정을 가한 뒤에도 높은 계층의 아이들은 더 적은 우울한 행동, 더 나은 수업 참여 태도, 더 긍정적인 또래 관계, 더 뛰어난 전반적 학업 능력을 보였다.

하지만 모든 교실에서 낮은 계층의 삶에 더 심한 외로움과 두려움, 사회적 고립이 동반된 것은 아니다. 실제로 종속적 아동의 경험은 교사가 아동 중심적, 평등주의적 교육 방침을 사용하는지 아닌지에 따라 크게 달라졌다. 교사가 지배적 관계를 무시하거나 심지어 조장하는 반에서 종속적 지위와 우울한 행동 사이의 연관성은 매우 강력하고 예측 가능했다. 한편 교사가 아동 지향적이고 서열을 약화하는 방침을 고수하는 반에서 우울한 행동과 징후는 아동의 사회적 지위와 거의 무관한 것으로 나타났다. 교사의 접근 방식이 서열 중심적일수록 지위와 우울함의 관계를 나타내는 그래프의 기울기는 가팔라졌지만, 교사가 적극적으로 평등주의적 방식을 채택할수록 그래프는 점점 수평선에 가까워졌다. 다시 말해 교사가 공평하고 아이 중심적인 방식으로 가르치는 반에서는 교실 내의 사회적 서열이 정신 건강 징후라는 측면에서 별로 중요하게 작용하지 않는다는 뜻이다. 우리는 교사의 방침, 철학, 접근 방식이 얼마나 강력한 영향력을 지녔는지 비로소 똑똑히 깨닫기 시작했다. 외부의 영향에 민감한 시기이며 정규교육 첫해인 유치원에서 교사의 성향과 방식은 아이의 초기 발달, 정신 건강, 학업 성취에 지대한 영향을 미친다.

지위와 건강의 관계는

─────────────────────────○

분리될 수 있을까?

　　　　　　　　　　　　지배적 위계의 자극과 위험은 당연히 어린 시절에만 존재하는 것은 아니다. 아이들은 자라기 마련이고, 어른이 되어 다니는 직장과 더 넓은 사회 구조 속에도 은밀하지만 피할 수 없는 지배와 종속의 과정이 속속들이 스며들어 작동하고 있다. 우리 종족의 진화 그리고 조직적 구조와 안정성을 위해 (적어도 현대 문화와 국가라는 테두리 안에서는) 사회적 보상이 불균등하게 분배되는 계층화의 출현이 필연적이었다. 물론 서구 사회의 경제에서 대대적으로 칭송받는 그런 '자유 시장' 경쟁의 이점도 존재한다.

　　하지만 권력, 부, 평판의 높낮이에 따라 인간 집단을 줄 세우는 것이 거의 법칙에 가까운 성향이라 할지라도 인간의 건강이나 발달, 사회적 위치 사이의 연결이 필수적이거나 보편적인 현실이라고 생각해야 할 이유는 전혀 없다. 사실 사회적 지위와 건강의 등급별 관계가 얼마나 강한지는 나라마다 놀라울 정도로 다르다는 점을 보면, 평등주의적 전통과 올바른 사회 정책이라는 적절한 조건만 갖춰진다면 지위와 건강은 어느 정도 분리될 수 있음을 알 수 있다. 지배와 종속이 긴 진화 역사의 필연적 부산물이라 해도 사회적 지위가 건강과 발달에 연결되는 것은 필연적이거나 불가침이라고 간주해서는 안 된다. 더불어 평등하고 공정한 어린 시절을 만들어주려고 노력하는 과정에서 난초의 특수한 민감성이나 민들레의 무던함을 간과해서도 안 된다. 난초 아이가 어려운 상황에서 더 큰 건강 문제를 겪고 발달상으로 뒤떨어지기 쉬운 것과 마찬가지로 빈곤과 종속이라는 경험 또한 그런 아이들에게 더 심각한 영향을 미친다. 여덟 살짜리 란은 사회적 지위와 괴롭힘이라는 고통스러운 현실에 대한 특수한 민감성 탓에 치료가 필요할 정도의 신체적 증상을 겪은 사례다. 앞서 설명했듯 란과 같은 난초 아이는 평등주의적이고 공정한 사회적 환경에서는 불균등하게 큰 이익을 얻을 가능성도 크다. 반면 민들레 아이는 역경의 효과에 상대적으로 불투과성을 유지하는 것과 마찬가지로 불공정하고 독재적인 사회적 관계에도 비슷하게 영향을 덜 받는다. 사실 교실이 되었든 국가가 되었든 불공정한 사회가 그렇게나 자주 살아남는 이유는 몹시 지독하고 탐욕스러운 사회적 환경에서도 어떻게든 살아남아 성공하는 민들레 구성원들이 다수를 차지하기 때문이다.

우리는 모두 어떤 식으로든 똑같은 인간의 길을 따라서 다른 이들과 권력을 두고 경쟁하고 의지를 관철하려 하고 통제권을 잡으려고 다투며, 이는 인류의 삶에 깊이 스며든 특성이다. 연애와 결혼, 사무실과 회사, 의회와 정부의 표면을 한 꺼풀만 벗겨내면 펄펄 끓는 지배와 종속의 가마솥이 드러난다. 물론 그런 관계의 열매가 전부 파괴적이지는 않다. 사실 우리는 리더십의 출현, 창의성 넘치는 업적, 안정적 통치를 원할 때 지배와 종속에 눈을 돌린다. 하지만 괴롭힘과 강압적 통제 관계가 도를 넘었을 때의 악영향은 현대 사회와 학교 문화 양쪽에서 차고 넘칠 정도로 눈에 띈다. 그런 악영향은 2009년 어린 독일 학생이 총기 난사로 열다섯 명을 죽이기 전날 밤 인터넷에 올린 글에 잘 드러나 있다. 그는 이렇게 썼다. "이 엉망진창인 삶에 신물이 난다.[24] 항상 똑같다. 다들 나를 비웃는다. 아무도 내 잠재력을 인정해주지 않는다. 진심으로 하는 말이다." 슬프게도 이 소년의 잠재력을 창의적이고 긍정적인 방향으로 피어나게 해줄 것은 무엇이었을지, 학교가 그를 망가뜨렸을 부당함을 알아채고 해결했더라면 그의 삶은 어떻게 달라졌을지 생각해보지 않을 수 없다. 유치원에서, 가정에서, 사회에서 어떻게 하면 가장 예민하며 취약한 구성원의 특수한 감수성을 보살필 수 있을까?

8장

난초 아이를 위한
육아법

나는 정중히 대접받았지만 몹시 오해받았고

난초인데도 장미 취급을 받았네.

- 얼래니스 모리셋Alanis Morissette, <난초>

난초와 민들레 아이의 특징, 기원, 발달상의 장단점을 알아보았으니 이제는 육아라는 퍼즐, 암벽 등반가들이 '크럭스$_{crux}$'라고 부르는 것과 비슷한 부분을 살펴볼 차례다. 크럭스란 등반 루트에서 가장 어려우며 용기와 유연성, 힘을 요하는 구간을 가리킨다. 1,000미터에 달하는 요세미티 국립공원의 화강암 벽을 오를 때 크럭스는 보이지 않는 1미터짜리 돌출부 표면을 향해 과감하게 몸을 뻗는 것일 테고, 아이를 키울 때의 크럭스는 각기 다르고 요구하는 것도 많은 어린 생명체 여럿의 성장과 발달을 유연하게 지원하는 데 필요한 지식과 직관, 능력을 갖추는 것이다. 텍사스 시절 친구이자 결혼식 들러리였던 브루스는 과학적 관점으로 봐도 인정하지 않을 수 없는 통찰을 내게 들려준 적이 있다. 그의 말에 따르면 아동의 발달은 크게 기어 다니는 골칫덩이, 걸어 다니는 말썽꾸러기, 뛰어다니는 심술쟁이, 천둥벌거숭이('철없는 얼간이'

를 비유적으로 표현)의 네 단계로 나눌 수 있다고 한다. 일부 권위자들은 골칫덩이와 말썽꾸러기 사이에 '커튼 등반가'를 넣기도 한다. 기술적, 관계적 측면에서 부모가 직면하는 크럭스를 닮은 까다로운 도전은 각 발달 단계별로 아이에게 필요한 육아가 극적으로 달라질 뿐 아니라 필요한 것이 아이마다 다르다는 데서 기인한다. 이는 마치 전원이 연주 중인 오케스트라를 연주자마다 따로따로 지휘하는 것과 같다.

소아과 의사이자 아동 발달 전문가로 힘들게 훈련받았음에도 내게 작디작은 인간의 텃밭에 씨를 뿌리고 땅을 가는 일의 비밀과 요령, 함정과 혼란을 속속들이 가르쳐준 사람은 바로 사랑스럽고 뛰어난 아내 질이라는 사실을 처음부터 인정하고 넘어가지 않을 수 없다. 이 책을 쓴 것은 나와 아내가 두 생명이 함께할 수 있는 가장 힘들고 보람 있는 여행, 셰익스피어가 "이 살아 숨 쉬는 세상"이라고 부른 곳에 우리 아들 앤드루가 도착하면서 시작된 여행을 떠난 지 거의 서른아홉 해가 지났을 무렵이었다. 애리조나주 소노란Sonoran 사막의 덥고 눈부신 8월 아침 앤드루, 나, 질은 셋 중 아무도 철저히 채비를 갖추지 못한 채로 모험을 떠났다. 2년 뒤 장작 타는 냄새가 나는 투손의 크리스마스 바로 전날 춥고 건조한 밤에 우리 딸 에이미가 떨리는 첫 숨을 뱉으며 먼저 도착한 오빠와 합류했다. 그 뒤로 모든 것이 달라졌다.

질과 내 인생은 두 생명의 갑작스럽고 혼란하고 아주 흥분되는 도착으로 완전히 변했다. 무엇과도 바꿀 수 없는 두 아이(하나는 민들레, 하나는 난초였다)를 어른이 될 때까지 기르고 가르치는 것은 우리 삶에서 가장 두렵고 즐거운 임무가 되었다. 앤드루와 에이미가 온갖 의도, 슬픔, 의지, 욕구를 가득 품고 이 세상에서 살아가고 자의식을 품는 동안 우리는 즐거움과 뿌듯함, 온전한 기쁨을 맛보았다. 인생에서 자기 아기가 자신을 보며 마주 웃고, 아이가 처음으로 위태롭게 걸음마를 시작하고, 아들딸이 처음으로 세상에서 자기 자리와 소명을 찾는 모습을 지켜보는 부모의 벅찬 마음을 뛰어넘는 경험은 없으리라.

난초 아이를 둔

부모가 기억해야 할
육아의 지혜

       이미 언급한 바와 같이 한 가정 내에서 부모의 육아 습관은 각 아이에게 매우 깊으나 각기 다른 영향을 미칠 수도 있다. 난초 아이는 아주 사소한 부모의 육아 방식 차이에도 커다란 영향을 받는 반면, 민들레 아이는 상대적으로 자기 부모의 강점과 결점에 흔들리지 않고 어린 시절을 무난하게 보낸다. 부모, 조부모, 또는 교사 같은 주요 양육자가 난초와 민들레 아이의 욕구, 반응, 육아 전략에 대한 민감성이 어떻게 다른지 현실적으로 명확하게 이해하고 있다면 아이의 건강과 발달을 더욱 좋은 방향으로 이끌 수 있다. 각기 다른 민감성과 기질을 지닌 아이에게 맞는 최적의 육아 방식은 전 세계 곳곳에서 수많은 발달과학자들이 현재 연구하는 주제이기도 하다.

       무엇보다도 어떤 나라에 살든, 성별이 무엇이든, 친부모든 양부모든, 인종이나 민족이 어떻든, 부유하든 가난하든, 부모라면 모두 새 생명이 세상에 나오는 첫날부터 자기 앞에 펼쳐지는 길고 엄청난 임무를 '무사히 해내기를' 바라기 마련이다. 내가 근무하던 병원에서 태어난 지 2~3일 된 앤드루를 데려와 처음으로 기저귀를 갈아주던 일이 생각난다. 나는 12년간의 고등교육과 전문 훈련을 거치고 자격 있는 소아과 의사로서 3년간의 실무 경험을 쌓았고, 그중 많은 시간을 특히 영유아 수발에 투자하며 보냈다. 이때는 20세기였고, 팸퍼스도 하기스도 없었기에 어느 집에서든 천 기저귀를 썼다. 천 기저귀는 진짜 면직물로 만들어졌고, 커다란 안전핀 두 개로 모서리를 고정해야 하며, 쓰고 나면 기저귀 교환대 옆에 놔둔 커다랗고 냄새가 지독한 양동이 안에 던져 넣어야 했다.

처음으로 아빠가 되었다는 조심스러움과 고도로 훈련받은 아기 전문 의사라는 자신감으로 무장한 나는 반듯하게 접은 기저귀 위에 작은 앤드루를 내려놓고 뒷부분을 앞부분 모서리 위로 끌어올려 큼지막한 핀을… 내 조그만 신생아 아들의 피부에 쿡 찔러서 사입구와 사출구를 만들고 말았다. 앤드루는 머리끝부터 발끝까지 새빨개지더니 너무나 당연하게도 도살장에 끌려가는 새끼 돼지처럼 악을 쓰며 울기 시작했다. 나는 소스라치게 놀라 재빨리 고문 도구를 거둬들이는 동시에 앤드루가 난생처음으로 입은 고통스러운 상처를 살폈고, 소아과 의사이자 아빠인 내가 그 상처를 냈다는 데 좌절하며 깊은 회한을 느꼈다. 내 생각에는 우리 둘 다 그 이후로 살짝 외상 후 스트레스 장애를 겪은 듯했지만, 앤드루는 그 사건이 전혀 기억나지 않는다고 했다. 아기를 돌보도록 특별히 훈련받은 사람에게도 육아는 만만한 일이 절대 아니다.

그러므로 어떤 본능이나 경험, 지식이나 수업, 책이나 팟캐스트도 새로 태어난 인간을 이 세상에 적응시키고 그 아이가 건강하게 어른이 될 때까지 보살핀다는 엄청난 과제에 처음부터 완벽히 대비하도록 해줄 수는 없음을 인정해야겠다. 인간 세상에 태어난 모든 아이는 세상에 단 하나뿐인 경이이자 우리가 겉으로 보고 어림잡을 수밖에 없는 복잡성을 지닌 섬세하고 독특한 유기체다. 그렇기에 우리는 자신의 어쩔 수 없는 한계와 극심한 제약을 일깨워주는 새 생명의 탄생을 매번 겸손함과 경외감으로 맞이해야 한다. 나는 신생아를 검진할 때마다 그 반짝거리는 새로움과 제한 없는 가능성에 말없이 경의를 표했다.

내가 책 첫머리부터 주장했던 대로 우리가 아는 한 다섯 명 중 한 명꼴인 난초 아이는 자신이 살아가며 마주하는 사회적, 물리적 세상 양쪽에 반응하는 특이한 양날의 감수성을 지닌다. 이들에게는 뭐든지 흡수하는 일종의 다공질 수용성이 있으며, 이 수용성을 통해 접촉, 소리, 맛 같은 신체적 감각과 보살핌, 따스함, 악의, 무관심 등의 대인 관계 경험을 생생하게 때로는 아프도록 강렬하게 지각한다. 두 가능성을 품은 취약한 이중성을 만들어내는 것은 세상을 향한 완전한 개방성이다. 튼튼하고 든든한 사회적 환경에서 난초 아이는 누구보다도 싱싱하게 피어나지만 위태롭고 유해한 환경에서는 혼란과 좌절로 얼룩진 삶으로 빠져들 수도 있다.

내 여동생 메리가 바로 그런 아이였다. 자기 안에 명석함과 탁월함의 가능성을 품고 있었지만, 메리는 의도적이지도 않고 어쩌면 대개는 무의식적일지라도 비판과 비난이 일상인 가정에 태어나고 말았고, 그곳에서 난초 소녀는 피할 길 없이 실망과 실패, 건강 문제로 점철된 삶에 매이게 되었다. 메리의 삶을 되돌아보면 동생은 항상 천재성과 혼란 사이의 좁다란 경계선 위에서 균형을 잡으려고 애쓰고 있었다. 메리가 여행을 하고, 일하고, 가르치는 동안 정신이 명료하고 창의성이 발휘되는 시기도 있었지만, 머릿속을 온통 차지한 악마에게 사정없이 휘둘리며 광기와 혼란으로 입원을 반복한 탓에 그 기간은 토막토막 끊어지고 빈도도 점점 낮아졌다.

난초 아이가 다들 내 동생이 53년 평생을 겪은 것처럼 건강과 기능 장애의 양극단 사이에서 휘청거린다는 말은 결코 아니다. 단지 그 아이들과 내 여동생의 공통점은 주변의 사회적 환경에 반응하는 감각적 수용성으로 인해 생겨난, 특이할 정도로 다양한 가능성이다. 무엇이 동생을 구할 수 있었을까? 무엇이 있었다면 메리의 삶은 그녀가 이뤄낼 가능성이 있었던 성공과 예술성을 추구하는 길로 접어들 수 있었을까? 부모나 교사(또는 오빠)가 불행한 삶의 조류를 가능성과 탁월함 쪽으로 돌리기 위해 할 수 있는 일에는 무엇이 있었을까?

다른 모든 아이에게도 해당되는 이야기지만, 난초 아이를 돕는 육아 또는 교육 방식에 쉬운 지름길이나 공식은 없다. 하지만 직관과 통찰로 어린 난초를 보살피고 보호할 방법을 찾아낸 부모와 나 같은 소아과 의사들이 차곡차곡 모은 지혜는 있다. 연약한 형제자매나 조카의 경험을 이해하고 해석하려고 애쓴, 역시 나와 같은 가족과 친척들이 축적한 지혜도 있다. 교육자로서 다년간의 경험을 통해 난초 아이를 가려내고 학습과 적응을 도울 방법을 찾아낸 교사들의 경험도 있다. 그다음으로는 내가 개인적으로 모은 육아 및 교육 방침, 시도해볼 만한 전략, 탐색해볼 가능성, 평가해볼 방법을 독자 여러분에게 제공하려 한다. 이 목록은 완벽하지도 않고 간단하지도 않으며, 한 난초 아이에게 잘 통하는 방법이 다른 아이에게는 소용없을지도 모른다. 하지만 이는 오랜 세월 동안 '내가 아는 난초들', 즉 내 동생, 내 자식, 그리고 고맙게도 나를 의사로서 믿어준 수많은 난초 아이들을 관찰하고 돕고 그들의 말에 귀 기울이며 뽑아낸 핵심 요약본이다.

1. 생활 습관으로 일상의 안정감 제공하기

첫째, 난초 아이들의 삶을 혼란스럽게 하는 것 중에는 새롭고 의외인 것에 무조건 민감하게 반응하는 감수성이 있다. 제롬 케이건은 예기치 못했거나 예전에 접한 적이 없는 것을 심하게 두려워하는 이 현상에 '네오포비아neophobia'라는 이름을 붙였다. 딸 에이미는 난초 성향의 소녀에게 새로운 것이 얼마나 껄끄러우며 안정과 정해진 일과가 얼마나 마음에 위안이 되는지 우리에게 보여주었다. 어린 에이미의 세계에서 새로운 베이비시터는 특히 견딜 수 없는 존재였다. 이상한 냄새가 나고, 표정을 읽을 수 없고, 말을 알아들을 수 없고, 잠자기 전 수면 의식도 이상하고 낯설었기에 가능하다면 최대한 피해야 했다. 학년이 바뀔 때마다 에이미는 지난해 담임이 점진적으로 도입한 교육 방침과 반 규칙을 부득이하게 바꿔놓는 새 선생님에게 적응하는 데 애를 먹었다. 새로운 음식, 특히 맛, 색깔, 질감 등에 이국적인 구석이 있는 음식은 기를 쓰고 피했다. 낯선 아이나 새로운 사회적 환경에 맞닥뜨리면 뒤로 물러나거나 숨었다. 세 살이 되어 어린이집에 갈 무렵 내 딸은 어느 모로 보나 어엿한 네오포비아였다.

묘하게도 그렇게 철저한 네오포비아의 원인은 결코 소심함이나 용기 부족이 아니었다. 에이미는 민들레 성향인 오빠 앤드루와 똑같이 겁이 없고 모험심이 넘쳤다. 실제로 이 둘은 가끔 부모들이 질겁할 만한 수준의 대담함을 보여주었다. 5미터에 가까운 장대로 장대높이뛰기를 하고, 스카이다이빙을 위해 비행기에서 뛰어내리고, 가파른 암벽과 절벽을 위태롭게 오르고, 최상급자용 슬로프에서 스키를 타고, 천둥처럼 울리는 파도 속으로 다이빙을 했다. 에이미에게 부족한 건 용기가 아니었다. 낯선 사회적 환경과 경험을 편안하게 받아들이는 기본적 마음가짐이었다.

난초 성향이 명백히 드러나는 아이들이 대개 그렇듯 에이미에게 이 새로움에 대한 공포의 해답은 **익숙함과 정해진 생활 습관**으로 기댈 곳을 마련해 균형을 맞춰주는 것이었다. 우리는 일부러 가족이 지키는 생활 습관, 이를테면 매일 저녁 함께 식사하기, 매주 함께 교회 가기, 아이들에게 매일 또는 매주 스케줄에 맞춰 처리해야 할 집안일 맡기기, 규칙적으로 낮잠을 자거나 휴식하기, 매달 같은 부녀 동반 모임 참석하기, 일정한 시간에 잠자리에 들고 늘 같은 수면 의식(예를 들어 잠옷으로 갈아입고, 이를 닦고, 침대에 눕고, 책을 읽고, 이불을 덮어주고, 전등 끄기) 따르기 등을 정해서 지켰다. 복잡하거나 특별한 건 하나도 없었다. 사실 어느 정도는 지루하고 우스울 정도로 평범했다. 하지만 현대 가정에서 가족이 함께 보내는 시간 동안 이런 생활 습관, 즉 예측 가능한 요소는 놀라울 정도로 자주 간과되거나 생략된다. 생활 습관은 아이에게 때로는 미칠 듯이 어수선하고 예측 불가능하며 정해진 것이 없는 세상에서 상황이 통제되고 있다는 느낌과 확실함, 일정함이라는 배경을 제공한다.

내가 아는 한 가족은 특정 시간 또는 특정한 날에 해야 하는 모든 일을 그림으로 그려서 펠트 보드에 붙여 배열함으로써 아이에게 조금이나마 일상의 통제권을 쥐게 해준다. 예를 들어 등교하기 전에 처리해야 할 일들은 이 닦기, 아침 먹기, 옷 입기, 도시락 챙기기로 구성된다. 하지만 이 집 아들은 주방에 있는 보드에서 각 단계를 나타내는 그림들을 배열함으로써 아침에 해야 할 일의 순서를 마음대로 정한다. 학교 가는 날이면 무조건 전부 해야 하는 일이지만, 아이는 자기 방식대로 순서를 정해서 할 수 있다. 아이에게 약간의 통제권을 넘겨줌으로써 복잡한 일상의 루틴을 시간 맞춰 해내도록 유도하는 방법이다.

정해진 습관이 필요한 아이의 아빠가 되기 전에도 나는 이미 가족 생활 습관의 심리적 효과를 실감한 적이 있었다. 내가 노스캐롤라이나에서 존 캐슬과 일하던 1970년대에 우리는 스트레스와 역경의 원인이 당시 '생활 변화'라고 부르던 것, 즉 긍정적이든 부정적이든 개인의 적응 능력을 요구하는 생활 사건 또는 변화에 있다고 생각했다. 성인 정신과 의사인 토머스 홈스Thomas Holmes 와 리처드 라히Richard Rahe, 정신의료 역학자 브루스 도런웬드Bruce Dohrenwend가 수치화한 '생활 변화 단위life change units(배우자 사망을 100으로 잡고 생활 사건 수십 가지에 점수를 부여해 만든 스트레스 척도 – 옮긴이)'를 스트레스성 경험의 지표로 삼아 진행한 연구가 이미 많았고, 우리는 그들의 표준을 소아과에 맞게 수정해서 우리가 연구하던 아동들의 역경 노출을 측정했다.[1] 앞서 2장에서 설명한 대로 만약 스트레스가 생활 변화로 인한 것이라면 어쩌면 변화의 반대, 즉 생활 안정성과 가족 생활 습관은 커다란 역경을 겪는 아이에게 보호막과 버팀목 역할을 해줄 수도 있다는 잠정적 결론으로 이어졌다. 아니나 다를까 채플 힐 시골 지역 아이들과 가족을 대상으로 한 연구에서 생활 습관은 스트레스를 주는 생활 변화가 호흡기 질환 발병에 미치는 영향을 경감하거나 완화하는 것으로 밝혀졌다. 일리노이 대학교 어바나–샴페인 캠퍼스 발달심리학자인 바버라 피즈Barbara Fiese는 오랫동안 여러 차례에 걸친 명쾌한 연구를 통해 가족 생활 습관의 이점과 보호 기능에 관한 문헌을

남겼다.[2]

2. 무한한 관심과 사랑 주기

난초 성향의 아이들을 안심시키고 지지해주는 두 번째 육아법은 단순히 부모가 **관심과 사랑**을 차고 넘칠 정도로 쏟는 것이다. 물론 모든 아이가 부모의 관심과 보살핌을 갈구하고 필요로하지만, 난초 아이는 특히 부모의 관심과 시간, 그리고 그로 인한유익한 효과가 꼭 필요하다. 그런 관심을 주는 사람은 주로 부모중 한 명이나 양쪽 모두지만, 특별한 경우 조부모, 대부모, 유모가될 수도 있다. 로버트 콜스 같은 아동 심리학자가 쓴 논문을 보면아이를 지지해주는 어른이 단 한 명만 있어도 아이의 인생에 커다란 변화를 일으킬 수 있다는 수많은 증거를 찾을 수 있다. 아이,특히 난초 아이의 삶과 발달을 바꾸어놓는 것은 아이를 보살피는어른의 **변함없는 사랑**이다.

현대에 들어 끈질기게 회자되는 문화적 속설 중 하나로 직업의 압박, 사교적 의무, 기타 인생의 대소사 탓에 부모가 아이와시간을 보내지 못하더라도 이른바 '퀄리티 타임', 즉 부모와 자녀가 의미 있는 대화를 나누고 함께 특정 활동을 하기 위해 특별히마련한 시간으로 벌충할 수 있다는 이야기가 있다. 하지만 내가1990년 《미국 아동 질병 저널American Journal of Diseases of Children》에 실었던 의견을 한번 보자.

나는 현대인의 삶에서 거의 신화 속 성물로 모셔진 개념이 틀렸음을 폭로하려 한다. 퀄리티 타임은 단순히 문화적 속설에 불과하다. 그런 것은 존재하지 않으며 존재한 적도 없다. 그러므로 퀄리티 타임이 효과를 발휘하기를 기대하지도, 그런 시간을 만들려고 노력하지도 말아야 한다.[3]

실제로 우리 아이들과 함께하는 최고의 순간은 계획하지 않고 예기치 못한 때, 이를테면 토요일 오전 축구 경기에 아이를 차로 데려다줄 때, 대개는 별일 없이 끝나는 아이의 목욕 시간, 아침을 먹고 아이를 학교에 데려다주려고 허둥지둥할 때 찾아온다. 아이들과 가장 친밀하게 느껴지는 그런 소중한 시간은 애써 만들려고 노력할 때가 아니라 생각지도 않았던 시간의 틈바구니에서 나타난다. 그런 순간은 미리 마련하거나 계획할 수 없다. 그냥 부모와 아이 사이에 **평범한 시간**이 충분히 흘렀을 때, 일상의 예사롭고 단조로운 흐름 위로 불쑥 떠오른다. 특별한 대화와 친밀감은 바로 그런 평범한 시간 속에서 생겨난다.

나는 아들 앤드루와 그런 시간을 보냈던 것을 기억한다. 우리 가족이 종종 하던 대로 어느 주말 캘리포니아 북부의 바람이 심하고 바위투성이인 해변을 따라 만들어진 소박한 캠프장에 1박짜리 여행을 갔을 때였다. 당시 여덟 살쯤 되었던 앤드루와 나는 오솔길을 따라 하이킹을 하는 중이었다. 해가 지기 시작하면서 태평양 위 서쪽 하늘이 물들기 시작했다. 오전의 여름 해변에 끼었던 차가운 안개는 오후에 바람이 불기 시작하며 싹 흩어졌고, 우리가 걷고 있는 길 끄트머리의 오르막 하나만 넘으면 캠프장이 보일 참이었다. 앤드루는 떨어지는 해의 아름다움에 발을 멈추고 내게 자신의 내면세계를 보여주었다.

"있잖아요, 아빠." 아들이 말했다. "나는 그림 그리는 게 정말 좋아요. 미술이 진짜 좋아요."

여행을 시작한 지 네다섯 시간이 지난 뒤 문자 그대로 아주 잠깐 펼쳐진 간주였기에 내가 예상치 못한 고백이었고, 앞으로의 삶과 직업으로 이어질지도 모르는 중요한 이야기였다. 그전에 오랫동안 차를 타고, 안개 낀 오솔길을 몇 킬로미터나 터벅터벅 걷지 않았더라면 나오지 않았을 것 같은 말이었다. 나는 네가 미술쪽으로 진짜 재능이 있다고 생각하며 그쪽에서 평생을 바칠 천직을 찾아보는 것도 괜찮겠다고 대답했다.

그 하늘 전체가 선명하고 반투명한 주황색으로 변하는 광경을 본 앤드루는 다시 한 번 나를 놀라게 했다. "맞아요." 앤드루가 말했다. "주황색은 제일 오해를 많이 받는 색깔이에요."

얼마나 놀라웠던지! 우리가 사람을 생각하는 식으로 색깔을 바라보는 아이가 있고, 그게 내 아들이라니! 솔직히 나는 주황색이 오해를 받는다든가 심지어 이해받을 수 있다는 생각조차 해본 적이 없었다. 그때나 지금이나 뛰어나고 상상력 넘치는 예술가인 앤드루는 예일 드라마 스쿨을 졸업하고 수상 경력에 빛나는 연극 무대 디자이너가 되었으며, 지금은 미국 유수의 대학교에서 연극 학과 교수로 일하고 있다.

예전에 "당신이 아이에게 줄 수 있는 최고의 선물은 시간이다!"라고 쓰인 범퍼 스티커를 본 적이 있다. 이런 주장이 그냥 표어로만 보일지 몰라도, 그 메시지에는 진실이 담겨 있다. 다행히도 가정생활 내 인간관계의 다양한 측면을 연구하는 사람들은 현대 부모가 30~40년 전 부모들보다 자녀에게 어느 정도는 더 많은 시간을 할애한다는 점에 대체로 동의하는 듯하다. 하지만 부모가 자녀와 실제로 함께 무언가를 하며 상호작용하는 시간은 오히려 줄어들었다. 흥미로운 동시에 일반적 통념과는 반대로 부모와의 시간이 아이의 태도나 감정 문제에 미치는 긍정적 영향은 청소년기에 더욱 커진다는 증거가 있다. 부모가 들이는 시간과 관심이 일탈, 약물 남용 등 사춘기에 빠지기 쉬운 불건전함으로 이어지는 무모한 행동을 줄이는 역할을 하는 듯하다. T. 베리 브레이즐턴이 제시한 부모와 아이, 의사와 부모 사이에 생겨나는 발달상의 '접점touchpoint'의 예도 있다. 이는 감수성이 특히 예민해지고 기억할 만한 시기를 가리키며, 아이와 양육자 사이에서 대화와 영향력에 대한 수용성이 증가한다는 특징이 있다. 연구 초기에 브레이즐턴은 발달 중에 아이가 걸음마처럼 새로운 것을 시작하면 그 직후에 원래 몇 달 동안 잘하고 있던 것, 이를테면 밤새 통잠 자기 등을 멈추는 예측 가능한 시기가 있다고 지적했다. 다른 예로 엄마와 낯선 사람 간의 차이를 더욱 명확하게 인식하게 된 8개월짜리 아기는 다시 밤중에 깨기도 한다. 이런 것들이 아이의 발달에서 질적인 도약이 이루어지는 순간에 발생하는 접점이며, 이때 부모가 숙련된 임상의나 상담사에게 조언을 구하면 자기 아이의 욕구, 강점과 약점, 역량, 감정 표현 등에 관해 많은 것을 배울 수 있다. 하지만 이런 배움을 통해 가족 체계를 안정화하려면 부모의 상당한 관심과 시간 투자가 필수적이다.

젊은 엄마들이 경력을 이어가면서 집중적으로 육아를 하기 위해 씨름하는 사회문화적 '엄마 전쟁'에 대한 답으로 일부 사회과학자는 어머니의 존재가, 특히 아이가 아주 어릴 때는 건강한 발달에 별로 영향을 미치지 않는다는 증거를 제시했다.[4] 하지만 단일 연구만으로 진실을 밝힐 수는 없는 법이다. 찰스 넬슨Charles Nelson과 동료들의 루마니아 고아원 연구(6장) 등을 통해 수집된 증거를 보면 부모가 아니라 기관에서 자란 어린아이들이 신체적 성장과 뇌 기능, 사회경제적 복지 면에서 참혹한 영향을 받았다는 사실을 분명히 알 수 있다. 정상적이고 긍정적인 발달을 위해서는 아이의 생애 초기에 사랑을 주고 책임을 지는 부모가 적어도 한 명은 있어야 한다는 점에는 의심의 여지가 전혀 없다. 그 이상은 관찰 또는 실험 연구에서 감지하기 어려운 미묘한 차이의 영역에 해당한다. 그럼에도 많은 연구에서 결혼한 두 부모가 있는 가정에서 사는 아동에게서 최적의 결과가 나올 가능성이 높다는 점이 밝혀졌고, 나도 그 결론에 동의한다.[5] 아이가 공격적 갈등과 차갑고 비협조적인 인간관계로 정의되는 '위험 가족risky family'에서 자라는 경우, 발달과 건강에 심각한 부정적 영향을 받는다는 사실도 이미 밝혀졌다.[6] 가정에서 아버지의 존재가 아이의 발달과 건강에 측정 가능한 유익함을 가져다준다는 신빙성 있는 증거도 있다.[7]

한부모 또는 성소수자 부모에 관해 잠시 짚고 넘어가기로 하자. 내가 아는 가장 용감하고 멋지고 수완 좋은 부모 가운데 몇몇은 가정 내에 다른 성인이 없는 상태에서 혼자 아이를 키우는 사람들이었다. 이들 가정에는 없었던 두 번째 부모는 상황이 이상적이라면 아이들과 배우자를 위해 수많은 부분을 채워줄 수 있는 존재다. 에너지가 고갈되거나 아이에게 대응하다 지쳤을 때 지원사격에 나서거나, 까다로운 육아 딜레마에 빠졌을 때 조언을 제공하거나, 아이들을 '분할 통치'하거나, 아이들이 세상에서 어떤 어른이 되어야 할지 보여주는 제2의 본보기가 되거나, 육아가 힘들어졌을 때 의지할 버팀목이 된다. 하지만 공동 육아에 이런 강력한 이점이 존재하기는 해도 두 부모가 함께 아이의 행복을 보장하기는커녕 해치는 경우도 적잖게 있다. 그리고 뚝심과 자애, 인내로 튼튼하고 역량 있는 아이를 키우는 놀라운 한부모도 수없이 많다. 마찬가지로 나는 성소수자 커플의 육아에 관해서는 전문가가 아니지만, 소아과 의사로서 내가 관찰한 바에 따르면 서로 헌신하고 아끼는 동성 두 사람이 공동으로 육아하는 경우, 아이는 부모와 생물학적으로 연결되어 있든 아니든 건강하고 정상적으로 발달한다. 그런 가정에서 자란 아이는 대체로 건강하고 행복하며 신체적, 정신적 안녕 면에서 다수를 차지하는 형태의 가정에서 자란 또래와 다를 바가 없다. 하지만 여기서도 둘이서 하는 육아의 이점과 강점이 똑같이 적용된다. 혼자 아이를 키우는 성소수자 한부모보다 함께하는 성소수자 커플이 더 쉽고 유연하게 육아를 잘해 낼 가능성이 크다.

하지만 여기서 우리가 주목해야 할 가장 중요한 점은 미묘하든 극적이든, 긍정적이든 부정적이든 육아의 이러한 효과는 모두 같은 유형의 가정환경에서 자라는 난초 아이에게는 서너 배로 증폭된다는 사실이다. 난초 아이는 사회적 환경에 대한 탁월한 개방성과 감수성 덕분에 필요한 것을 채워주고, 흥미를 북돋우고, 어떻게 자라든 무조건 사랑해주는 부모가 있을 때의 유익함을 훨씬 더 많이 누린다. 하지만 같은 난초 아이가 불운하게도 차갑고 갈등이 많은 가정에 태어나면 그런 환경에서 아이들에게 닥치는 위험 또한 훨씬 심하게 겪는다. 내 난초 환자 가운데 일부는 운 좋게도 질 같은 엄마를 만났다. 우리 아이들이 10대일 때는 가끔 맹렬히 말다툼을 하기도 했지만, 늘 꿋꿋하게 상냥함, 카리타스caritas(라틴어로 아가페적 사랑이라는 뜻 – 옮긴이), 자애로 변함없고 흔들림 없는 사랑, 난초 아이가 자라나고 피어나는 데 필요한 종류의 사랑을 아이들에게 준 것은 대개 아내였다. 최근 들어서는 내가 새내기 시절에 맡았던 난초 환자들이 무사히 젊은이로 자라나서 똑같이 뛰어난 카리타스, 즉 공감과 사랑의 재능을 지닌 배우자와 결혼하는 것을 보고 감탄하기도 했다. 난초 아이들은 따스한 환경과 파괴적인 환경 양쪽에서 타고난 민감성으로 상황에 가장 먼저 그리고 가장 크게 반응하는 예민한 '갱도의 카나리아'이며, 은총과 악의 양쪽을 가장 먼저 감지하는 전령이다.

3. 차이점을 알아채고 인정하기

난초 아이를 지원하고 보살피기 위해 부모가 쓸 수 있는 세 번째 방법은 **각기 다른 인간의 장점을 인정하고 존중하는 것이다.** 같은 가정에서 자라는 아이는 없다는 점을 기억하면서 부모는 자기 아이들의 각자 다르고 구별되는 특징을 알아차리고 말로 표현하고 인정해줄 필요가 있다. 캐나다 아동문학 작가 진 리틀Jean Little이 쓴 《제스는 용감한 아이Jess Was the Brave One》라는 짧고 재미있는 책이 있다. 겁이 많지만 상상력 풍부한 언니 클레어와 겁 없는 동생 제스 자매의 이야기다. 제스는 눈을 돌리지 않고도 무서운 영화를 볼 수 있고, 병원에 가면 용감하고 침착하게 주사를 맞고, 집 근처 나무의 맨 꼭대기까지 올라갈 수도 있다. 반면 클레어는 주사기 바늘이 단검이나 되는 것처럼 겁을 내고 나무 꼭대기는 무섭다고 생각하지만, 생생한 상상력을 지녔으며 할아버지의 이야기를 듣고 재연하기를 좋아한다. 두 자매 사이에서는 늘 언니 클레어가 '용감한 아이' 제스를 보고 감탄하는 구도가 펼쳐진다. 하지만 어느 날 동네 말썽꾸러기가 제스의 매우 소중한 장밋빛 곰

인형 '핑크 테드'를 낚아채 달아났을 때, 탁월한 상상력으로 자매에게 건장하고 용감한 사촌이 있으며 그 사촌이 곧 찾아와서 곰인형을 다시 빼앗아줄 거라는 이야기를 지어내서 범인에게 겁을 준 것은 다름 아닌 클레어였다. 이 이야기에는 형제자매 간의 서로 다른 특징에는 각기 다른 쓸모가 있고, 용감함과 대담함의 본질은 상황에 따라 달라지며, 모든 아이는 특별함을 인정받아야 한다는 다층적 교훈이 담겨 있다. 겁 많은 난초 아이인 클레어는 비록 가정생활과 놀이라는 일상에서는 전혀 용기를 내지 못하지만, 위기가 닥친 순간 엄청난 기지를 발휘해서 대담하게 문제를 해결한다.

클레어와 마찬가지로 모두 민들레인 가족 안에서 자라는 난초 아이는 왠지 움츠러들고 모자란 존재인 듯한 기분을 느끼기 쉽다. 하지만 버클리 유치원 프로젝트에서 뛰어난 교사들이 보여준 것처럼 부모는 난초 자녀의 특별한 능력과 장점을 인식하고, 인정하고, 칭찬해주어야 한다. 때로는 정신없고 활기차게 돌아가는 가족들의 생활 속에서 난초 아이는 약하고 미미해 보일지도 모르지만, 사실은 예외 없이 커다란 중요성과 이점이 있는 다양한 재능과 능력을 지니고 있다. 이런 재능을 발굴해서 드러내주고 싶은 부모는 아이와 상호작용하면서 아이의 능력을 언급하고 묘사하며 각 아이가 지닌 고유의 경쟁력을 믿어주면 된다. 아이들이 보여주는 폭넓은 다양성을 알아채고 거기 응답하는 눈치 빠르고 관심 많은 부모가 되려면 '민감성에 민감한' 양육 태도를 갖춰야 한다. 그런 차이를 알아보고 각각의 타당성을 인정해야만 난초와 민들레 아이가 고루 튼튼하게 자라 꽃피울 수 있다.

4. 관용과 자유의 토대 마련하기

난초 아이는 부모가 다정하고 창의력 넘치는 아이의 진정한 모습을 수용하고 지지할 때 비로소 활짝 피어난다. 난초 아이는 부모의 비판과 의견을 날카롭게 파악하고 이를 수용하는 방식으로 강렬하게 반응한다. 또 이들은 대개 자신의 창의성을 표현할 방법을 찾을 필요가 있는 상상력 넘치는 아이들이다. 자기 부모가 부모 자신의 욕구와 포부에 딱 들어맞는 아이를 원한다는 것을 난초 아이가 눈치채면 아이 자신의 희망, 꿈, 창의력은 가로막히거나 묶일 수도 있다. 앨리스 밀러Alice Miller의 저서《천재가 될 수밖에 없었던 아이들의 드라마》를 보면 남의 의견을 귀담아듣고 민감한 성인 환자가 어린 시절 부모의 기대 탓에 "자신의 진정한 자아와 분리되는 비극적이고 고통스러운 상태"가 되었다고 설명하는 심리요법 과정이 나온다.[8] 다른 사람에게 맞추는 데 '재능'이 있는 난초 아이는 쉽게 가족의 기대에 갇히고, 참을성과 조심성 없는 부모의 태도에 속박되어 자신의 희망과 종종 강렬하게 터져 나오는 감정을 제대로 경험하거나 표현하지 못한다. 난초가 은연중에 간절히 바라는 것은 자신의 온전한 모습을 드러낼 수 있게 해주는 자유다.

따라서 난초 아이의 부모는 아이의 민감함에 특별한 관용을, 심지어 아이에게 필요한 만큼보다 더 넉넉하게 베풀어야 한다. 그러기 위해서는 저녁 식탁에서 아이들에게 각자 마음속에 담아둔 것을 말하거나 표현할 기회를 주는 방법을 추천한다. 아이가 음악이나 미술, 춤이나 연기 등으로 자신의 창의성을 표현할 기회를 마련해주는 것도 좋다. 감정 표현의 자유를 온전히 보호하고 가족과 다른 의견이나 감정을 가치 있게 여기는 가족 문화를 의식적으로 형성하는 것도 도움이 된다. 내가 아는 한 가족은 발언권을 눈에 보이는 형태로 만든 '말하기 막대'를 저녁 식탁에서 차례로 돌려서 가족 구성원 모두가 자기 생각, 소식, 의견 등을 방해받지 않고 자유롭게 말하는 방법을 쓴다고 한다. 난초 구성원도 발언하고 자신을 표현할 수 있도록 가족 전체가 일종의 시간적 여유를 제공하고 보장하는 것이다. 그러므로 난초 아이를 뒷받침할 때는 부모의 행동과 민감성뿐 아니라 형제자매와 가족 전체의 협조도 상당히 중요하다. 흙이 아니라 바위나 나무에서 자라는 난초처럼 난초 아이는 잘 자라서 꽃을 피우려면 뭔가 다르고 더 단단한 구조와 '토대'가 필요하다.

5. 보호와 자극 사이에서 미묘한 균형 잡기

난초 아이의 가족은 반드시 **신중한 보호와 대담한 노출 사이**에서 적절한 균형을 찾아 유지해야 한다. 난초 아이는 매우 쉽게 생리적 반응을 일으키는 경향이 있으므로 부모가 세상의 수많은 어려움에서 어느 정도 보호해주는 완충재 역할을 해주면 상당한 도움이 된다. 예를 들어 자녀가 부담스러운 사회적 환경에서는 강한 생물학적 반응을 보인다는 사실을 알고 있다면 필요할 때를 대비해 비상 탈출 경로를 마련해둔다. 예를 들어 아이가 지나치게 흥분하거나 가라앉는지 눈으로 확인하고, 주기적으로 아이가 불편해하는 정도를 점검하고, 두려움이 즐거움을 넘어서는 것 같으면 일찍 돌아가자고 제안하고, 특히 벅차 보이는 이벤트라면 아이가 아예 참가 자체를 거절할 기회를 주는 것 등이 포함된다.

반면 난초 아이의 육아는 보호와 차폐가 전부가 되어서는 곤란하다. 부모는 아이가 잘 알지 못하고 심지어 불편한 심리적, 물리적 영역에 용기 있게 발을 디디도록 등을 슬쩍 밀어줄 때가 언제인지도 알아야 한다. 그런 미지의 땅에서 거둔 성공이야말로 처음에는 견디지 못할 것처럼 보였던 상황을 통제하는 능력을 끌어내 아이의 성장을 촉진하기 때문이다.

난초 아이의 부모는 보호와 자극 사이에서 끊임없이 변하는 이 가느다란 선을 따라 걸어야 한다. 다른 아이들을 키울 때도 마찬가지지만, 부모의 태도에 대한 반응 폭이 훨씬 큰 난초 아이를 키울 때는 특히 이 경계선에 주의를 기울여야 한다. 너무 감싸주려다 보면 아이가 응석받이로 변할 위험이 있지만, 지나친 노출 압박 또한 아이에게 부담을 줄 수 있다. 로버트 프로스트는 자신의 시 〈두려움〉에서 "모든 아이는 기억을 지녀야 하는 법 / 적어도 한 번, 잘 때가 한참 지난 뒤 산책했던 기억을"이라고 썼다. 어린 시절 두려움을 극복하고 어두운 미지에 맞서야 할 때가 있음을 표현한 것이다. 모든 아이는 자신이 알지 못하는, 두려운 위험을 똑바로 맞이해 견뎌낼 수 있음을 깨달을 필요가 있다.

요즘 과보호에 대한 비판, 자식이 뭔가를 할 때마다 끊임없이 주위를 맴돌며 '낯선 위협'에서 아이를 보호하려 드는 '헬리콥터 부모' 탓에 어린이의 놀이 공간, 시간, 종류가 제한된다는 주장이 대두되는 데는 이런 이유도 약간은 있다.[9] 따라서 난초 아이의 부모는 선천적으로 내성적인 아이가 벅차할 수도 있는 활동이나 이벤트에 참가시키는 것과 지나치게 보호하느라 성장을 촉진할 만한 새롭고 위험하고 심지어 어려운 경험을 전혀 시키지 않는 것 사이의 미묘한 중간 지대를 찾아야 한다. 이 선을 찾아내서 그 위를 걷는 것은 어렵지만, 실험과 세심한 관찰을 거치면 부모들은 대부분 자신의 난초 자녀에게 가장 유익하도록 잘 조정된 방법을 찾아낼 수 있다.

6. 놀이의 힘 활용하기

마지막으로 난초 아이의 부모는 다른 모든 아이의 부모와 마찬가지로 **놀이, 공상, 상상의 재미가 지닌 엄청난 가치**를 마음에 새겨야 한다. 우리 어른들이 아이라는 존재에 그토록 끌리고 마음을 쏟는 수많은 이유 중 하나는 아이들이 삶의 환상적이고 유희적인 측면에 자연스럽고 아무렇지 않게 드나들기 때문이 아닌가 한다. 때로 어른들은 먹고살기 바빠서 다들 예전에 알았던 놀이의 재미와 순수한 즐거움을 너무 빨리 너무 쉽게 포기했는지 모른다는 생각도 든다. 아이들은 우리가 한때 어떤 존재였으며 어떤 세계에 살았는지 상기시켜주기에 더 사랑스럽고 애틋하다. 아이들은 어른과는 다른 존재 방식을, 우리가 한때 속했던 일종의 '고향'을 보여준다.

덧붙여 지금까지 반복해서 확인했듯 난초 아이를 키우고 가르치고 보살피고 이끌고 격려하려면 다른 모든 어린이가 필요로 하는 것을 더 많이 더 집중적으로 쏟아부을 필요가 있다. 민들레든 난초든 모든 어린이는 음식과 사랑에서 얻는 것만큼 상상력 넘치는 놀이에서도 양분을 얻는다. 놀이는 꿈과 마찬가지로 삶의 현실을 감당할 만한 크기로 줄이고, 괴로운 갈등이나 수모에서 독기를 뽑아내는 수단이기 때문이다. 거친 떠돌이 소년 무리는 적군의 포위 공격을 흉내 낸 놀이를 하며 전쟁에서 죽음의 공포를 지운다. "재, 재, 모두가 쓰러진다네Ashes, ashes, they all fall down"라는 구전 동요를 부르는 아이들은 노래 가사에 19세기 가래톳페스트 유행과 그로 인한 수많은 사망자라는 어두운 역사가 담겨 있음을 알지 못한 채 손을 잡고 빙글빙글 돈다. 의식을 거행하듯 세심하게 자기가 가장 아끼는 인형을 돌보는 아이는 언젠가 부모가 되어 아이를 키울 때를 대비해 즐거우면서도 진지한 예행연습을 하는 셈이다. 놀이는 아이들, 특히 난초 아이들이 예민하게 인식하는 진지하고 냉정한 현실에서 잠시나마 한숨 돌리게 해주는 매력적인 휴일과도 같다.

그러므로 심리적 문제가 있는 아동의 치료에 놀이가 활용되는 것은 우연이 아니다. 자연재해나 치명적일 뻔한 교통사고에서 살아남은 아이들은 위험과 공포의 순간을 재현하는 놀이를 통해 긴장을 완화하면서 조금씩 평소의 생활로 돌아간다. 부모가 별거하거나 이혼하는 아이들은 놀이를 통해 슬픔을 해소하거나 피할 수 없고 달갑지 않은, 부모 한쪽이 떠난다는 현실을 이해하며 변화된 삶을 받아들인다. 민들레와 난초 아이 모두 현실의 어려움과 살면서 느끼는 강렬한 감정을 수용하는 과정에 지어낸 이야기와 상상을 활용하기에, 아이들의 놀이를 기꺼이 받아들이며 참여하는 부모는 자녀가 온전히 아이답고 치유와 희망으로 가득한 방식으로 문제를 해결하도록 돕는 것이다.

여기까지가 예민한 난초 아들딸을 행복하고 건강하게 키우고, 가르치고, 이끄는 비결이다. 일관성과 생활 습관의 힘을 믿고, 관심과 사랑이라는 선물을 주고, 개개인의 차이를 인정하고, 진정하고 온전한 자아를 긍정하고, 보호와 대담한 도전 사이에서 균형을 잡고, 놀이의 유익함을 잊지 말자. 아이를 보살핀다는 훌륭하고 고귀하고 자애로운 행위를 통해 어떤 의미에서 우리는 모두 우리가 출발했던 마법과 신성함의 세계로 초대받는 셈이다.

9장

30년 후,
난초와
민들레
아이의 삶

부모는 다들 시인 메리 올리버Mary Oliver
가 "생생하고 귀한 삶"이라고 표현했던 성취, 감당할 만한 행복과
튼튼한 건강, 충만한 인간관계, 적당한 성공과 의미가 있는 삶을 자
기 아이가 누리기를 바란다.[1] 갓 태어난 아이의 조그맣고 신비롭고
기적 같은 얼굴을 들여다보는 모든 부모의 가슴을 흔드는 것이
바로 이런 희망이다. 긴긴밤 잠을 설쳐가며 우는 아기를 사랑으
로 돌보고, 열이 올라 괴로워하는 연약한 꼬마를 보살피고, 토요
일 오전 올해만 벌써 스물세 번째인 야구 경기를 관전하며 지루
함을 견디고, 질풍노도의 청소년이 된 아이가 자기 길을 찾아가
는 모습을 노심초사 지켜보게 하는 것 또한 희망이다. 난초든 민
들레든, 아들이든 딸이든, 친자식이든 입양했든 모든 아이의 부
모는 아이의 앞날에 사랑과 안전이, 성취와 행운이, 번영과 가치
가 함께하기를 꿈꾼다.

계절이 변하면서 왔다 가는 연둣빛 잎사귀처럼 그 되돌릴 수 없는 첫 몇 년 동안 인생 전체의 전반적 궤도가 어느 정도 정해지기에 나와 같은 발달과학자들 또한 생애 초기에 아이가 경험하는 애정과 보살핌에 집착하지 않을 수 없다. 영아기에 일어나는 일은 아무도 기억하지 못한다 해도, 그 영향은 어린 시절에만 머무르지 않는다.

발달상으로 건강과 질병의 기원을 탐구하는 새로운 분야가 생겨나면서 어린 시절의 사건, 노출, 경험이 인생 전반에 반영된다는 점이 알려졌다. 이 분야의 연구는 역학자 데이비드 바커David Barker가 발달상의 관찰을 통해 성장 부진과 저체중 출산으로 이어지는 태아의 영양 결핍이 수십 년의 세월이 흐른 뒤 관상동맥 심장 질환의 발병과 인과적으로 연결될 수도 있다는 점을 지적하면서 시작되었다.[2] 여전히 많은 사람을 사망에 이르게 하는 이 심혈관 질환은 나이 든 성인에게만 발생하는 병으로 간주되었지만, 발병 원인이 되는 위험 요소가 태아기와 생후 초기 몇 년 안에 생성된다는 사실이 밝혀졌다. 달리 말하면 어린 시절에 일어난 일이 평생 가는 것이다.

생애 초반의 사건과 경험이 이후의 장애와 질환과 강력히 연결되어 있다는 이론은 분야와 지역, 역사적 시간이라는 경계를 넘어 폭넓게 발견된다. 생태학자 콘라트 로렌츠Konrad Lorentz는 새끼 거위가 알에서 깨어난 지 수 시간 안에 자기 주변에서 처음으로 인지한 움직이는 사물을 본능적으로 '각인'한다는 사실을 알아내고, 실험을 통해 새끼 거위 몇 마리가 원래의 각인 대상인 어미 거위 대신 로렌츠 자신을 따라다니게 하는 데 성공했다.[3] 생물학자 르네 뒤보는 어린 시절의 역경 노출이 나중에 그 노출이 경감되거나 제거된 뒤에도 지속되는 신경생물학적 위험을 초래한다고 주장했다. 그리고 미국, 영국, 캐나다에서 시행된 대규모 연구 보고서에서 사회경제적 지위와 사회적 위치 면에서 놀라울 정도로 다른 생애 초기 경험이 나중에 매우 폭넓은 발달 및 건강상의 결과를 낳는다는 동일한 결론이 나왔다.[4]

이렇게 점점 쌓이는 과학적 증거 덕분에 아이들이 생애 첫 몇 년간, 심지어 엄마 배 속에서부터 겪는 경험이 향후 수십 년에 이르는 반향을 일으키고 생애 전체에 걸쳐 건강과 성취도, 행복에 계속 영향을 미친다는 점이 확실해졌다. 그렇다면 자신이 또는 자녀와 사랑하는 사람이 난초 또는 민들레의 민감성을 지녔음을 확실히 알아낸 사람에게 이런 사실은 어떤 의미를 지닐까? 난초 아이의 섬세함은 성년에 이르는 발달상의 경로에서 어떤 양상을 보일까? 민들레 아이의 튼튼함은 20년, 30년이 흘렀을 무렵 어떤 식으로 나타날까? 이런 민들레 또는 난초 특유의 체질이 개인의 삶에 장기적으로 미치는 영향에는 무엇이 있을까? 이는 모두 커다란 의미가 있는 중요한 질문이다. 어린 난초와 민들레들을 키우고, 가르치고, 보살피는 방식은 이 아이들이 어떤 어른으로 자라고 어떤 건강과 행복을 누리고 어떤 성공과 실패를 맛보게 될지에 중대한 영향을 미칠 가능성이 높다는 말이기 때문이다.

물론 거의 40년 전 내가 의학 연구의 길을 택하고 결국 샌프란시스코 베이 에어리어에서 어린이집 아이들을 연구하게 된 것도 이와 똑같은 강력한 의문을 품었기 때문이었다. 3장에서 묘사했던 그 연구에서 우리는 이 책의 토대가 된 난초와 민들레 아이들(그 이후 수많은 연구에서는 그들의 후계자들)을 발견했다. 그때의 추억을 서서히 떠올리면서 나는 1980년대 후반에 우리가 연구했던 그 아이들(이제는 성인이 되었을)이 그동안 어떻게 지냈을지 궁금해지기 시작했다. 지금까지 그들의 삶은 어떻게 풀렸고, 거기서 우리는 무엇을 알아낼 수 있을까? 이 새로운 질문에 자극받은 나와 내 동료 애비 올컨, 에런 슐먼Aaron Shulman은 난초, 민들레라는 대조가 처음으로 눈에 띄었던 그 첫 연구에서 미취학 아동이었으며 밀레니얼 세대(1980년대 초~2000년대 초에 태어난 세대 - 옮긴이)를 대표했던 연구 대상 일부를 찾으려고 시도했다. 우리는 그들의 다양하고 특징적이었던 어린 시절의 추억 이야기와 성년이 된 이후의 이야기를 듣고 싶었다. 우리가 연구했던 아이 중에 내 여동생 메리처럼 슬프고 가슴 아픈 일들을 겪은 난초가 있을까? 아니면 훌륭히 자라 날개를 편 난초도 있을까? 30년이 지난 지금 그들은 과연 어떤 성공과 실패, 기쁨과 슬픔을 겪었을까?

우리는 1995년에 특수 감수성 가설을 처음으로 조심스럽게 제안했던(3장 94쪽 참조) 과학 논문의 구겨지고 누렇게 변한 복사본에서 문자 그대로 먼지를 털어냈다. 이제는 30대가 되었을 이 '아이들' 중 우리는 과연 몇 명이나 찾아낼 수 있을까? 우리와 기꺼이 이야기하려 하거나 우리가 누군지 기억하는 아이가 있기나 할까? 우리가 검사하고 관찰한 이후 30년이 지나는 동안 그들은 인생에서 어떤 교훈을 배웠고, 어떤 이야기를 들려줄까? 첫 어린 이집 연구에 참여했던 137명을 모두 인터뷰하는 것은 터무니없는 생각임을 알았기에 우리는 대상을 좁힐 방법을 생각해야 했다. 연 구 샘플을 체로 걸러서 대표성 있고 결정적이며 시간과 노력을 들 이면 찾아낼 수 있을 법한 사람 몇 명을 추릴 필요가 있었다.

그래서 나는 과거 논문을 위해 수집하고 분석했던 데이터를 다시 끄집어낸 다음 실험실 스트레스 검사에서 투쟁-도피 및 코 르티솔 반응성 수준이 특히 낮았던 아이(민들레)와 특히 높았던 아 이(난초)로 분류했다. 실험실에서 측정된 반응성은 레몬즙 한 방울 맛보기, 슬프거나 무서운 영화 보기, 여러 자리 숫자 외우기 등의 과제에 대한 것이었음을 기억하자. 다음으로 나는 우리가 아이들 의 가정과 어린이집에서 측정한 스트레스와 역경 수준을 기준으로 데이터를 분류했다. 가정 내 스트레스 요인은 새집 또는 아파트로 이사하기, 부모가 자주 말다툼하거나 싸우는 보습을 보거나 듣기, 부모의 심각한 병 같은 상황이었다. 어린이집 스트레스 요인에는 대소변 가리기와 관련된 창피한 실수, 어린이집 일과의 변화, 선 생님에게 꾸지람을 듣는 것 등의 사건이 포함되었다. 반응성과 스 트레스 노출이라는 두 가지 기준을 적용하니 아이들은 스트레스 반응성이 높거나 낮고, 자연발생적 초기 역경 수준이 높거나 낮은 네 가지 유형으로 분류되었다. 이 네 집단을 각각 초원 또는 고속도로에서 자라는 민들레, 열대우림 또는 차디찬 알래스카에서 자라는 난초라고 생각하기로 하자. 마지막으로 우리는 이 네 부류를 오래전 어린이집 시절 감기, 인후염, 중이염, 기관지염, 폐렴 같은 호흡기 질환 수준이 아주 낮거나 높았던 아이들로 나누었다. 알다시피 난초 아이들은 가정과 어린이집 스트레스 수준에 따라 아주 높거나 아주 낮은 질병률을 보인 반면, 민들레 아이들은 스트레스 경험과 관계없이 비교적 낮은 수준의 질병률을 보였다. 이제는 익숙한 그래프에 보이는 대로 우리는 네 집단의 아이 중에서 난초와 민들레 아이들의 질병 패턴을 명확하게 대표하는 여덟 명을 골라냈다. 이 그래프는 사회적 환경 스트레스로 건강과 발달 저해를 예측하는 기존 그래프에서 여덟 명에게 임의로 붙인 가명을 표시한

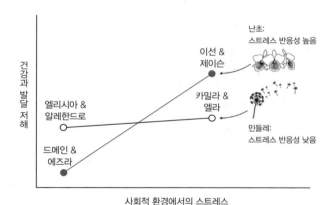

30년 전 어린이집 연구에 참여했던 여덟 명의 가명을 표시한 그래프. 스트레스 반응성(낮음=민들레, 높음=난초)과 초기 사회적 환경에서 역경 노출을 기준으로 네 집단으로 나뉘어 있다. 그래프는 민들레와 난초 아이 사이에서 스트레스와 건강의 관계를 정의하는, 예전에 이미 언급했던 네 유형에 해당하는 인물들을 각각 보여준다.

것이다.

그런 뒤 우리는 약간 전전긍긍하며 이 여덟 젊은이를 찾아내
서 면담이 가능한지 알아보는 작업에 착수했다. (SNS와 인터넷이
정말 큰 도움이 되었다.) 어쨌거나 우리 팀은 먼 옛날 연구에 참여
했던 여덟 명을 전부 찾아냈고, 여덟 명 모두 한두 시간 정도의 집
중 면담에 참여해주었다. 예상보다 더 흥미롭고 감정이 흘러넘치
며 배울 점이 아주 많은 인터뷰였다. 모든 면담은 이들이 30년 전
연구 프로젝트에 참여했을 당시에 만난 적이 없는 팀원(에런)이 진
행했다. 그래서 면담자는 각 대상자가 어떤 연구 집단에 속해 있
었는지 전혀 알지 못하는 '맹검blind' 상태였다.

대화는 어린 시절 기억을 필두로 폭넓은 주제를 다루는 일련
의 주관식 질문으로 시작되었다.

- 부모님은 어린 시절 당신을 어떤 아이라고 생각하셨나요?
- 어린이, 청소년, 성인 시절 가장 자랑스러웠던 성공과 가장
  힘들었던 도전은 무엇인가요?
- 어떤 분야에 흥미와 열정을 느꼈나요?
- 인간관계에서 좋았던 일과 힘들었던 일은 무엇인가요?
- 지난 세월 동안 건강은 어떠했나요?
- 직장 생활은 어땠나요?
- 자신이 어떤 사람이 되었다고 생각하며 현재의 삶에 대해
  어떻게 느끼나요?

이 질문들은 자연스럽고 회고적이며 놀라울 정도로 솔직한 대화로 이어지는 출발점이었다.

세 여성과 다섯 남성을 대상으로 한 인터뷰는 추후 분석을 위해 모두 녹음되었다. 소수의 참가자를 집중 면담해서 그들의 인생 경험, 생각, 보고 들은 것을 자세히 들여다보는 이 연구 방식을 문화기술적 연구ethnographic research라는 용어로 부른다. 내가 경력 전반에 걸쳐 계속 해왔던 정량적, 경험적 연구와는 방식이 상당히 다르지만, 이 후속 연구에서 시행된 것처럼 개인을 대상으로 깊이와 통찰이 있고 서로 반응하는 유형의 대화를 통해서만 얻을 수 있는 신뢰성 있고 과학적으로 유효한 관찰도 있다. 숲에 관해 자세히 알고 싶다면 동식물 종을 세고, 계절의 변화를 기록하고, 기온을 측정하겠지만, 특정한 나무에 관해 알고 싶다면 그 나무 아래 앉아서 오랜 시간을 보내야 한다. 우리는 참가자들에게 소정의 사례비를 건넸고, 자기 삶의 전반부인 서른다섯 해를 깊이 들여다보며 있는 그대로 솔직하게 얘기해준 데 감사를 표했다. 그들이 들려준 이야기는 다음과 같다.

초원에서 자란

민들레 아이

     세 살짜리 엘리시아는 배짱 두둑하고 누구하고나 쉽게 친해지는 자신감 넘치는 꼬마 아가씨였다. 예전에는 접한 적이 없는 바이러스의 바다에 노출된 어린이가 겪기 마련인 기침, 콧물 등의 증상은 보였지만, 대부분의 반 친구들에 비해 더 아프지도 덜 아프지도 않았다. 30대 중반이 된 엘리시아는 똑 부러지고, 자기 인식이 강하고, 내성적인 여성이었다. 밤색 곱슬머리를 길게 기르고 세련된 안경을 끼고 깔끔하게 차려입은 엘리시아는 현대 도시라는 환경에서 자신이 어떤 위치에 서고 싶은지 정확히 아는 전문직 청년의 이미지 그 자체였다. 알고 보니 여덟 참가자 중에서 어릴 적 연구에 참여했던 일을 실제로 기억하는 것은 그녀뿐이었다. 엘리시아는 자신이 어린 시절 개인적 통제권을 강렬히 원하는 아이였다고 회상했다. 아주 어릴 때는 어찌 보면 우습게도 화장실에 가기를 싫어했던 기억이 난다고 했다. 그렇게 하면 '자기 것'

인 물질의 통제권을 내려놔야 하기 때문이었다. 부분적으로는 이런 통제 성향과 아버지에게 물려받은 강한 직업윤리 덕분인지 좋은 학업 성적을 내는 데는 별 어려움을 느끼지 않았다. 어린 시절 또래 동성 친구들과의 관계에서는 상냥하고 순종적인 역할을 맡는 경우가 많았고, 엘리시아의 관점에서 '건강하지 못한' 관계로 이어질 때도 있었다. 상상력이 풍부하고 환상의 세계와 예술을 좋아했으며, 대학에서도 미술을 전공했고 지금도 취미로 계속하고 있다.

막 중학교에 들어갈 무렵 가족 전체가 유럽으로 이주하게 되면서 엘리시아는 언어 능력을 향상해야 한다는 부담감(집에서는 부모님과 원래부터 새로 옮긴 나라의 언어로 대화했지만, 학교에서는 영어만 쓰면서 자랐다)을 느끼고, 익숙한 환경과 교우 관계를 잃은 상실감을 추슬러야 하는 등 여러 적응 문제에 직면했다. 동시에 사춘기에 접어들면서 아무도 자세히 설명해준 적 없는 신체적 변화까지 감당해야 했다. 그럼에도 엘리시아는 결과적으로 잘 적응했고, 유럽 사회의 자유로운 분위기를 즐겼다. 10대 친구들과 유럽 댄스 음악이 쾅쾅 흘러나오는 클럽으로 놀러 다녔지만, 부담스러운 관계나 기분 전환용 약물 등에는 빠지지 않았다. 그 뒤 미국으로 돌아와서 즐거운 대학 생활을 보내고 졸업 후 뉴욕에서 첫 직장을 구했다.

그 회사에서 엘리시아는 그녀의 젊음과 경험 부족을 이용하고 직장 동료로서 선을 부적절하게 넘으면서 자신의 감정을 밀어붙이는 상사와 '유해한 관계'에 빠지고 말았다. 다행히도 그녀는 현재 약혼자가 된 남성과도 만나게 되었다. 뉴욕 그리고 이제는 그 도시를 정의하게 된 모든 악연을 끊어내야 할 필요를 느낀 엘리시아는 짐을 싸서 미국을 횡단해 어린 시절 떠났던 샌프란시스코 베이 에어리어로 일종의 귀향을 감행했다. 이건 상당한 위험 감수였다. 남자 친구와도 잠시 떨어져야 했고, 이 변화로 어떤 결과가 나올지 스스로 통제할 수도 없었다. 통제할 수 있는 것은 이주해야 한다고 스스로 내린 결정뿐이었다. 하지만 그 변화는 모두 그녀가 바란 것이었다. 못된 상사에게서 벗어나고, 비영리적 분야로 직업을 바꾸고, 새로운 사람들을 만나 친구를 사귀고 싶었다. 결국 뉴욕의 남자 친구도 샌프란시스코로 와서 그녀와 합류했고, 둘은 함께 매우 행복한 삶을 꾸렸다. 현재는 자기 생활에 만족하고 있고, 자신에게 맞지 않는 쪽으로 흘러가던 삶의 방향을 바로잡은 것을 매우 뿌듯하게 여긴다. 회복력과 성공이라는 면에서 엘리시아는 같은 민들레인 알레한드로와 비슷한 점이 많다.

알레한드로는 실제보다 더 오랫동안 알던 사람처럼 느끼게 하는, 정신과 의사로서 환자를 안정시키는 데 효과를 발휘할 친근한 목소리를 지녔다. 그의 삶에서 첫 번째 기억은 1989년 오후 어린이집 놀이터에서 친구들과 놀고 있을 때 베이 에어리어를 강타했던 로마 프리에타Loma Prieta 지진이었다. 놀이터가 흔들리자 놀고 있던 아이들은 모두 울음을 터뜨렸지만, 지진이 끝난 뒤 선생님과 부모님들이 달려와 달래자 곧 진정되었다고 한다. 알레한드로는 부모님이 어린 시절의 자신을 말썽을 부리거나 문제를 일으키는 일이 거의 없는 '착한 아이'로 평하실 거라고 생각했다. 다만 일찍부터 집과 학교 양쪽에서 집중력을 완전히 잃고 '넋을 놓는' 버릇이 있었다고 고백했다. 일찍부터 공정함에 집착하고 친구나 부모님과 갈등이 생기면 공평하게 해결하려고 애를 썼던 것이 기억난다고도 했다. 공정함과 공평함을 중시하는 성격 덕분에 그는 사회적 지원이 부족한 지역에서 의사로 일하는 길을 택하게 되었다.

그는 부모님이 자신을 보호하려 했고 약간은 과보호 경향도 있어서 사랑하는 할머니가 돌아가셨을 때 며칠이 지나도록 그에게 알려주지 않았던 일을 기억했다. 하지만 그의 가족은 안정적이고 따뜻했으며, 부모님의 금슬도 좋았다. 알레한드로는 큰 성공을 거둔 형과도 대체로 건강하고 조화로운 관계를 유지하고 있었다. 어린 시절은 물론 성인이 된 뒤까지 탄탄한 성적과 사회적 성공을 거두었고, 풀브라이트 장학생이 되어 남미에서 1년을 보낸 뒤 의학을 공부하기 시작했다. 특히 대학원 레지던트 수련 과정에서 그는 다른 사람이었다면 휴학을 하거나 집으로 돌아갔을 만큼 힘든 시련을 동시에 여럿 겪어야 했다. 의사가 되기 위해 모든 친구와 떨어져 새로운 곳에서 집중 교육 프로그램을 따라가려고 모든 것을 쏟아부으려 할 때 알레한드로의 새 룸메이트가 건물에서 뛰어내려 자살하는 사건이 벌어졌다. 엎친 데 덮친 격으로 알레한드로는 여자 친구와도 헤어지고 말았다. 그럼에도 룸메이트의 자살을 극복하도록 도와주는 집단 상담에 참여하면서 이런 역경에도 차분하게 학업을 계속했고, 사람들은 그의 평정심이 대단하다고 평했다.

알레한드로는 또한 고등학교 시절 자신의 성적 지향성을 적극적으로 시험해보았고, 결국 자신이 양성애자 또는 '성소수자'라는 결론을 내렸다. 그와 가까운 이들 중에는 이를 이해하지 못하는 사람도 있었고, 그 자신도 양쪽 성에 모두 끌린다는 현실을 받아들이고 살아갈 수 있을지 고민이 많았다. 하지만 자아 수용 능력이 뛰어난 알레한드로는 성인이 된 지금의 삶에 만족하고 편안한 상태이며, 유일한 문제는 여전히 계속되는 성 지향성에 관한 고민과 안정적 연애를 유지할 방법을 찾는 것 정도라고 한다.

성인이 된 엘리시아와 알레한드로의 삶은 보호받고 안정된 어린 시절을 보낸 민들레 아이의 여러 이야기에서 우리가 찾아낸 특징들을 명확하게 보여준다. 이들은 안정감 있고 자립적으로 자라서 살다 보면 겪기 마련인 도전과 어려움에 침착하게 대처한다. 엘리시아는 사춘기 초반에 유럽으로 이주하면서 적응 문제를 겪었고, 권력을 남용하며 감정적으로 공격하는 상사와 맞서야 했다. 알레한드로의 경우 자신의 성적 지향성이라는 퍼즐을 두고 고민하며 고된 의학 공부에 적응해야 했고, 트라우마가 될 법한 사건을 가까이에서 겪었다. 하지만 가장 뚜렷하고 중요한 특징은 피할 길 없고 때로는 괴로운 인생의 압박에도 엘리시아와 알레한드로는 둘 다 자기 안에서 적응하고 회복할 힘을 찾아냈다는 점이다. 둘은 커다란 도전을 겪으면서도 살아남았고, 둘 다 자기 길을 찾아 만족스럽고 의미 있는 성인으로서의 삶에 도달했다.

고속도로에서 자란

민들레 아이

꿰뚫어 보는 듯한 눈을 지닌 카밀라는 요리와 라이브 콘서트를 좋아하고, 막 대학원 공부를 마친 참이었다. 어린 시절 자신을 어떤 아이로 기억하느냐는 우리 질문에 그녀는 '선생님에게 잘 보이려는 아이', 즉 권위 있는 사람에게 인정받고 싶어 무진 애를 쓰는 아이였다고 대답했다. 어린 시절 카밀라는 어린이집에서 스트레스나 짜증스러운 일을 평균보다 더 많이 겪은 듯했지만, 건강 기록은 다른 친구들과 비교해 더 좋지도 더 나쁘지도 않았다. 가족은 조용하고 안정적이었고, 어머니는 카밀라의 가장 든든한 아군 역할을 하셨다. 학교에서 그녀는 지배적이고 대장 노릇을 하는 아이들에게 끌리는 경향이 있었고, 자신은 더 종속적이고 따르는 역할을 맡기를 좋아했다. 카밀라는 가끔 잘나가는 친구들의 권력과 명성에 기대기도 했고, 더 어리거나 힘없는 또래를 괴롭히는 데 가담한 적도 있다고 인정했다. 타고난 성향은 소심했지만, 친구들과의 관계를 통해 들러리 이미지를 벗고 훨씬 수다스럽고 친해지기 쉽고 외향적인 모습으로 변신하는 법도 배웠다. 이 점에 있어서 그녀는 매우 단호하고 적극적이었다. 중학교를 졸업한 뒤에는 새롭고 외향적인 모습을 원했기에 공들여서 대외용 이미지를 만들었다.

하지만 사람이 대개 그렇듯 카밀라도 자신의 타고난 기질을 완전히 바꾸지는 못했다. 청소년기 후반, 더 강한 친구를 따르기를 좋아하는 사회적 성향 탓에 결정적이고 수치스러운 사건이 일어났다. 카밀라는 스릴을 즐기고 싶어 좀도둑질에 맛을 들인 남학생과 친해졌고, 어쩌다 보니 자신도 거들기 시작했다. 어느 날 이들은 전자제품 상점에 들어가서 값나가는 외장 하드를 훔쳐서 나왔다. 그런데 주차장으로 나온 이들은 도취감에 빠진 나머지 곧바로 다시 상점에 들어가서 하드를 더 훔쳤다. 하지만 이번에는 붙잡히고 말았다. 유치하고 약간 위험한 게임처럼 보였던 것이 갑자기 심각한 어른의 문제로 변한 순간이었다. 카밀라와 친구는 수갑을 찬 채 심문을 받았고, 카밀라는 죄수복을 입은 채 유치장에서 하룻밤을 보내야 했다.

이는 카밀라와 부모님에게 충격적인 경험이었다. 중산층 가정에서 자란 평범한 아이에게 고소와 유죄 판결은 (그들이 저지른 죄는 원칙적으로 중범죄였지만, 협상을 통해 더 약한 죄목으로 낮춰졌다) 강력하고 결코 잊을 수 없는 사건이었으며, 부모님 또한 깊이 상심했다. 그 뒤로는 이를 기록에서 지우기 위한 길고 값비싼 노력이 이어졌고, 유죄 판결 사실은 구직 활동이나 면허 시험 등이 있을 때마다 수면 위로 떠올라 그녀를 수치스럽게 했다. 이제 카밀라는 석사 과정을 당당히 마쳤다. 그전에는 사회복지사로 5년간 훌륭히 일했지만, 범죄와 체포의 그림자는 아직 완전히 과거로 사라지지 않았다. 하지만 삶에서 길을 벗어났던 그 순간을 지우고 싶기는 해도 카밀라는 온전히 책임을 지고 무언가를 배울 수 있는 경험으로 생각하려고 애썼다.

어린 시절 한동안 과체중으로 고민이 많았던 카밀라는 신체 이미지와 식이 문제와도 씨름해야 했다. 하지만 어머니의 도움으로 몸무게를 상당히 줄였고, 자기 몸과 이미지에 관련된 불안감도 상당 부분 해소할 수 있었다. 그녀는 현재 다른 문화권 출신의 청년과 만족스러운 관계를 맺고 있으며, 똑똑하고 자기 성찰적이며 자기감정을 정확히 인식하는 성인이 되었다.

카밀라와 마찬가지로 엘라는 우리와 처음 만났던 네 살 무렵 어린이집에서 불공정하게 많은 스트레스를 겪었지만, 실험실에서의 반응성은 그리 높지 않았으며 호흡기 질환 빈도도 평균 수준이었다. 엘라를 만난 지 몇 분 되지 않은 사람은 짐작하기 어렵겠지만, 그녀 역시 카밀라와 똑같이 연구 이후로 상당한 역경을 견뎌야 했다. 호기심 많은 얼굴로 잘 웃는 엘라는 펑크 스타일 옷차림 (자수 패치가 잔뜩 달린 청재킷과 큼지막한 검은색 부츠)을 하고 차분하고 긍정적인 자신감을 드러냈다. 엘라는 어린 시절 수줍으면서도 성격이 강한 아이였다고 자평했다. 어머니는 엘라가 단단하고

'속이 꽉 찬' 꼬마였으며 자기 속마음을 가족에게 감추는 법이 없었다고 말했다. 학업에서는 전혀 어려움을 겪지 않았지만, 관계를 맺는 건 다소 어려웠고 여전히 자신이 내향적 성격의 전형이라고 생각한다고 했다. 연수를 받는 아버지와 함께 샌프란시스코에서 지내던 가족은 엘라가 열한 살이 되던 해 남미로 이사하게 되었다 (흥미롭게도 같은 연령대에 엘리시아가 유럽으로 이사하게 된 사정과 매우 비슷하다). 이는 엘라에게 중요하고도 부담스러운 변화였다. 부모님의 모국어를 더 집중적으로 배우고, 문화적으로 차이가 큰 사교와 공부 방식도 익히고, 반에서 자기 자신보다 성적으로 훨씬 성숙한 여학생들에게 둘러싸이게 된다는 발달상의 현실에도 적응해야 했다. 엘라는 사촌들과 길거리에서 뛰어놀기를 좋아하는 말괄량이였지만, 이제는 자신이 별로 공감하지 못하는 가치와 태도를 갖춘 전통적 아가씨가 되어야 한다는 압박을 느끼게 되었다.

엘라가 열여섯 되던 해에 가족은 커다란 비극을 겪었다. 아버지가 마흔다섯의 나이로 갑자기 세상을 떠난 것이다. 엘라를 포함한 가족 구성원 모두 엄청난 충격을 받았고, 각자 슬픔과 상심을 끌어안고 움츠러들었다. 집은 각자 자신만의 동굴 속에서 입을 다문 채 아버지의 갑작스러운 부재를 견디는 곳이 되고 말았다. 엘라는 아버지가 몸담았던 세계에 천천히 발을 들임으로써 자기 삶에 찾아온 커다란 상실에 대처했다. 아버지가 창설을 도운 프로그램에 들어가 공부하고, 아버지의 동료들과 실험실에서 함께 일하고, 아버지가 전문으로 삼았던 과학 분야에 관심을 쏟았다. 하지만 아버지의 자리를 채우기에는 자신이 턱없이 그리고 때로는 절망적일 정도로 모자람을 실감했고, 무력감으로 우울해진 마음을 달래기 위해 대학에 다니는 동안 알코올과 마리화나에 빠졌다.

졸업 후 엘라는 일자리를 찾는 다른 또래들처럼 샌프란시스코로 다시 이사했고, 다시 한 번 역문화 충격을 고스란히 겪었다. 서로 다르고 복잡 미묘한 사회적 기대, 그동안 달라진 영어 속어의 뉘앙스, 행동 양식과 관습을 새로 익혀야 했다. 엘라는 자기가 없는 사이 '구리다shady'라는 단어가 새로 유행하고 있더라고 회상했다. 처음에는 목표도 없이 막막한 상태로 여전히 알코올과 대마초에 의지하며 미래와 운명에 대한 불안감에 빠져 있었다. 하지만 실험실 기술자로 취직에 성공했고, 어느 날 샌프란시스코에 살고 있던 친언니에게 자전거를 받았다. 이 놀랍도록 통찰력 있는 선물이 마법 주문이라도 된 것처럼 그 뒤로 엘라의 삶은 완전히 변하기 시작했다. 이러다 자전거와 씨름하며 길바닥에 쓰러져 죽겠다고 생각하던 며칠이 지나자 감이 잡혔다. 엘라는 매일 10킬로미터 거리의 직장에 자전거로 출퇴근했고, 암벽 등반을 시작하며 날씬해졌다. 상담을 받으면서 자존감과 목표 의식도 되찾았다. 그동안 파란만장한 연애도 겪었지만, 지금은 싱글로 지내며 마침내 안정과 행복을 손에 넣었다.

여기 다 적지 못한 이야기도 많기는 하지만, 이번에도 카밀라와 엘라의 성장기는 민들레 아이의 회복력과 적응력을 잘 보여준다. 이들은 둘 다 어린 시절 우리의 어린이집 연구에 참여하는 동안 가정과 학교에서 다른 또래 아이들보다 상당히 높은 수준의 스트레스를 겪었다. 어린 시절의 스트레스 요인에는 부모의 별거나 이혼, 갈등이나 폭력 목격, 부모의 알코올 중독 또는 약물 남용처럼 어린 시절에 갑자기 일어난 힘든 사건이 포함된다. 또는 부모의 정신 건강 장애나 장기간의 아동 학대처럼 본질적으로 만성적 형태를 띠는 역경도 있다. 두 아이가 어린이집 시절 겪은 유해한 스트레스 요인이 정확히 어떤 것이든 급성, 만성 스트레스 요인에 노출될 때 가끔 동반되는 과도한 호흡기 질환은 나타나지 않았다. 민들레들이 대개 그렇듯 삶에서 커다란 동요를 겪었음에도 둘 다 비교적 양호한 건강 상태를 유지했다.

놀랍게도 인생의 역경과 어려움에 강인한 저항력을 보이는 패턴은 두 여성이 서른이 넘을 때까지 계속 이어졌다. 카밀라는 좀도둑질을 하다 19세에 초범으로 기소당하는 수치를 겪고 지금껏 이어지는 복잡한 법적, 감정적 대가를 치렀다. 과체중이라는 까다롭고 끈질긴 문제와도 씨름해야 했다. 엘라의 경우 열여섯에 아버지를 잃고 북미와 남미를 두 번이나 옮겨 다녀야 했다. 부모를 여의는 것은 언제든 힘든 일이지만, 아무 조짐이나 마음의 준비도 없이 10대 소녀가 아버지를 잃는 것은 마음을 심하게 어지럽히는 비극이 아닐 수 없다. 하지만 카밀라와 엘라의 과거가 오랜 시간에 걸쳐 발달을 저지하거나 발달상의 성취를 저해했다는 증거는 전혀 없다. 둘 다 커다란 상실(하나는 법적, 사회적으로 자신의 순수함과 도덕성을 더럽혔던 일, 다른 하나는 깊이 사랑했던 아버지의 죽음)을 받아들인 듯하다. 하지만 이들은 그런 상실을 삶의 교훈으로 바꾸어 자신을 바로잡거나 자아를 굳건히 할 기회로 활용할 방법을 찾아냈다.

열대우림에서 자란

난초 아이

          네 살 무렵 드메인은 우리가 초기 연구에서 만난 어린이집 아이들 가운데 가장 건강한 편이었다. 반응성 실험실에서 극도로 높은 투쟁−도피 반응을 보여 난초 아이임이 밝혀졌음에도 그는 우리가 아이들을 관찰하고 주기적으로 검사한 1년 동안 거의 병에 걸리지 않았다. 실제로 드메인은 자신이 다니던 샌프란시스코 어린이집의 어떤 민들레 아이보다도 감기나 바이러스 감염을 덜 겪었다. 그야말로 빼어나게 건강한 꼬마였다. 거의 흠 잡을 데 없고 그림으로 그린 듯한 기록적 건강은 역경이 거의 존재하지 않고 그를 지지해주는 가정과 어린이집 환경, 그리고 이렇게 도움이 되고 스트레스 없는 생애 초기 환경의 보호막 효과를 최대한 받아들이게 해주는 난초 성향이 어우러진 결과였을 것이다. 드메인은 예나 지금이나 사교적이고 카리스마 넘치는 성격이었다. 30년이 지난 뒤에도, 심지어 그의 회상에 따르면 부모님이 그를 약간 못마

땅하게 여기며 잔소리를 하는 상황인데도 드메인은 여전히 활기차고 건강하며 화려한 삶을 누리는 청년이었다. 우리가 다시 만나자고 했을 때 그는 자신의 호화롭고 정신없이 빠르고 대담무쌍한 삶을 이야기할 기회를 얻게 되어 반가워했다.

손과 몸으로 극적인 제스처를 즐겨 하는 드메인은 처음부터 자신이 어린 시절과 어린이들의 세계에 어울리지 않는 존재라고 느꼈다. 마치 낭비벽 심한 청년 개츠비가 아이의 몸으로 가장해 이 세상에 태어난 것 같았다. 그는 또래들이 유치하며 놀이가 지루하고 시시하다고 느꼈다. 부모님 친구들이나 성인 친척들과 어울리는 편이 훨씬 수준 높고 흥미로워서 좋았다. 남자아이들이 빠져드는 스포츠나 비디오 게임, 공룡, 용 등에도 전혀 관심이 없었다. 골동품 가구와 우아한 장식이 있는 집에서 열리는 어른들의 가든 파티가 훨씬 좋았다. 그는 자기 환경, 물건, 친구들이 완벽하게 질서 정연하고 세련되며 화려하기를 바라는 욕구와 기질을 타고났다. 꼴사나운 환경이나 사건을 강박적으로 싫어했고, 반에서 한 친구가 토하는 장면을 본 뒤에는 일주일 동안 집에 있었다고 한다. 그는 일찍부터 따분하거나 형편없거나 저속한 것 또는 사람을 체질적으로 견디지 못했다고 선뜻 인정했다.

외향적 성격이자 확실한 ADHD인 드메인은 삶에서도 우리 면담에서도 가만히 앉아 있지 못했다. 하지만 잠시도 가만히 있지 못하는 성격 덕분에 그는 부유하고 영향력 있으며 이왕이면 자신보다 나이 많은 지인을 만들기 위한 수단으로 고급 레스토랑에 취직했다. 샌프란시스코 정치인의 사무실에서 인턴으로 일한 적도 있지만, 극도로 활동적인 기질 탓에 진득하게 앉아 집중하기가 어려워 별다른 성과를 올리지는 못했다. 대학을 졸업한 뒤에는 집에서 살면서 상류층의 삶을 따라가기 위해 엄청난 카드 빚을 졌다. 하지만 애초부터 다 계획되어 있었다는 듯 그의 장점이 빛을 발하기 시작했다. 그는 어찌어찌해서 리얼리티 TV쇼에 출연하게 되었고, 갑자기 스타덤에 오르면서 외국 여행과 사업 기회를 얻고 연사로 초빙되었으며 돈의 향기가 넘치는 새롭고 엄청난 세계의 문이 열렸다. 그는 공인으로서의 삶, 특히 인기 있고 화려한 상류층 인사로서의 삶에 따르기 마련인 화려한 무대와 행사에 반론할 수 없는 재능과 갈망을 품고 있었다.

고등학교를 졸업할 때 드메인은 동기들에게 '백만장자가 될 가능성이 가장 높은 학생'으로 뽑혔고, 1년에 50만 달러(한화로 대략 6억 - 옮긴이)가 훌쩍 넘는 그의 연봉을 보면 이 예언은 금세 실현되었다고 볼 수 있다. 그는 본질적으로 약간 과민할지는 몰라도 면담에서 호감 가고 매력적인 모습과 품위, 타고난 수다쟁이이자 의사소통에 능숙한 사람 특유의 반짝이고 매끄러운 말솜씨를 보여주었다. 자신은 샌프란시스코를 좋아하지 않는데 이곳에 직장이 있어 한동안 머무를 수밖에 없다는 사실에 상당한 고뇌를 드러내기도 했지만, 그의 몸가짐 하나하나에서 감성과 취향, 우아함이 묻어났다. 드메인은 이제 자신이 네 살 때부터 상상하고 찾으려고 애썼던 매력 있고 '특별한' 삶을 손에 넣기 위한 길을 걷고 있다.

고상함과 유명함을 추구하는 삶을 살면서 그가 찾아낸 유일한 단점은 다른 사람 밑에서 일하면서 회사의 요구와 스케줄에 맞춰야 하는 불편함이었다. 그는 회사를 소유하고 이끄는 데 수반하는 통제권과 지배력을 갈망했고, 의심할 여지없이 언젠가는 손에 넣을 게 틀림없었다. 아내를 만나고 가족을 이루는 전통적 삶에 따르는 잠재적 손실, 아이러니하게도 그의 정서 안정에 꼭 필요한 잦은 여행과 정신없이 바쁜 속도를 조금은 내려놔야 할 것을 걱정하고 있기는 하지만, 드메인은 어쩌면 진짜 아내가 될지도 모르는 여성과 서로 매우 아끼며 연애를 하는 중이다.

특출하게 건강한 난초라는 유형 안에서 드메인의 대척점에 있는 에즈라가 들려준 생애 첫 10년의 이야기는 우리에게 흥미로운 대조와 주목할 만한 유사점을 모두 제공해주었다. 우리가 보기에 에즈라는 드메인과 마찬가지로 매력적이고 사색적이고 자기인식이 강했지만, 차분한 태도와 절제되고 재치 있는 유머 감각을 지녔다. 더불어 침착하고 평온했으며 생각이 정리되지 않으면 절대 서둘러 입을 열지 않았다. 동유럽에서 태어난 그는 세 살에 가족과 함께 미국으로 건너왔고, 그에게 남은 최초의 기억은 유대인 지식인인 부모님이 자신을 데리고 공산주의 정부가 무너지기 직전의 조국을 빠져나가며 공항에서 친척들과 영원한 작별을 고하는 장면이었다. 이들은 비행기에 올라 그들을 기다리는 새로운 대륙에 도착했다.

모든 것을 두고 와해 직전의 고국을 갑자기 떠나게 된 상황에서 에즈라가 더욱 피부로 실감했던 현실은 자유와 기회의 땅에서 에즈라와 여동생을 키울 기회를 얻기 위해 고향 땅과 익숙함을 버린 부모님이었다. 미국 이주는 대성공을 거두었다. 에즈라는 장학금을 받고 이중 언어 전문 사립학교에 장학금을 받고 다녔으며 미처 몰랐던 춤을 향한 열정과 재능을 발견하고 샌프란시스코 발레단에 들어갔다. 프로 발레리노가 되는 진로도 고려했으나 고등학교 후반에 심각한 부상을 입어 댄서로서의 생명이 끝나고 말았다. 하지만 춤은 그의 여러 재능 가운데 하나였을 뿐이기에 에즈라는 발걸음을 늦추거나 멈추지 않았다.

이민자 어린이인 에즈라는 타고난 자신감과 붙임성으로 샌프란시스코라는 도시와 기꺼이 친해지며 그곳을 자기 집으로 삼았다. 그는 매일 샌프란시스코의 명물인 노면전차를 타고 언덕을 올라 학교에 다니면서 그림 같은 풍경과 건물에 감탄했다. 심지어 전차 운전사가 에즈라의 이름을 알고 있을 정도였다. 어쩌면 그가 지금 건축을 업으로 삼고 있는 것도 우연은 아니리라. 성인이 될 때까지 이렇다 할 건강 문제를 겪은 적도 없었고, 현재는 진지하게 만나는 여자 친구가 있다. 그는 자신의 현재 경제적 상황에는 약간 불만이 있고(2007년 서브프라임 사태로 불거진 경제 위기를 원인이라 생각한다), 샌프란시스코 베이 에어리어에 확실하게 뿌리를 내린 자신의 상황을 어느 정도 한탄하고 있다.

드메인과 에즈라의 이야기는 출발점과 도착점이 완전히 달랐음에도 어린 난초로 산다는 것의 복잡함을 자세히 보여주는 공통점이 있었다. 두 청년 모두 어린 시절이나 지금이나 평범함과 무난함과는 거리가 멀었다. 드메인은 주류 그 이상의 삶을 꿈꾸었다. 소련 붕괴 이후의 회색빛 혼란 속에서 태어난 에즈라는 샌프란시스코라는 화려한 도시로 탈출해 3개 국어를 구사하는 코즈모폴리턴 발레 댄서가 되었다. 둘 다 품위 있고 수월하게 사람에게 다가가는 재능을 보였고, 내가 어린 시절부터 보아왔던 수줍어하는 난초 젊은이들과는 달리 둘 다 서른이 넘은 현재 외향적인 성격을 편안하게 유지하고 있었다. 둘 다 사람은 각자에게 맡겨진 비밀스럽고 특별한 역할이 있다는 듯이 독창성과 개인적 운명을 중요하게 여겼다. 그리고 자신의 삶에서 이런 특별한 이상을 실천하고 실현하는 데 놀라운 집중력과 능력을 보였다. 둘 다 외로운 늑대 유형도, 부끄럼쟁이도 아니었다. 오래 지속되는 낭만적 관계에 집중하는 모습도 보였다. 우리는 두 청년이 잘 자라나서 큰 성공을 거두었을 뿐 아니라 매우 '특별한 방식으로 특별한' 삶을 추구했다는 점에 강렬한 인상을 받았다.

알래스카에서 자란

난초 아이

이선은 우리가 어린이집 프로젝트에서 검사했던 아이 중 스트레스 요인에 생물학적으로 가장 민감한 축에 들었다. 우리가 내준 아주 약간 어려운 과제에도 강한 투쟁-도피 반응을 보였고, 감정적으로 힘들었던 사건을 얘기하면서 눈에 띄게 흔들렸다. 네 살짜리의 삶에 일어날 수 있는 좋은 일과 나쁜 일 양쪽에 생생한 상상력을 발휘하기도 했다. 이선은 어린이집 환경에서 평균보다 더 많은 역경을 겪었다. 때로는 놀이터에서 따돌림이나 괴롭힘을 당했고, 자주 바뀌는 등하원 스케줄에 적응하기 어려워했고, 교직원 수가 적어 모든 아이의 어려움을 일일이 살필 수 없는 환경을 힘들어했다. 이런 환경의 영향과 스트레스 반응에 동반되는 면역력 저하 탓에 이선은 1년 내내 몸이 좋지 않았다. 특히 겨울철에는 바이러스 감염을 달고 살았고, 종종 중이염이나 축농증 같은 합병증에 시달렸다. 이선은 유난히 몸이 약한 아이로 보였다.

30년 뒤 이선은 책과 DVD가 넘쳐나는 자신의 베이 에어리어 아파트에서 우리에게 살아온 이야기를 들려주었다. 주근깨가 가득한 상냥한 얼굴을 한 그는 머릿속에 자신만의 생각이 가득할 때도 다른 이들과 대화를 나눌 수 있는 건강하고 차분한 청년으로 자랐다. 그는 형제와 배다른 형제가 잔뜩 있는 대가족의 막내였고, 첫 기억은 18개월에 세례를 받은 일이라고 했다. '영아기 기억 상실infantile amnesia(3~4세 이전의 일은 기억하지 못하는 현상 - 옮긴이)'이라는 잘 알려진 현상을 생각하면 이는 예외적으로 이른 기억이었다. 사람들은 대부분 3~4세 무렵 처음으로 회상 가능한 단편적 기억을 형성하지만, 어쩌면 이선은 특출한 민감성 덕분에 보통은 지워져버리는 기억의 흔적을 더듬을 수 있었는지도 모른다. 그렇기는 해도 우리 연구에 참여했던 일을 잘 기억하고 계셨던 부모님과는 달리 이선은 그 사실을 전혀 기억하지 못했다. 면담이 있기 전날 밤 부모님은 이선에게 그가 실험실 과제를 무척 부담스러워했다고 말씀하셨다고 한다. 그에게는 어린 시절 환경에 '지나친 자극'을 받은 기억이 많았다. 어린 시절 특히 사람이 많거나 떠들썩한 곳에 있게 되면 과민하게 반응하고 압도당한 경험이 많았다고 한다. 특정 상황을 통제하지 못하게 되면 짜증이 나서 폭발적으로 화를 내기도 했다. 어린이집 시절과 그 이후로도 계속 등원이나 등교가 피곤하고 힘들었고, 집에서 혼자 TV나 책을 보는 편이 훨씬 좋았다. 타인에게 감정 이입하는 탁월한 능력과 (우리가 네 살인 그를 보고 짐작한 대로) 생생한 상상력을 지녔고, 초등학교를 마칠 무렵에는 이미 자신의 진로를 정한 상태였다. 초등학교 고학년 시절 우연히 연기 수업을 듣게 된 그는 곧바로 자신의 길을 찾았다고 느꼈다. 배우야말로 그의 천직이었다.

새로 찾은 방향성과 목적의식에도 불구하고 이선에게 중학교는 학업 면에서나 사교적으로나 매우 힘든 도전이었다. 감각 자극 탓에 공부에 집중하지 못했고, 운동장에서 또는 등하굣길에 괴롭힘을 당했으며, "어떻게 해도 안으로 들어갈 방법을 찾을 수 없는" 듯한 느낌을 받았다고 한다. 외롭고 어느 정도 고립된 상태에서 이선은 분함과 서먹함을 품은 채 중학교와 고등학교 사회의 주변부에 존재하는 "괴짜들", 사교적 낙오자들과 어울리기 시작했다. 그의 행복과 안전을 걱정한 부모님은 더 유연하고 여유 있는 교육 방침을 제공하는 '히피 학교'로 그를 전학 보내 고등학교를 마저 다니게 했지만, 이선은 여전히 소속감을 느끼지 못했다. 새로운 환경에서 그는 점점 외롭고 우울해졌으며, 어두운 시기의 바닥을 쳤을 때는 잠시 자살을 생각해보기도 했다. 그는 이 시기의 상징적 일화로 가족이 함께 떠난 여름 캠프에서 실수로 음식이 담긴 식판을 바닥에 떨어뜨렸던 사건을 꼽았다. 나쁜 뜻 없이 한바탕 웃고 넘어갈 셈으로 식당 안에 있던 사람들은 손뼉을 치기 시작했다. 격렬한 자괴감에 빠진 이선은 뛰쳐나가 화장실로 가서 주먹으로 벽을 쳐서 구멍을 냈다.

다행히도 얼마 후 그는 마음을 다잡고 부모님께 상담을 받아보고 싶다고 말했고, 부모님은 이를 귀담아듣고 행동에 나섰다. 그는 상담사의 도움을 받아 그럭저럭 괜찮고 평화로운 삶을 되찾을 수 있었다. 고등학교 중반에 처음으로 여자 친구를 사귀면서 자신감이 생겼고, 우울함과 절망에서 서서히 벗어났다. 성적도 좋아지기 시작했고, 학업 방면의 재능이 점점 피어나면서 3학년에 들어 집중적으로 노력한 끝에 이름 있는 대학교 연극학부에서 입학 허가를 받았다. 대학은 그에게 천국이었다. 마침내 마음 맞는 사람들을 만난 이선은 연극학부에서 매우 잘해냈다. 대학을 졸업한 뒤에는 잠시 로스앤젤레스에서 일했지만, 그곳 연극계는 경쟁이 몹시 치열하며 입에 발린 소리를 잘해야 배역을 따낼 수 있다는 사실을 깨달았다. 마침 맡게 된 배역 관계로 샌프란시스코에 돌아온 그는 그대로 머물렀고, 연기와 웨이터 일을 병행해서 얻은 수입으로 별문제 없이 생계를 꾸릴 수 있었다. 하지만 그는 여전히 삶에서 근본적으로 괴짜들, 우리 사회와 공동체에 색채와 장식을 더하는 예술적이고 묘하게 이상한 사람들에게 동질감을 느낀다.

제이슨도 실험실 과제에 과도한 반응성을 보이고 가정과 어린이집 양쪽에서 불균등하게 많은 스트레스 요인을 겪어 이선과 똑같은 유형의 난초 아이로 분류되었고, 끊임없이 감기로 콧물을 흘리는 아이였다. 이선과 마찬가지로 재혼 가정의 여러 아이 중 막내였다. 다른 형제자매와 터울이 많이 졌기에 그는 어린 시절 대부분을 외동 같은 기분을 느끼며 자랐다. 그는 가족에게 뭔가를 요구하고 조르는 일이 많았으므로 부모님이 자신을 '칭얼거리고', '버릇없는' 아이로 여겼을 거라고 말했다. 비디오 게임과 야구(직접 하는 것이 아니라 보는 것)에 푹 빠져 지냈고, 지금도 가장 친한 사이로 남은 친구와 가까워졌다. 직접 만나본 제이슨은 자기 의자에 기대앉아 행복한 듯 빠르게 말을 잇는 쾌활한 청년이었다.

그는 중학교에서 고등학교까지 교회에서 운영하는 교구 학교에 다녔고, 학업 중심의 엄격한 분위기에 대한 반항으로 술을 진탕 마시고 대마초도 마구 피웠다. 대학교에 가서는 캘리포니아 사막 한구석에서 환각성 버섯을 먹고 마리화나를 피우고 거대한 바위를 오르락내리락하는 게 낫다고 여기는 히피 무리(이선의 예술적 친구들보다는 훨씬 방탕한 무리였다)와 어울려 다녔다. 제이슨이 고등학교를 졸업한 뒤 부모님은 동부 연안으로 완전히 거처를 옮기면서 그를 샌프란시스코 집에 남겨뒀고, 그는 지금도 그 집에 살고 있다. 동부 도심에서 1년 동안 부모님과 함께 지내보기도 했지만, 그에게 동부 환경은 자극이 너무 심했다. 교통 혼잡과 인파, 소음 탓에 그는 쉽게 지치고 말았다.

한편 근처 대학교에서 행정직을 맡으면서 제이슨의 삶은 안정적이고 생산적으로 변했다. 그는 이제 진지하게 직장에 다니고, 예상 가능하고 안전한 미래를 확보했으며, 경사가 가파르지는 않더라도 장기적으로 평판 좋은 직장에서 위로 올라갈 수 있게 되었다. 현재의 삶은 편안하고 안정적이었다. 다른 한편으로 그의 이야기에는 약간의 아쉬움과 체념이 묻어 있었다. 멀리 사시는 부모님은 그의 음주 습관을 걱정했다. 별일 없는 날이면 제이슨은 퇴근해서 집에 돌아와 대마초를 파이프에 채워 피우고, 긴장을 풀기 위해 술을 두어 잔 마시고, 멍하니 스포츠 채널을 보며 저녁을 보낸다. 부모님의 샌프란시스코 집에서 영원히 지낼 수는 없다는 사실은 인정하지만, 임대료가 말도 안 되게 비싸고 개인적으로 저축을 좀 해둬야 한다는 타당한 이유가 있어 당분간은 그대로 있을 생각이라고 한다. 안타깝게도 그의 가장 길었던 연애도 서너 달밖에 가지 못했고, 그래서인지 그는 혼자가 더 편하다고 여긴다. 그는 정치에 관심이 있으며 조심스러운 무신론자이고, 영적 생활이나 경험에는 그다지 욕구나 필요를 느끼지 않는다. 성년이 될 무렵부터 원인은 알 수 없으나 "위장이 민감"해져서 때때로 꽤 성가신 위장 관련 증상을 겪는다. 일정한 생활 습관을 좋아하고 위험은 되도록 피하려고 한다. 서른넷의 제이슨은 장황하지는 않은 수준에서 자기 생각을 말하는 걸 좋아하고, 때로는 특정 상황이 우습다고 강조하느라 어색하게 웃기도 하는 청년이다. 현재 그의 삶은 안정적이기는 하지만, 때로는 외롭고 자신의 진정한 잠재력을 펼치지 못하는 생활 방식 속에서 그는 잠시 방향을 잃은 젊은이처럼 보인다.

처음부터 알고 있었다시피 난초다움, 즉 일부 아이들이 자신을 둘러싸고 영향을 미치는 세상의 특징에 보이는 특별한 감수성과 예민함은 난초들이 종종 내놓는 놀라운 결과와 빛나는 성취를 가능케 하는 동시에 불운이나 실패를 불러올 가능성을 담고 있는 양면적 특성을 지닌다. 이선도 제이슨도 우리가 문제 있거나 실패했다고 간주할 만한 인생을 살지는 않았다. 둘 다 꾸준한 수입이 있는 좋은 직장에 다니고, 우리 사회와 세상에 제몫을 해내는 시민이다. 두 사람 모두 일과 목표에서 약간의 성공을 거두고 소소한 자부심을 느끼고 있었다. 하지만 동시에 둘 다 즐거움을 느끼지는 못했고, 제이슨의 경우에는 열정도 잃었다. 이선은 제이슨보다는 장기적 꿈을 좇는 삶을 살기 시작했지만, 둘 다 자기 삶을 송두리째 바칠 만한 직업이나 가족에 속하지는 못했다.

이제는 성인이 된

여덟 아이들의 삶에서
배우는 교훈

어린이집에서 스트레스와 질병의 관
계를 조사한 30년 전의 발달 연구에 참여했던 여덟 청년은 아직도
살날이 한참 남았다. 인간의 수명이 점점 늘어나고 있기에 이 젊은
남녀는 각각 살날이 반백 년 정도 남았다고 봐도 타당할 것이다. 따
라서 우리가 지금 면담 자료를 꼼꼼히 살피고 체로 쳐서 그들의 인
생 궤도에 대해 어떤 결론을 내린다 해도 그건 잘해야 잠정적 결론
일 뿐이다. 우리는 그들이 부모님과 사랑하는 사람들과 더불어 길
고 생산적이고 만족스러운 삶을 누리기를 바란다. 지금으로서는 조
심스럽고 불완전할지 몰라도 이들의 이야기를 모두 합치면 거의
250년 분량이며, 그건 노래 가사에 나오듯이 "행복과 눈물이 가득
담긴(뮤지컬 〈지붕 위의 바이올린〉의 삽입곡 '선라이즈 선셋'에 나오는
가사 – 옮긴이)" 개인의 역사다. 아직 기대 수명의 절반도 안 되는 세
월밖에 지나지 않았지만, 이 젊은이들의 삶은 초록빛 지구에 복잡

함, 즐거움, 슬픔으로 이미 자신의 흔적을 선명하게 남겼다.

　이제는 성인이 된 여덟 '아이'들에게서 우리는 난초와 민들레 아이라는 더 큰 이야기를 비춰줄 어떤 새로운 통찰을 건져 올리게 될까? 어린 시절 가정과 어린이집 환경에 대한 민감성 또는 무관심 측면에서 그렇게나 확실히 필연적으로 달랐던 이들의 이야기는 어린 난초와 민들레가 그릴 삶의 궤도, 불운이나 행복의 궤적을 이해하는 데 어떤 도움을 줄 수 있을까? 다행히도 우리는 썩 타당하고 새로운 종단적 소견 몇 가지를 모을 수 있었다.

　첫째, 앞에서 지적한 대로 '난초'와 '민들레'는 민감성 차이를 나타내는 연속체에서의 위치를 가리키는 것이지 각 어린이를 경험적으로 분류해서 집어넣을 수 있는 인간 표현형의 '양동이'가 아니라는 사실이 매우 분명해졌다. 드메인, 에즈라, 이선, 제이슨은 서너 살 무렵 신경생물학적 반응성에 관한 발달 연구에서 난초 아이로 분류되었고, 우리가 난초 기질로 분류한 어떤 특징을 각자 지니고 있었다. 이제는 오래전인 어린이집 시절 이들은 모두 강하지 않은 실험실 스트레스 요인에 높고 과민한 반응을 보였다. 모두 특수한 민감성을 지녔으며, 드메인의 경우 진부하고 '평범한' 것을 질색하는 취향, 에즈라의 경우 발레 재능, 다른 이들에게는 쉽게 과민해지는 감각 또는 강렬하거나 붐비는 환경에서 압도되는 경향으로 이어졌다.

　꿋꿋한 민들레인 알레한드로, 엘리시아, 엘라, 카밀라는 모두 난초 아이들에게서 격렬한 반응을 끌어냈던 똑같은 실험 과제에 무감각한 최소한의 반응만을 보였다. 그리고 이들은 모두 진짜 역경을 마주했을 때 어느 정도 끈질기고 회복력 있는 면을 드러낸 인생 이야기를 들려주었다. 알레한드로는 부모님이 할머니의 죽음을 자신에게 숨기지 않고 알려주어 상실을 진심으로 느끼고 슬퍼할 수 있었기를 원했다. 엘리시아는 사춘기라는 극적 변화를 맞이하는 와중에도 유럽에서의 새로운 삶에 성공적으로 적응했다. 엘라는 예상치 못하게 갑자기 찾아온 병으로 아버지를 너무나 일찍 여의고 살아가야 했다.

하지만 마찬가지로 명백히 드러난 것은 **난초와 민들레 집단에서 나타난 놀라운 다양성**이었다. 난초 아이 이선은 비사교적이고 숫기가 없었지만, 사람들 앞에 나서야 하는 연극 무대 위에서 힘들게 얻은 편안함을 획득함으로써 대처했다. 또 다른 난초인 드메인은 어린 시절의 편안함에 머물 생각이 전혀 없었고, 자신감 있고 심지어 맹렬하게 어른의 삶을 향해 나아갔다. 민들레인 엘라와 카밀라는 둘 다 어린 시절 또는 청소년기에 깊은 트라우마가 될 만한 경험을 했다. 하지만 엘라가 아버지의 죽음에 즉시 아버지와의 사적, 직업적 유대를 강화함으로써 상처를 완화하는 방식으로 대처한 반면 카밀라의 체포와 유죄 판결은 그걸 제외하면 흠 없이 훌륭했을 그녀의 삶에 끈질기게 남아 신경을 건드리는 얼룩이 되었다. 이들은 각각 난초답고 민들레다운 특성을 섞은 일종의 모자이크 같았다. 여덟 명 모두 30년이 지난 뒤에도 금세 아주 분명하게 우리가 예전에 실험실에서 절차를 거쳐 할당한 유형대로 분류되지만, 다른 쪽이 전혀 섞이지 않은 어느 한쪽의 순수한 표본이라고 할 만한 청년은 하나도 없었다. 모두 난초와 민들레의 스펙트럼 선상 어딘가에 자리하고 있었다.

둘째, 발달과학자에게는 당연한 일이지만, 이 젊은이들의 삶과 자아는 모두 시간이 지나면서 눈에 띄게 변화했다. 1980년대에 우리가 알았던 어린 시절의 특징이 점점 더 뚜렷하고 강해진 경우도 있었지만, 서너 살 어린이일 무렵 우리가 관찰했던 기질 및 행동 양식과는 전혀 딴판으로 변한 청년도 있었다. 카밀라는 초등학교 입학 직후부터 선생님 마음에 들기를 원하는 모범생이었고 나중에는 석사 과정을 밟으며 공부를 계속했다. 이선은 초등학교 교육과정을 마치기도 전에 연극과 연기에 눈을 떴지만, 연극이나 영화 쪽 진로에 발만 걸쳐보는 다른 학생들과 달리 그는 시간이 지나면서 더욱 연기에 깊이 빠져들었다.

대조적으로 알레한드로는 어린 시절 집중하지 못하고 헤매는, 그의 표현대로라면 "넋을 놓는" 경향이 현저했고, 이는 학업쪽 진로에 도움이 되는 자산이라고는 할 수 없었다. 그럼에도 그는 풀브라이트 장학생이 되었고 지금은 일류 병원에서 정신과 레지던트로서 수련 중이다. 엘라는 어린 시절 수줍어하고 겁이 많았으며 사교적 상황이 위협적이고 어렵다고 느꼈다. 하지만 이제는 좋은 친구와 아끼는 동료들을 만나 활발히 대인 관계를 맺으며 사람을 만날 일이 많은 생명공학 분야에 성공적으로 안착했다. 가끔 우리는 아이들이 성숙한 어른으로 성장할 때 일어나는 엄청난 변

화(좋은 쪽이든 나쁜 쪽이든)에 깜짝 놀라기도 한다. 평범한 들러리
였던 학생이 자라서 기막히게 매력적인 기업체 대표가 되었다든
지, 반장이 화이트칼라 사기꾼이자 범법자가 되었다는 이야기는
다들 들어봤으리라.

하지만 여러 쌍의 젊은 면담자 중에 가장 두드러지고 날카로
운 대조는 두 난초 소년 이선과 제이슨 사이에서 나타났다. 둘 다
어린이집 시절 상대적으로 높은 수준의 역경을 겪었고, 어린이집
에서 도는 호흡기 질환과 발열을 1년 내내 달고 살았다는 점도 똑
같았다. 두 소년 모두 가정과 어린이집 환경에서 더 많은 어려움
과 역경, 스트레스 요인을 겪었다. 더불어 둘 다 고등학교 시절 또
래 사회에서 불안정하고 소외된 주변부에 존재하는 집단으로 분
류되었다.

하지만 이선과 제이슨의 이야기는 자기 삶의 현재 상황, 그리
고 현재의 생활 방식에 영향을 미친 가족과 또래와의 인간관계에
관해 얘기하면서부터 완전히 갈라지기 시작했다. 둘 다 고등학교
와 대학교에서 고립된 주변부에서 지내는 또래들과 어울렸고, 이
선이 속한 집단은 별스러운 정체성을 스스로 원해서 택한 예술가
들이었다. 반면 제이슨이 어울린 집단은 기분 전환용 약물을 빈번
히 사용하고 바깥세상과 단절되려는 성향을 보이는 등 더 순수하
게 반사회적이고 위험한 행동에 탐닉했다. 두 청년 모두 부모님을
포함한 가족과 연락을 유지했고, 우리는 이선의 가족이 어린 시절
내내 이선과 유대감을 확고히 하고 그가 소속감을 느끼게 하려고

들인 엄청난 노력에 감탄했다. 예를 들어 이선의 가족은 식사 시간이면 일종의 마이크를 차례로 건네서 모든 가족 구성원이, 심지어 가장 어린 막내(이선)도 다들 경청하는 가운데 발언할 기회를 얻도록 하는 방법을 썼다. 이선이 심각한 우울증을 겪는 동안 가족은 재빠르고 단호하게 움직여서 그의 회복을 도울 상담사를 찾았다. 그의 가족은 어린 시절 내내 충실히 그의 곁을 지켰고 다양한 방식으로 그를 (그리고 그의 예술적이고 특이한 성격을) 지지하고 격려했다. 반면 제이슨의 가족은 분명히 관심도 있고 신경도 썼지만, 좀 더 거리감이 있었고 감정적으로나 지리적으로나 그의 일상적 삶과는 동떨어져 있었으며 가끔 힘들어하던 어린 아들 옆을 효과적으로 지켰다고 보기에는 무리가 있었다.

그 결과로 30년 전에도 불균등하게 역경에 노출되었던 두 어린이집 난초들의 인생 경로가 눈에 띄게 달라지지 않았나 싶다. 이선은 초등학교 시절에 이미 인생의 진로를 확고히 정하고 연극과 영화 분야에서 일하며 의미와 성공을 손에 넣으려고 꾸준히 나아갔다. 하지만 제이슨의 궤도는 적어도 현재로서는 지나친 알코올 의존도, 부모님 집을 벗어나지 못하는 점(부모님이 거기 계시지는 않지만), 아직도 방향성과 의미를 찾아 헤매는 듯한 느낌 탓에 불안정하다. 이는 확실히 가족이 제공하는 보살핌과 지지가 매우 예민한 난초 아이의 인생 경로에 눈에 띄는 영향을 미칠 수도 있음을 보여주는 귀중한 사례다.

그렇다고는 해도 많은 면에서 이선과 제이슨의 삶은 이제 겨우 시작일 뿐이며, 인간은 저마다 확연히 다른 속도로 성장하고 발달한다는 점을 인식하고 되새기는 것도 중요하다. 이 두 청년이 현재 머무르고 있는 30대가 훌쩍 넘어서도 **우리는 모두 과거의 나에서 끊임없이 아직 되지 못한 미래의 나라는 존재가 '되어가는' 중이다.** 부모와 조부모는 자기 아이와 손주가 어린 시절 때로는 극적이고 종종 전례 없는 방식으로 성장하고 발달하는 모습을 지켜보며 넋을 잃는다. 생후 첫 10년간의 변화는 특히 속도와 규모 면에서 어처구니가 없을 지경이다. 하지만 그런 발달은 연속성과 불연속성이라는 성질을 고루 갖추었기에 우리가 60대에 만난 젊은이들은 우리가 30대에 알던 아이들과 똑 닮았을 수도 상당히 다를 수도 있다. 빨간 머리에 명랑한 성격이었던 아기는 우리가 늘 그렇게 자랄 거라고 생각하고 바랐던 모습을 지닌 빨간 머리의 10대가 된다. 칭얼대던 꼬마는 비딱한 청소년으로 성장한다. 하지만 가끔 우리는 깜짝 놀라게 된다. 실망하기도 한다. 누가 봐도 감정과 섬세함이 넘쳐흘렀던 예민한 네 살짜리 난초가 자라서 불안이나 망설임 따위는 모른다는 듯 당당하고 용감한 지도자가 되기도 한다. 꿋꿋했던 어린이집 민들레가 성인이 된 뒤 우여곡절을 겪으며 흔들리고 심한 불행을 만나 비틀거릴 수도 있다. 할아버지는 늘 미국 시인 칼 샌드버그Carl Sandburg의 말을 인용해서 내게 인생은 양파와 같다고 말씀하셨다. 한 겹씩 벗기다 보면 눈물도 나기 마련이라고.

이제는 다 자란 어린이집 아이들의 이야기에서 찾아낸 세 번째이자 마지막 통찰은 **삶이란 본질적으로 예측 불허**라는 것이다. 30년이란 기간에도 삶은 설명할 수 없는 정도로 변하기도 한다. 아이들은 우리가 스트레스 생리를 자극하려고 만들어낸 실험용 스트레스 요인이 아니라 아버지의 죽음, 손짓하는 유혹, 사회적 압박, 가족의 이사, 실패 같은 진짜 역경의 도전을 받는다. 아직 완성되지 않은 이 여덟 젊은이의 이야기를 들은 뒤 우리가 본 변화들이 정확히 왜, 어떻게 일어났는지 묻지 않을 수 없었다. 이들이 겪어야 했던 모든 사건과 어려움은 본질적으로 혼란의 도가니인 세상에서 무작위로 튀어나온 불행일까? 아니면 깍지 안에 든 씨앗처럼 각 아이의 삶에는 운명이 숨어 있는 것일까? 난초 아이는 유전자 배열과 환경 노출이 거의 우연히 만나서 생겨날까, 아니면 난초는 좋든 싫든 지속적으로 공감하는 삶을 사는 운명을 지니고 난초로 **태어나는** 것일까? 민들레 아이는 어둡고 따스한 배속에서 양수에 뜬 채 점점 유기적 인식이 생겨나는 태아 시절에도 튼튼하고 꿋꿋할까?

아동 발달과 인간 뇌의 엄격한 발생 과정을 연구하는 과학은 결과의 예측 가능성을 보여주는 균일성과 패턴을 찾고 감지하도록 설계되어 있다. 우리는 개인의 어린 시절 모습과 자란 뒤의 모습 사이를 연결하는 강력한 고리를 찾아내려 애쓰고, 종종 실제로 찾아낸다. 예상치 못한 사건이 아이를 밀어 원래 가던 길에서 벗어나게 하더라도 그러한 이탈과 결과를 그 나름의 내부적 논리로 이해 가능하게 하는 발달상의 정의 가능한 규칙성이 존재한다. 하지만 이런 예측 가능한 일련의 발달 규칙성 위에 어떤 삶도 완전히 벗어나지 못하는 혼란과 예측 불가능성이 더해진다.

개인의 삶에는 비극이든 행운이든 발달의 진행을 방해하고 우리가 익숙해져 있던 논리적이고 예측 가능한 길에서 벗어나게 하는 사건이 존재한다. 이런 사건은 사람이나 시간에 따라 무작위로, 다시 말해 고르게 분배되지 않는다. 어떤 삶은 불균등하게 그런 사건에 강한 영향을 받고, 그런 사건은 시간을 두고 무작위로 일어나지 않고 뭉쳐서 일어나기도 한다. 그러므로 아이가 난초와 민들레 중 정확히 어느 유형에 속하는지 알면 아이의 삶에 일어나는 발달상의 사건과 결과에서 많은 부분을 설명할 수 있는 반면 불규칙성이라는 요소, 아이의 현재 진행 중인 여정에 힘을 더해주거나 걸림돌이 되는 우연한 사건과의 예측 불가능한 조우는 늘 남아 있기 마련이다. 부모, 교사, 의료 담당자, 친구로서 우리의 역할은 각 아이의 본질, 즉 아이가 난초에서 민들레까지 그어진 눈금에서 차지하는 위치를 정확히 이해하고, 아이에게 사건이 닥치면 가장 긍정적이고 고무적인 방식으로 대처하고 지원하는 것이다.[5]

10장

끊임없이
이어지는 기억

주는 자비롭고 은혜로우며 더디게 노하고 한결

같은 사랑과 진실이 넘쳐나는 신이지만… 결코

죄지은 자를 그냥 넘기지 않으며, 아비의 죄는

그 자식, 그 자식의 자식, 삼 대와 사 대째 자

손에게까지 미치리라.

- 출애굽기 34장 6, 7절

주여, 우리를 창조하시고 보존하시고 이 삶에

축복을 내려주시며 은총의 수단과 영광의 희망

을 주신 주를 찬양합니다.

- 성공회 기도서

하지만 부모, 교사, 의사로서 "아이의 본질을 정확히 이해하려는" 최선의 노력이 우리 자신의 어린 시절과 삶에서 끌어낼 수 있는 자원이 불충분한 탓에 방해받거나 심지어 제 역할을 하지 못한다면 어떻게 할까? 누구나 다음 세대의 욕구와 희망을 채워주어야 한다는 아찔할 정도의 책임 앞에서 움츠러들고 입이 떡 벌어지는 두려움을 느낀 적이 있을 것이다. 더불어 육아, 교육, 치유 능력은 우리 자신의 어린 시절에 뿌리를 둔 심리적, 사회감정적 장점과 단점에 강하게 연결되어 커다란 영향을 받는다.

오래전 어느 겨울밤, 중독과 일탈로 삶이 심각한 교착 상태에 빠진 청소년 아들을 데리고 온 한 가족이 상처 받고 절망한 얼굴로 내 앞에 앉았다. 밝은 미래를 앞두고 있던 똑똑한 그 아이는 길을 잃고 코카인과 마리화나, 우울에 빠져 있었다. 그 애는 이제 긴 무력감 속에서 배움도 꿈도 모두 내던지려 했고, 가족들은 삶의 기회를 되찾아줄 수도 있다는 희망에서 아이를 내게 데려왔다.

온통 검은색인 옷을 일부러 단정치 못하게 걸친 소년은 바닥만 내려다보며 앉아 있었다. 그의 목소리는 뭉개져서 불분명했고, 오른팔에는 한 바퀴 빙 둘러 끔찍한 문신이 빽빽했고, 소년의 열다섯 살짜리 인생 한복판에 세워진 게시판에는 자기 가족을 향한 경멸이 네온사인처럼 번쩍였다. 그의 형과 여동생은 방 안을 곁눈질하며 폭력적 가정불화와 결혼 생활 파탄이라는 이중의 위험을 불안하게 가늠했고, 쉴 새 없이 꿈틀대고 움찔거리면서 당연히 느낄 수밖에 없는 걱정을 애써 숨기고 있었다. 혐오와 절망을 동시에 전달하는 말투로 소년의 아버지가 큰소리로 명령했다. "앤서니(가명), 제발 좀 똑바로 앉아서 참여하지 못해! 널 돕자고 하는 거잖아!"

다른 네 가족이 각자 자기 의자에서 뻣뻣하게 굳어 있는 동안 앤서니는 느릿느릿 자세를 바꾸더니 아버지를 죽일 듯이 쏘아보았다. 상심한 어머니는 마음을 가라앉히고 차분해지자고 호소했다. "자, 이제 다 같이 그냥 심호흡을 한 다음 얘기해봐요. 우린 그저 이 문제를 같이 해결해보려는 거니까."

"아들 앞에서 내 말에 토 달지 마." 아버지가 험악한 목소리로 반박했다.

내가 곧 알게 된 대로 이 가족은 아버지와 아들이 지독하고 잔인하게 서로 물어뜯는 사이가 된 상태였다. 생물학적으로 난초든 아니든 앤서니는 누가 봐도 예민하고 연약한 아이였다. 그는 성적으로 위험을 무릅쓰고, 경범죄를 저지르고, 정당한 이유 없이 어른의 권위나 소유물을 침해하고, 마약이 오가는 레이브 파티 문화에 탐닉하고, 반사회주의에 점점 깊이 빠져들고 있었다. 아들이 점점 나쁜 길로 접어드는 데 화가 나고 실망한 아버지는 자기 아이 중 하나가 그렇게 책임감 없고 부끄러운 삶을 택했다는 사실을 도저히 믿을 수 없다고선언했다. 자녀들, 아내, 이웃, 나를 포함한 그 누구도 이 아버지가 청소년의 탈선이나 비행 문제를 어떻게 생각하는지 모를 수가 없을 정도였다.

하지만 그러면서도 아버지는 넘치는 재능과 풍부한 창의성을 지닌 아들의 미래가 슬프게도 막다른 지경에 도달했다고 여기며 눈에 띌 만큼 몹시 괴로워했다. 그가 마음속에 감춰놓은 아들을 향한 사랑은 분노에 찬 비난에 가려졌을 뿐이었다. 아버지의 분노에 겁을 먹고 주눅이 든 앤서니는 아버지를 피하며 점점 더 주변으로 밀려나 반항으로 점철된 삶에 깊이 빠져들었다. 그동안 부모님의 결혼 생활 또한 삐걱거리기 시작했고, 어머니의 좀 더 온건한 목소리는 남편의 반감과 악의가 빚어내는 소음에 묻혀 들리지 않게 되었다. 나머지 자녀들도 집에서 매일같이 벌어지는 전투에 아무렇지 않을 리가 없었다. 첫째 아들은 부모의 고뇌와 한계에 다다른 그들의 결혼 생활을 눈치채고 그냥 신경을 꺼버렸다. 자기 사생활에 집중하면서 주변에서 맹렬하게 벌어지는 갈등을 애써 못 본 척하기로 마음먹은 것이다. 가족의 불화에 어쩔 줄 모르게 된 막내딸은 대놓고 어머니 말에 맞장구를 치며 아버지가 오빠의

"생활 방식"을 "부당하게 비난"한다고 화를 냈다.

말해두지만, 앤서니의 마약 문제와 비행에 부모가 놀라는 것은 지극히 당연했다. 아이가 목적과 가치 있는 삶에서 일탈하는 조짐을 목격하게 된 수많은 부모가 비슷한 식으로 괴로워했다. 하지만 이 아버지의 반응은 정당한 걱정 수준을 한참 벗어났다. 그는 가족 전체를 분노와 힐난의 바다에 빠뜨리고 있었다. 아들에 대한 그의 반응은 강박적이고 과도했지만, 여러 차례의 상담에서 아버지의 어린 시절이 조금씩 밝혀지면서 나는 가장 민감하고 연약한 아들을 향한 이 아버지의 분노가 어디에서 나온 것인지 어느 정도 이해하기 시작했다.

그의 아버지이자 앤서니의 할아버지는 세계대전이 한창일 때 성년을 맞이했고, 세상을 원망하며 아이들을 학대하는 알코올 중독자가 되었다. 그는 아이들을 허리띠와 완력으로 다스렸다. 그래야 예의범절과 공경이 아이의 '성격'에 뿌리를 내린다는 모호한 종교적 근거를 철석같이 믿었기 때문이었다. 앤서니의 아버지가 어린 시절을 보낸 가정은 논쟁의 여지가 없는 행동 기준만 있을 뿐 사랑은 거의 없었고, 감정은 거의 고려되지 않았으며 연약함도 드러내서는 안 되는 환경이었다. 규칙을 지키라는 할아버지의 원칙적 요구는 밤이 되어 술이 들어가면 슬프게도 학대, 힐책, 후회라는 반복되는 악순환으로 이어졌다. 아이들은 실수하거나 잘못하면 조롱당하고, 아버지의 완고한 법을 어기면 얻어맞았다. 앤서니의 아버지는 자기도 모르게 이런 트라우마와 무방비 상태에서 입은 피해를 자기 가족에게로 끌어들인 것이다. 생애 초기에 겪은 이 강렬한 경험을 생각하면 자기 아들이 올바른 행동 기준에서 벗어났을 때 반사적 반응으로 강요와 비난이 튀어나온 것은 별로 놀랄 일이 아니다. 아버지의 비난에 앤서니는 몹시 민감하게 반응해 이의를 제기할 수 없는 아버지의 가치관에서 더욱 멀어졌고, 점점 심해지는 아버지의 질책은 소외, 거리 두기, 징벌이라는 계속되는 순환 구조를 만들어냈다.

이 가족의 지독한 상황은 내게도 고통스러울 만큼 익숙한 것이었다.

트라우마는

다른 세대로 전달되는가?

우리 어머니와 여동생의 관계도 앤서니의 불행한 가정에서 불거진 갈등과 주목할 만한 유사성을 보였다. 내 난초 여동생과 어머니의 관계라는 오랫동안 끓었던 스튜를 망친 유독한 재료가 과연 무엇인지에 대해서 나는 단 하나의 검증 가능한 진실이 아니라 추측밖에 제시할 수 없다. 불꽃이 처음 점화되었을 때로부터 60년이 지났기에 잘못된 것이 대체 무엇인지, 어떻게 아이들에게 충실한 어머니와 연약한 딸이 비극적으로 멀어지고 적대감과 고립이라는 막다른 길에 도달했는지 짐작만 가능할 뿐이다. 오빠이자 아들인 내가 그 비극의 원인을 회상하고 최선을 다해 추측해서 제시하는 이유는 한 가족의 오랜 슬픔을 선정적인 삼류 잡지처럼 묘사하기 위해서가 아니다. 내가 들려주고 싶은 것은 한 세대에서 겪은 해로운 경험이 그럴 의도가 없고 전혀 악의가 없더라도 다음 세대로 대물림되는 방식을 잘 보여주는 이야기다. 나아가 사랑, 자비, 희망의 연금술로 세대 간 트라우마의 고리를 끊는 방법에 관한 아직 끝나지 않은 이야기이기도 하다.

앤서니의 가족과 우리 가족은 완전히 똑같지는 않지만, 몇몇 특징과 가시밭길을 걷게 된 과정이 매우 비슷하다. 대공황 시대에 경쟁심이 남달랐던 가정에서 태어난 우리 어머니는 매우 지적이고 사회적으로 성공했으며 1913년 위스콘신 대학교의 상위 5퍼센트에 속하는 최우등summa cum laude으로 졸업한 부모님 슬하에서 자랐다. 외할아버지는 시카고 대학교에서 지질학 박사 학위도 받았다. 외할머니는 딸 넷, 아들 둘인 작은 위스콘신 농장 가정에서 자랐고, 형제자매 모두 우수 졸업생 단체인 파이 베타 카파Phi Beta Kappa 소속으로 위스콘신 대학교를 졸업했다. 남편과 마찬가지로 학문적 재능을 타고났던 외할머니는 자기 힘으로 만만찮은 성과를 올린 지식인이었다. 외할아버지와 외할머니는 연구하고 배우는 삶에 심취한 나머지 1915년 여름 콜로라도 로키산맥을 짐 싣는 노새 한 마리만 달랑 데리고 걸어서 탐험하는 신혼여행을 떠났다. 지질학자인 외할아버지가 이 장엄한 산의 지구물리학적 기원을 가까이에서 연구하고 싶어 했기 때문이었다. 이들은 지질 연구용 망치, 캔버스 천막, 음식과 소모품이 가득 든 안장주머니 두 개만 가지고 석 달 동안 쉬지 않고 선캄브리아기에 형성된 바위투성이 산을 걸어 다녔다. 가족과 친지에게 바보 같다거나 병적이라는 말을 들었을지도 모르지만, 내 눈에는 그런 신혼여행이 굉장히 낭만적이고 상서로운 시작으로 보였다. 피는 못 속인다고 외조부모에게 공붓벌레 기질을 물려받았기 때문인 모양이다.

어쨌거나 그건 길고 성공적인 동반자 관계와 결혼 생활을 예고하는 출발점이었고, 곧이어 딸 넷과 아들 하나가 태어났다. 자녀들은 호기심을 장려하고 지적 열정을 높이 평가하며 우수한 성적을 당연한 듯 기대하는 분위기에서 자랐다. 이들은 오클라호마 주 남부 지방의 조용한 소도시이자 1900년대 초 만 명 정도가 살았으며 옛 산타페 철도역이 있던 아드모어Ardmore에 살았다. 하지만 유난히 학구적인 집안이 가끔 그렇듯 우리 어머니는 감정적으로 억압된 환경에서 자랐다. 분노도 만족감도, 깊은 슬픔도 커다란 기쁨도 면밀히 조사하거나 탐색하거나 축하하기는커녕 드러내는 것조차 어색한 분위기였다. 둘째이며 예술적인 아이였던 어머니가 피어나기 위해 필요했던 감정이나 기분을 표현할 여유는 결코 허락되지 않았다. 나는 짐작만 할 수 있을 뿐이지만, 어린 시절 어머니의 감정적 삶은 냉정하게 분석하고 절제하는 가족 문화에 짓눌렸을 것이다. 외조부모님이 고의로 강한 감정을 억압했을 가능성의 거의 없다. 그건 그저 그 시대 그 동네에서 그분들이 개인으로서, 부모로서 지녔던 성격과 행동 방식의 부산물이었을 뿐이다.

앤서니의 아버지와 마찬가지로 그렇게 기분과 감정 표현을 억누르다 보니 결국 우리 어머니는 정서적 공허함 속으로 빠져들었다. 나는 어린 시절 딱 한 번 어머니가 완전히 무너지는 모습을 본 적이 있다. 당시 나는 예닐곱 살이었고, 우리 가족은 아드모어에 있는 외할아버지, 외할머니를 뵈러 갔다. 어머니는 아버지의 날을 맞아 외할아버지에게 존경하는 마음을 담아 특별한 선물을 준비했다. 한낮에 즐긴 긴 가족 정찬이 마무리될 무렵 어머니는 선물(셔츠였던 것 같다)을 건넸다. 지금 생각해보면 어머니는 희미하게 망설이는 듯했고, 외할아버지는 선물을 열더니 냉정하고 의례적인 태도로 꼼꼼히 살펴보았다. 선물의 중요성이나 의미에 전혀 감동하지 않은 듯 외할아버지는 식탁 상석에서 벌떡 일어나더니 '아버지의 날' 같은 문화적 책략에 넘어가서 "아까운 돈"을 쓰는 멍청한 짓을 했다고 버럭 화를 내셨다. 외할아버지는 의문의 여지 없이 대공황이라는 어려운 시기를 겪으며 갈고 닦은 근검절약 정신을 진심으로 전하려 했던 것뿐이었다. 하지만 어머니가 선물에 담아 전하고자 했던 수줍고 헌신적인 마음은 전혀 눈치채지 못하셨다. 나와 여동생 메리는 단순한 사랑의 표현에 대한 답으로 그런 분노가 돌아오는 광경을 목격하고 얼어붙고 말았다. 어머니는 끝내 울음을 터뜨렸다.

어머니는 온갖 종류의 깊은 감정을 느낄 줄 아는 사람이었지만, 감정 표현 또는 어쩌면 감정의 경험 자체까지 금하는 집안 분위기에 매우 익숙해졌다. 게다가 어머니는 터울이 촘촘하고 가차 없이 경쟁하는 네 자매 중 하나였고, 그 속에서 자라며 때때로 동성을 앙심과 의심이 약간 섞인 눈으로 바라보는 버릇이 생겼다. 그렇다고 친한 동성 친구가 없지는 않았고, 자매들과도 경쟁심을 장난으로 넘길 수 있을 정도로 친했다. 하지만 외할머니는 자신도 몹시 경쟁적인 자매들 사이에서 자랐기 때문인지 딸들의 적대적 성향을 누그러뜨릴 조치를 거의 취하지 않았다. 20세기 초에 유행한 소아마비로 다리 한쪽이 심하게 시들어버린 장애인이자 진정한 천재인 오빠의 존재도 자매들의 신경전을 진정시키는 데 별 도움이 되지 않았다. 따라서 자신의 반경에 들어오는 새로운 여자에 대한 어머니의 기본 태세는 적대감과 불신으로 눈을 가늘게 뜨고 은근히 의심을 품는 것이었다. 어머니는 대체로 무력하고 자신이 돌봐줘야만 하는 신생아와 아기를 좋아했지만, 아기, 특히 여자 아기가 자라서 의지와 욕구, 자율성을 지닌 어린이가 되면 감정적으로 잘 제어되지 않는 필연적 갈등이 일어났다. 어린 시절의 두 가지 원초적 유산, 즉 강한 감정이라는 익숙지 않은 영역을 잘 처리하지 못하고 다른 여성을 반사적으로 의심한다는 특징 탓에 어머니는 애초부터 작고 민감하고 부서지기 쉬운 딸을 잘 보살피고 든든하게 사랑해줄 수 없는 운명이었다.

이런 현실로 인해 메리는 결국 까다로운 또는 대단히 난감한 가정환경에서 자라게 되었다. 상처 입은 어머니와 난초 딸은 언제 문제가 터질지 모르는 한 쌍이었고, 둘은 일종의 상호 무시로 서로를 대했다. 그 결과 일찍부터 미묘하면서도 치명적인 적대감이 생겨났고, 청소년기에 접어든 메리가 사랑스럽지만 위협적인 소녀로 변신하면서 점점 심각해졌다. 11~12세에 사춘기에 접어들면서 메리는 꽤 아름다운 소녀가 되었고, 당시 메리가 보였던 거식증은 상대적으로 안전했던 유아기로 돌아가려는 절박한 전의식

(무의식의 일종이나 쉽게 의식화할 수 있는 영역 – 옮긴이)적 시도였다. 학교에도 나가지 않게 된 메리는 입원을 반복했고, 위험할 정도로 수척해졌다. 메리의 병세가 점점 깊어지고 기능 장애가 심해져 해골처럼 마르는 동안 어머니는 메리에게 억지로 음식을 먹이려는 자신의 고집을 접으려고 해봤으나 잘되지 않았다. 당황스럽고 긴장감 넘치는 식사 시간 중간에 어머니와 메리가 손대지 않은 음식을 사이에 두고 오랫동안 대립하던 장면이 생각난다. 그러는 동안 따뜻하고 사람들에게 사랑받는 대학 관리직이었던 우리 아버지는 우울증의 늪으로 빠져들어 결국 완전히 회복하지 못했고, 나는 재빨리 그리고 어쩌면 불행히도 (나 자신을 보호하기 위해서였지만) 고등학교, 스포츠, 친구들이라는 대체 현실로 도망쳤다.

시간이 지나고 익숙해지면서 인생의 복잡함을 훨씬 더 깊이 이해하게 되자 나는 부모에게서 자녀와 손주에게 유전자가 전해지는 것만큼 확실하고 분명하게 트라우마와 세심한 보살핌이 세대 간에 전달되는 방식에 훨씬 많은 관심을 보이게 되었다. 학대받은 아이는 자기 아이를 학대하는 부모가 되기 쉽다. 폭력과 억압에 대한 조부모의 기억은 손주의 취약성 안에서 재발견되기도 한다. 성경이 이야기하듯 아버지의 죄는 아직 태어나지도 않은 "삼 대와 사 대째 자손에게까지 미치"기 마련이다. 실제로 세대 간 트라우마 전달은 현대에 들어 연구가 진행되면서 근거 있는 과학적 현실이 되어가고 있다. 현재 우리는 그런 전달이 일어나는 방식을 육아 행동 수준에서, 부모와 자식의 상호작용에서 일어나는 심리생물학적 과정에서, 심지어 세대 간에 위험 요인이 후성유전학적으로 전달될 가능성까지 고려하면서 탐색하고 있다. 점점 분명해지는 것은 위험과 해로움뿐 아니라 보호와 유익함이라는 특성이 있는 경험 또한 놀라운 규칙성을 보이며 다음 세대로 물려진다는 사실이다. 지금까지 알려진 것만 해도 난초와 민들레 아이 양쪽을 보살피고, 기르고, 보호하는 데 중요한 의미를 지닌다.

물론 나는 메리를 검사하고 치료한 의사들이 요즘 새롭게 떠오른 세대 간 피해라는 주제에 관해 거의 알지 못했다는 점을 종종 안타까워한다. 사람들은 대체로 자신을 괴롭히는 트라우마나 태어나면서 물려받은 가족력에서 벗어날 수 없다. 하지만 우리 안에는 태어날 때부터 강인하며 때로는 놀라운 회복력도 함께 봉인되어 있다. 단지 그걸 어떻게 여는지만 깨우치면 된다. 심지어 그 회복력이 세대에서 세대로 전해지기도 한다. 하지만 트라우마와 다정함, 심리적 상처와 드러나지 않은 회복력이 세대에서 세대로 전해질 수 있다면 그런 경로는 어떻게 생겨나는 것일까? 어떤 생물행동적 기제를 통해 우리 조부모님의 속박이 어머니에게, 다시 어머니로부터 여동생에게 전해졌을까? 그런 세대 간 전달은 진화상 변화가 매우 더디게 일어난다는 기존 지식에 역행하는 것은 아닌가? 어떻게 생물학적 위험 요인이 그렇게 빨리 한 세대의 심리적 제약에서 다음 세대의 정신장애로 나타날 수 있을까? 거의 250년 전 한 무명의 프랑스 박물학자도 이와 똑같은 질문을 두고 고민했다.

라마르크식 진화론의

재발견

장 바티스트 라마르크 Jean-Baptiste Lamarck 는 18세기 후반 프랑스 생물학자였으며, 찰스 다윈이 1859년 자신의 저서 《종의 기원》에서 언급했듯 라마르크의 진화론은 다윈의 진화론에 중대한 영향을 미친 선구적 이론 중 하나였다. 다윈과 마찬가지로 라마르크는 생물의 형태가 고정되어 있지 않고 시간에 따라 진화하며, 세대를 거치면서 더 복잡해지고 적응력이 커진다고 확신했다. 1800년 그는 파리 자연사 박물관에서 열린 강의에서 진화에 관해 자신이 구체화 중인 이론의 개요를 발표했다. 그는 두 가지 중요한 원칙을 제시했다. 첫째는 환경이 행동 변화를 초래함으로써 동물 종의 신체 변화를 촉진하며, 그 결과 특정 해부학적 부위가 사용되거나 사용되지 않게 되면서 그 부위가 형태와 기능 면에서 커지거나 줄어든다는 것이었다. 둘째 원칙은 경험에 기초한 그런 변화가 모두 상속 가능하며 후속 세대에 전달될 수 있다는 것이다. 잘 알려진 대로 라마르크는 한 세대가 획득한 경험과 특성이 상속될 수 있다는 가설을 세웠다.

그가 활용한 예는 주로 완전한 암흑 속에서 사는 박쥐의 퇴화한 눈, 한껏 몸을 뻗어 키가 큰 아프리카 나무의 더 높은 곳에 있는 잎을 먹으면서 살아남은 기린의 긴 목이었다. 실제로 박쥐는 시력이 없지는 않지만, 눈이 아주 작고 제대로 발달하지 않았으며 길을 찾거나 먹이를 먹을 때 레이더처럼 반향으로 위치를 알아낸다. 라마르크의 추론은 박쥐가 어두운 환경에 노출된 채로 세대가 바뀔 때마다 눈의 가치는 줄어들고 레이더 시스템은 발달했다는 것이었다. 마찬가지로 라마르크는 한 세대의 기린들이 경험한 목 늘이기가 자손에게 물려지고, 그다음 세대도 누진적으로 늘어난 목의 이점을 누렸다고 생각했다. 부모 기린이 오랫동안 늘인 목이 해부학적으로 간직되어 자손이 더 길고 실용적인 경추를 지니게 되었다는 뜻이었다.

이와 비슷한 관찰과 추측은 고대 그리스 철학에도 존재했기에 당연히 라마르크가 그런 주장을 최초로 펼친 사람은 아니었지만, 다윈의 진화론이 이론적 주류를 차지하게 되면서 라마르크의 이론은 신랄한 비판의 표적이 되었다. 라마르크가 자신의 주요 저서 《동물 철학》을 출판한 해인 1809년에 태어난 찰스 다윈은 진화란 획득한 세대 경험이 물려지면서 일어나는 것이 아니라 해부학적, 기능적 형태의 우발적 다양성에 따른 기회 잔류(즉 자연 선택)에 의해 일어난다고 주장했다. 따라서 반향 위치 측정으로 먹이를 찾는 박쥐의 능력은 우연히 생겨나며(이제 현대 과학자들은 이를 자연적으로 끊임없이 발생하는 유전자 돌연변이로 설명한다), 어두운 환경에서의 경험이 어떻게든 자손에게 전해지는 것이 아니라 원시적 음파 탐지 능력을 지닌 박쥐가 더 쉽게 살아남고 그 결과 번식에 성공해서 후속 세대에서도 그 능력이 보존된다는 말이었다. 같은 식으로 다윈은 기린이 잎을 먹는 경험을 무슨 마법 같은 방법으로 후손에게 전달해서 쓸모 있게 늘어난 목을 물려주는 것이 아니라고 주장했다. 원시 기린은 원래 목이 더 짧았으며 우연히 형태상의 다양성을 지니고 태어난 후손은 가장 높은 잎에 닿을 수 있어서 불균등하게 더 많이 살아남고, 번식하고, 목이 긴 자신의 해부학적 특성을 유전자를 통해 다음 세대의 기린에게 전달한다.

　20세기 초 생물학 분야에서 다윈의 진화론이 과학적 경전의 자리를 차지하면서 신빙성을 잃은 라마르크의 이론은 어쩌면 당연하게도 일종의 동네북 신세가 되었다.[1] 하지만 놀랍게도 빠르게 변화하는 21세기 초에 최근의 역학 조사와 새롭게 떠오르는 후성유전학 분야에 의해 오랫동안 버려졌던 라마르크의 '마법' 이론이 부활했다. 이렇게 되살아난 관심 덕분에 한 진화론 웹사이트에서는 "라마르크여, 일어나세요! 회의실에서 당신을 찾아요!"라는 제목의 머리기사를 실었다.[2]

　라마르크식 진화론의 유산을 되살린 과학적 관찰의 예로 2차 세계대전 중 가장 탄압이 심했던 시기의 네덜란드 대기근 (또는 네덜란드에서 부르는 대로 '굶주림의 겨울') 이야기가 있다. 1944년

6월 6일에 연합군이 유럽 대륙을 공격하면서 독일 점령군의 폭정은 한층 잔혹해졌다. 교전 중인 네덜란드의 독일 총독부는 철도 파업이 나치 점령군에 대한 레지스탕스 행위라고 규정했고, 독일 정부는 이에 대한 보복으로 1944~1945년 겨울에 네덜란드 서부로 들어가는 모든 석탄과 식량 공급을 막았다. 열차와 트럭 운행이 중단되었고, 부두와 뱃길이 파괴되거나 막히면서 선박 운송도 끊겨 450만 명의 네덜란드인에게 피해를 준 대기근이 일어났다. 영양실조로 인한 사망자 수가 치솟아 5개월간의 봉쇄에서 자그마치 2만 명 내외의 인원이 목숨을 잃었다.

예상된 바대로 대기근 때 임신 중이던 여성이 낳은 아이는 출생 시 체중, 신장, 머리둘레가 독일의 봉쇄 이전이나 이후에 태내에 있던 아이들의 측정값에 미치지 못했다. 하지만 아무도 예상치 못했던 것은 그렇게 영향받은 아이들과 그들의 아이들(기근에 노출되었던 네덜란드 부모의 손주들)이 나중에 비정상적으로 높은 비만, 당뇨 같은 대사 장애, 만성 심혈관 질병, 조현병 같은 심각한 신경정신 질환 발병률을 보였다는 사실이다. 이는 1944~1945년에 영양실조에 빠졌던 네덜란드 여성들이 겪은 위험이 두 세대에 걸쳐 신진대사 장애, 만성 질병과 심각한 정신장애 위험 증가라는 형태로 물려졌음을 암시한다.[3]

네덜란드 대기근과 그 후유증 사례와 비슷한 연구 결과도 여러 건 있다. 먼저 9장에서 언급했던 데이비드 바커는 건강과 질병의 발달상 원인을 연구하면서 1921~1925년 잉글랜드와 웨일스에서 영아 사망률과 50년 뒤 성인의 심장병 관련 사망률을 지역별로 조사했다.[6] 이 측정값은 양쪽 시간대에 걸쳐 시각적으로 비슷한 분포를 보였다는 사실(1920년대에 높은 영아 사망률을 보인 지역이 1970년대에도 높은 성인 심장병 발병률을 보였다는 뜻)에 기초해 바커는 태아 성장 속도 저하와 낮은 출생체중의 원인이 된 태아의 영양 결핍이 수십 년 뒤 관동맥성 심장병 발병으로 나타났다는 의견을 제시했다. 바커나 다른 과학자들의 연구는 임신 중 영양 결핍이 자손의 심장병, 심장마비, 고혈압 발병 확률을 높이는 '태아 프로그래밍'에 커다란 역할을 한다고 강력히 시사한다.

홀로코스트 생존자에게서 태어난 아이들을 대상으로 한 건강 연구 또한 이와 비슷하게 한 세대의 심리적, 신체적 트라우마가 어떤 방식으로든 다음 세대로 상속될 수 있음을 보여준다. 홀로코스트 생존자의 자녀들은 2차 세계대전이 끝나고 한참 뒤에 태어났으므로 태내에서 독일 수용소의 비인간적이고 치명적인 환경에 노출된 적이 전혀 없었음에도 그 트라우마에 영향을 받았다. 그들은 정신 건강 장애(불안, 우울, 외상 후 스트레스 장애)와 만성 신체 질환(당뇨, 고지혈증, 고혈압)에서 명확하고 과도한 발병률을 보였다.[5] 이와 비슷하게 더욱 최근이며 좀 더 제한적인 세대 간 트라우마(9/11 테러 직후 세계무역센터 건물 대피) 연구를 보면 테러에서 살아남았으나 이후 외상 후 스트레스 장애에 시달린 여성들이 낳은 한 살짜리 아기들은 낮은 코르티솔 체계 활성도를 보였고, 이는 미래의 정신 질환 위험 요인이 높아졌음을 가리켰다. 여기서도 생명을 위협해 트라우마를 남기는 사건에 노출된 경험이 당시 자궁 안에 있었던 태아에게 어떤 방식으로든 물려진 것으로 보인다.[6] 마지막으로 인간과 실험 동물 양쪽에서 최근 나오기 시작한 증거는 건강에 **긍정적**으로 작용하는 세대 간 영향을 보여준다.[7] 예를 들어 한 세대가 운동을 하면 다음 세대의 신진대사와 심혈관 건강을 보호하는 효과가 있고, 모체의 환경이 풍요로우면 자손의 건강에 긍정적 이득이 생긴다. 예전에 과학자들이 생각했던 것보다 우리 인간은 라마르크의 박쥐나 기린과 공통점이 많은 모양이다.

하지만 심오하고 실질적인 중요성을 지닌 수수께끼로 남은 것은 그런 해로움과 유익함의 '세대 간 상속'이 실제로 **어떻게** 일어났는가 하는 질문이다. 아버지의 (또는 어머니의) 끔찍하고 해로운 경험은 **어떻게** "그 자식과 그 자식의 자식에게 미치는" 것일까? 한 세대에게 도움이 되는 사회적 환경은 **어떻게** 다음 세대에게 건강상의 긍정적 영향을 미칠까? 우리가 부모나 조부모에게 받는 **상속의 양상**은 매우 다양하다. 아이는 원가족에게 물질적으로 가난이나 부를 물려받을 수 있다. 모든 아이는 부모에게 유전적 증여를 받는다. 우리 게놈의 절반은 아버지, 나머지 절반은 어머니에게서 왔으니 네 명의 조부모에게서 4분의 1씩 받았다고 할 수 있다. 선대의 부와 DNA를 물려받은 우리는 어느 정도는 그들과 비슷한 방식으로 판단하고 행동한다. 우리는 대체로 생애 초기에 우리를 보호하고 필요한 것을 공급하는 부모의 존재가 필요하므로 적어도 얼마 동안은 부모의 환경도 물려받는다고 할 수 있다. 그리고 모방을 통해 나중에 자기 자식을 키우는 방식에 영향을 미칠 행동 성향도 물려받는다. 그런 상속에는 유전자, 행동 모방, 환경적 신호, 심지어 사회경제적 지위를 통해 한 세대에서 다음으로 자원이 전달되는 과정이 모두 포함된다. 우리가 자녀, 손주, 그리고 심지어 그 이후의 후손에게 전하는 것은 모두 정보의 형태를 띤다.

하지만 이런 상속 메커니즘 중 어느 것도 라마르크가 염두에 두었던 방식은 아니라는 점에 주목하자. 그는 경험을 토대로 획득된 정보가 비의도적이며 생물학적으로 한 세대에서 다음으로 전달된다고 주장했다. 예를 들어 육아 행동 모방은 라마르크식에 해당하지 않는다. 환경에 의해서 일어나는 신체적, 해부학적 형질 변화가 포함되지 않기 때문이다. 아이들은 부모가 자신을 돌보는 방식을 관찰하고 경험함으로써 나중에 자기 자식을 어떻게 보살펴야 하는지 배운다. 자기 부모 외의 경로로(이를테면 이 책 같은 도서를 읽음으로써) 육아를 배울 수도 있지만, 목의 길이나 시력에 변화가 생기지는 않는다. 유전자(DNA 배열) 정보의 전달도 라마르크식 증거 규정에는 맞지 않는다. 유전자 상속은 생물학적이고 비의도적이지만, 정자와 난자에 담겨 옮겨지는 DNA 배열은 아버지나 어머니의 생애 경험에 영향을 받지 않는다. 하지만 적어도 동물에서는, 그리고 어쩌면 인간에게서도 부모가 살면서 겪는 노출에 의한 후성유전적 변화가 실제로 세대 간 상속의 경로일 수도 있다는 증거가 속속 나타나고 있다. 이 문제는 상당히 복잡하므로 200년 전 라마르크의 연구가 현재의 최첨단 후성유전학과 어떻게 딱 들어맞는지 차근차근 살펴보도록 하자.

앞서 5장과 6장에서 다루었던 후성유전학 관련 내용을 떠올려보자. 개인의 생애 경험은 그 사람의 게놈에 화학적 꼬리표 또는 '표지'라는 격자 세공을 덧붙여 각 유전자의 발현 수준을 조정해 환경에 적응하는 데 꼭 필요한 생물학적 기능에 변화를 준다. 특정 유전자 발현을 완전히 억제하는 경험도 있고, 발현 수준을 한껏 활성화하는 경험도 있다. 이런 유전자 발현 조정은 피아노 건반 하나하나가 내는 소리를 수정해서 곡 자체는 바꾸지 않되 음조와 주파수 균형을 조정하는 오디오 이퀄라이저와 같다고 했던 것을 기억하자(5장 참조). 변하지 않는 DNA 배열에서 단일 단백질 생성물의 발현에 변화를 주는 후성유전적 표지는 유전자 위에 놓여 우리의 과거 경험을 등록하고 기록한다. 과학자들이 현재 알아내고 있는 것은 우리 유전자의 암호 해독(그리고 나아가 우리 몸의 기능)을 조절하는 이 똑같은 표지가 가끔은 한 세대에서 다른 세대로, 조부모에게서 부모를 거쳐 아이에게로 전해질 수도 있다는 사실이다. 이러한 세대 간 전달이 인간에게서 나타난다는 증거는 아직 매우 드물고 관찰을 통해 수집한 것뿐이지만, 포유류에서 그런 후성유전적 상속이 일어난다는 증거는 적지 않다.

조부모와 부모가 획득한 형질의 세대 간 전달은 두 가지 방식으로 일어날 수 있으며, 양쪽 모두 후성유전적 과정을 포함한다. 첫째, 부모의 육아 행동과 경험 자체가 신경생물학적 변화를 일으켜 자식의 행동 양식과 생리에 영향을 미칠 수 있다. 6장에서 살펴본 대로 어미 쥐가 새끼를 핥고 털을 골라주는 행동에서 자연스럽게 발생하는 차이가 새끼의 코르티솔 체계 반응성(스트레스에 반응하는 방식), 불안이나 우울한 행동 수준, 성체가 되었을 때 보이는 육아 행동 특성에 현저한 차이를 일으킨다는 연구가 이 방식의 좋은 예다. 1944~1945년 네덜란드 대기근 시기 자궁 안에 있었던 네덜란드 어린이 사이에서 나타난 식습관과 신진대사 또는 어느 한쪽의 격차도 다른 예가 될 수 있다. 그 아이들이 해당 사건 이후 어떤 식의 육아를 받았는지에 따라 이들의 식습관에서 중요한 측면이 변화했을 가능성이 있다. 생리와 행동 측면에서 일어난 변화는 새끼 쥐 또는 어린이의 생애 초기에 모친의 육아 행동 또는 환경 스트레스 요인에 노출되면서 일어난 **간접적, 경험적** 전달에 의해 생겨난다. 우리는 부모님이 조각하는 찰흙이고, 부모님 역시 우리가 세상에 나오기 전 삶에 의해 조각된 찰흙이다. 하지만 이런 찰흙 같은 유연성은 놀라운 섬세함을 물려받는 데 활짝 열려 있는 우리 유전자의 세포핵까지 파고들기도 한다.

세대 간 상속의 두 번째 방법은 부모의 경험에 기초한 후성유전적 기록이 태아를 생성하는 '생식세포'(즉 정자와 난자 또는 어느 한쪽)를 통해 전달되는 것이다. 닭이 평생 겪은 경험(적어도 우리 눈에는 그게 그것 같아 보이겠지만)은 언젠가 병아리가 될 달걀 안에 내장된다. 이 **직접적, 생식세포 전달**은 적어도 부모의 후성유전적 표지 중 일부가 정자나 난자를 만드는 과정에서 유지되는 방식으로 이루어진다. 이 두 번째 형태의 세대 간 상속을 보여주는 예로 쥐가 인식 가능한 특정 냄새가 풍길 때마다 두려움을 경험하도록 훈련하는 실험이 있다.[8] 그 냄새가 날 때마다 발에 약한 충격을 주는 조건화 실험을 활용해서 어린 쥐는 심지어 충격이 동반되지 않을 때에도 그 냄새에 난초 같은 예민함을 보이게 되었다. 이 강화된 민감성은 후각을 관장하는 뇌 영역의 크기 증가와 쥐의 특정 유전자가 생산하는 냄새 수용체 분자의 발현 증가로 인해 생겨났다. 놀랍게도 두 세대 다음의, 예전에 그 냄새나 충격에 노출된 적이 전혀 없는 쥐들도 같은 냄새에 똑같은 공포 반응, 똑같은 뇌의 후각 영역 증가, 똑같은 냄새 수용체 유전자 활성화를 보였다! 연구자들은 원래의 수컷 쥐의 정자에 함유된 후성유전적 표지가 후속 세대에게 민감성을 전달했음을 증명하는 데도 성공했다. 70년 전 전쟁 중에 폭격을 경험한 할아버지의 영향으로 손주가 큰소리에 민감해졌다는 것과도 비슷하다.

간접적, 경험적 전달과 직접적, 생식세포 전달이라는 세대 간 상속 경로는 두 가지 모두 본질적으로 후성유전적인 과정을 포함한다. 최소한으로 돌봐주는 어미에게서 태어난 새끼 쥐는 최소한의 핥기와 털 고르기만을 경험한 영향으로 촉발된 후성유전적 DNA 메틸화의 결과로 코르티솔 체계 반응성이 커지고 불안과 우울함을 암시하는 행동이 늘어났다. 공포가 조건화된 쥐의 경우에는 수컷 생식세포(정자)에 저장된 후성유전적 표지로 인해 2대와 3대째에서도 두려움과 연결된 후각 신호에 증폭된 민감성이 나타났다. 따라서 부모의 특징과 환경 노출을 전달하는 경험 기반 방식과 생식세포 방식은 적어도 후성유전적 과정이라는 공통분모를 공유한다고 볼 수 있다.

현재는 인간을 포함한 포유류의 배아 발달 과정에서 이런 후성유전적 표지가 두 단계에 걸쳐 거의 완전히 지워진다는 사실이 알려졌다. 첫째는 생식세포(정자와 난자)가 생산될 때, 둘째는 수정 직후 정자가 난자를 만나서 부친과 모친의 유전 물질이 합쳐지면서 수정란을 생성할 때이다. 이러한 후성유전적 표지 삭제는 부모가 획득한 위험 인자와 감수성(예를 들어 흡연, 대기오염이나 심각한 스트레스에의 노출 등)이 자손에게 전해지는 것을 막을 목적으로 유전자를 백지상태로 돌린다. 하지만 적어도 일부 종에서는 배아기의 후성유전체 삭제가 완벽하지 않아서 잔류한 일부 후성유전적 표지가 실제로 한 세대에서 다음 세대로 전해지기도 한다.[9] 그런 후성유전적 상속은 어쩌면 적응에서 생겨난 후성유전적 표지를 자손에게 전달함으로써 진화를 보완하는 역할을 할 수도 있다. 후성유전적 상속이 인간에게서도 일어난다는 명확한 증거는 아직 없지만, 일어나지 않는다는 확실한 증거도 없다.

하지만 부모와 조부모의 해롭거나 이로운 경험이 어떤 식으로든 후손에게 전해진다는 것만은 의심의 여지가 없는 사실이다. 200년을 꽉 채우는 동안 지독한 불명예와 치욕을 견뎌야 했던 장바티스트 라마르크와 그의 이론은 후성유전학이라는 새로운 과학 분야에 의해 예기치 못하게 부활했다. 더불어 후성유전학이 난초 아이의 성공과 실패, 그리고 난초와 민들레 표현형의 출현이라는 두 가지 측면에 미치는 영향은 이루 말할 수 없이 크다. 따라서 그런 세대 간 상속은 난초와 민들레 아이에게 서로 다른 대조적 의의를 지닐 뿐 아니라 발달상으로 이 아이들이 형성되는 데 실제로 특정한 역할을 할 가능성이 있다.

한 세대가 겪은 해롭거나 이로운 경험이 다음 세대에 전달될 수 있다면, 그런 경험 가운데 어떤 것이 얼마나 많이 전해지는지는 난초 아이의 건강과 발달에 강력한 영향을 끼칠 것이 틀림없다. 하지만 네덜란드 대기근의 고통 같은 심각하게 유해한 트라우마의 상속조차도 생존자의 자녀 전체를 똑같이 위험에 빠뜨리지는 않았다. 가장 심하게 영향받은 아이 중 상당수는 난초 같은 예민함을 지녔을 것이고, 피해를 가장 적게 입은 아이들은 민들레 체질일 가능성이 높다. 어린 시절 보살핌과 지원을 받은 부모의 경험은 다행히 자손도 보호하겠지만, 해로움과 학대의 경험은 다음 세대의 난초 아이에게 심각한 해를 입힐 수도 있다. 더불어 난초와 민들레 표현형은 그 자체가 발달 과정에서 유전자와 환경의 조합으로 생겨나며, 유전자와 환경은 둘 다 부모에게서 상속 가능하므로 후성유전적 과정 또한 해당 아이가 민들레와 난초 중 어떤 유형의 감수성을 지닐지 결정하는 과정에 개입한다고 볼 수 있다.

고요한 아드모어의

어둠 속에서

　그렇다면 부모와 조부모의 유전자뿐
아니라 경험과 삶의 역사도 우리가 누구인지, 어떤 사람이 될지에
영향을 미친다는 이 극적이고 새로운 과학적 발견을 어떻게 받아들
이면 좋을까? 아이들의 성격을 형성하고 발달을 인도하는 경험에는
현재 우리가 아이들에게 제공하는 경험뿐 아니라 예전에 우리에게
제공되었던 것까지 포함된다는 최근의 발견을 어떻게 활용해야 할
까? 여동생 메리의 탄생에서 극에 달했던 3대에 걸친 상속은 의도
치 않았음에도 여러 세대에 걸친 해로운 영향의 퍼펙트 스톰이 일
어난 경우가 아닌가 싶다. 메리가 이전 세대에게서 건네받은 유전
물질과 경험적 트라우마가 상호작용하여 극도로 예민한 난초의 감
수성을 만들어내고, 언젠가 정신 건강에 해를 입을 가능성을 현저
히 높인 셈이다.

　여동생과 남동생, 나는 우리 부모님을 사랑했다. 부모님은 내

가 평생 만난 사람 가운데 가장 너그러운 분들이셨고, 어머니는 삼 남매의 어머니이자 다섯 손주의 할머니로서 평생 자기가 할 수 있는 최대한으로 아이에게 관심을 쏟는 부모가 되려고 최선의 노력을 기울였다고 생각한다. 물론 아버지도 마찬가지였다. 하지만 메리의 삶이 전개되는 과정에 부지불식간에 영향을 미친, 세대 간 상속으로 물려진 해악은 분명히 존재했다. 민들레인 남동생과 나는 여러 세대에 걸친 상처의 퍼펙트 스톰을 견뎌냈지만, 메리에게 미친 영향은 너무 크고 길었다.

부모는 대체로 자기 아이를 사랑하고 아이가 최고의 삶을 누리기를 간절히 바란다. 이는 진부하더라도 그만큼 명백하며, 전 세계의 가난하거나 평범하거나 부유한 가정에서, 그리고 내가 발달 전문 소아과 의사로서 헤매고 부딪히는 동안 운 좋게 만나서 함께 일할 수 있었던 여러 아이들의 삶에서 끊임없이 증명된 진실이다. 물론 예외도 있다. 하지만 내 환자 앤서니의 아버지조차 결국에는 자기 마음속에 잠들어 있던, 길을 잃고 힘들어하는 자기 아들을 향한 깊고 한없이 너그러운 사랑을 찾아냈고, 그로 인해 앤서니는 사기꾼이 아니라 수의사가 되었다. 누가 상상이나 했으랴.

자신이 동원할 수 있는 것을 전부 긁어모아도 육아라는 엄청나고 까다로운 임무를 수행하기 부족하다면 어떻게 할까? 엇나가는 10대 난초나 고통스럽고 절망적인 세상의 광기와 마주친 민들레 아이를 어떻게 해도 보호할 수 없을 때는 어디에 기대야 할까? 감정적 능력의 그릇이 너무 작았던 우리 어머니가 그랬듯 우리 모두 하는 데까지 하는 수밖에 없지만, 최선을 다해도 턱없이 부족할 때도 있다. 그러면 어떻게 해야 하나?

내 생각에 우리는 연약하고 세속적인 삶을 살기에 '교육받고' '계몽되고', 지적으로 '진지한' 삶이 제공하는 격언보다는 지켜줄 힘이 있는 '신성한 존재'를 믿는 경향이 있는 듯하다. 그 형태가 무엇이든 우리가 아이에게 해줄 수 있는 최선의 부모 노릇이 부족할 때, 우리 자신보다 더 크고 대단한 은혜와 지혜에 어느 정도 의지한다. 과학자, 교수, 의사들도 과학이 결코 만족시켜줄 수 없는 그 무언가, 더 위대하고 충만한 존재, 유한한 삶과 바위투성이 땅의 물질적 제약에서 완전히 벗어난 곳에 있는 절대자를 갈망한다. "신비는 현대인에게 커다란 당혹감을 준다." 소설가 플래너리 오코너Flannery O'Connor는 이렇게 말했다.[10] 내 경우 기댈 수 있고 때로는 (슬프게도) 당혹스러운 신비는 1세기 나사렛 출신 순회 전도사이자 함부로 부르면 안 되는 복음서의 종교 지도자이며 "심장이 부서진 모든 이를 위해 대신 부서진 심장"인 분이다.[11]

절박하게 해야만 하는 일을 순조롭게 또는 곧바로 해낼 수 없을 때 우리가 의지하는 것은 바로 이런 존재다. 개리슨 킬러Garrison Keillor는 부모의 삶이란 18년간 끊임없이 이어지는 기도라고 말했다. 18년이면 끝난다고 한 점만 빼면 매우 정확한 관찰이다. 어떤 형태의 희망, 마음, 고결함에 의지하든 상관없이 수백만 명의 지친 부모들이 자신은 절대 혼자가 아니라는 사실을 깨닫는 것이 중요하다. 아이를 낳고 기르면서 겪는 가장 괴롭고 외로운 순간에도 우리는 혼자가 아니다. 더불어 연약하고 어린 다음 세대에게 해로운 후성유전적 표지를 물려줄지도 모른다는 두려움 속에도 어떤 신비로운 은총에 의해 상냥함, 안정감, 회복력이라는 선조의 유산을 함께 물려준다는 희망이 존재한다.

아버지의 날 선물 때문에 외할아버지가 어머니를 울렸던 6월 아드모어 방문 중 어느 날 저녁, 이모와 외삼촌, 우리 부모님이 시내로 저녁을 먹으러 나간 사이 외할아버지는 집에 혼자 남아 아이들을 돌봤다. 외할아버지는 불을 끈 채 침대에 누워 이불까지 잘 덮은 여남은 명의 잠자는 꼬맹이들을 혼자 책임져야 했다. 그리고 다들 진짜로 잠들어 있었다. 성격 탓에 낯선 동네에서 밤늦게 나간 부모님에게 무슨 재난이 닥칠지 모른다는 걱정에 휘말린 나만 빼고.

잠든 여동생보다는 훨씬 민들레에 가깝지만 나는 당시에는 아직 태어나지 않은, 진짜 꿋꿋한 민들레인 남동생 짐보다는 훨씬 난초들의 땅에 가까운 곳에서 살았다. 나는 색색거리며 잠든 사촌들 사이에서 왜 나만 잠들지 못하는지 걱정하기 시작했다. 이모와 삼촌 일행은 대체 언제 돌아오는지, 왜 나는 이렇게 걱정이 많은지, 왜 가끔은 걱정하는 것 자체를 걱정해야 하는지 애를 태우며 누워 있었다. 지금 생각해보면 이건 중요한 점, 즉 난초와 민들레는 인류를 두 유형으로 딱 떨어지게 나누는 이분법이 아니라는 사실을 다시 한 번 일깨워주는 사례다. 두 꽃은 효과적인 비유인 동시에 실제로는 스펙트럼임을 암시하기에는 모자란 표현일 수도 있다. 내가 스펙트럼에서 생리학적으로 민들레 쪽에 가까운 위치에 있다고 해서 난초의 민감성, 이를테면 사서 걱정하는 과민한 성격을 지닐 수 없다는 뜻은 아니다. (이런 민감성은 다른 경우와 마찬가지로 상황에 따라서 축복도 저주도 될 수 있다.) 마찬가지로 여동생도 강하지는 않더라도 회복력처럼 민들레 쪽으로 분류되는 특성을 보이기도 했다. 어쨌거나 메리는 수십 년 동안 여러 질병과 역경을 이겨내면서 여전히 기쁨의 원천을 찾아낸 사람이었다. 하지만 그 옛날 고요한 아드모어의 어둠 속에서 잠 못 들던 내게 이건 모두 너무나 멀고 상상할 수 없는 이야기였다.

마침내 잠을 방해하는 불안을 더는 견딜 수 없게 된 나는 침대에서 살그머니 빠져나와 그늘지고 삐걱거리는 계단을 천천히 내려와 중간의 계단참 모퉁이에서 조심스레 내다보았다. 외할아버지는 전혀 졸린 기색 없이 밝게 켜진 거실 조명 아래서 책을 읽고 계셨다. 그러다 갑자기 고개를 돌려 그림자에 숨어 있던 내 눈을 똑바로 올려다보셨고, 기겁을 한 나는 숨이 턱에 차도록 도망쳐서 침대에 누워 뻣뻣하게 굳은 채로 불호령이 내리기를 기다렸다. 조금 뒤 외할아버지가 계단을 올라오는 소리가 들렸고, 내 심장은 벌새가 날갯짓하는 속도로 두근거렸다. 하지만 어두운 방에 들어오신 외할아버지는 조용히 내 침대에 걸터앉아서 안심시키는 말을 몇 마디 상냥하게 하고는 내가 잠에 빠져들 때까지 등을 쓸어주셨다.

당신이 젊고 겁먹었든 나이 들고 피곤하든, 튼튼한 민들레와 연약한 난초 중 어느 쪽에 가깝든 세상은 무섭고 어둡고 외로운 곳일 수도 있다. 어떤 삶에서든 세상의 온갖 두렵고 무서운 것들이 몰려오는 순간이 있기 마련이다. 하지만 세상에는 미처 깨닫지 못했던 깊은 사랑에서 예기치 못한 희망이 찾아와, 마침내 모든 게 괜찮아질 거라고 믿고 편히 잠들게 하는 은총의 순간 역시 존재한다.

어떤 상황에서든, 어떤 부모에게서든 아이가 태어날 때마다
그 존재 안에서 인류의 잠재력도 다시 태어난다. 더불어 인간
의 삶을 향한 우리 각자의 엄청난 책임도 다시 한 번 깨어난다.
— 제임스 에이지James Agee, 《이제 유명인들을 칭송하자》

눈부시고 다채로운 강렬함으로 시간의 편집을 견뎌내는 기억들이
있다. 반면 평범하고 특별할 것 없는 경험의 조각일 뿐이어서 '기
억할 만'하거나 보존할 가치가 있다고 평가되지 못해서인지 아니
면 나이가 들면서 점차 예리함이 무뎌지는 기억력 탓인지 정확히
구분할 수 없는 이유로 삶의 안개 속으로 사라지는 기억도 있다.
하지만 섬세하고 정교하게 다듬어진 인간의 뇌는 진화와 창조주
신 중 어느 쪽의 조화인지 몰라도 개인이 수집한 사소한 데이터
를 빠짐없이 저장하는 하드 드라이브로 설계되지 않았다.[1] 그러므
로 우리에게 남은 '흘러간 것에 대한 추억', 특히 먼 옛날의 평범한
추억은 오랫동안 깨닫지 못했던 풍부한 의미와 본질적 핵심에 맞
닿아 있음이 틀림없다. 나로서도 이유를 정확히 알지는 못하지만,
조부모님 댁에서 잠들던 기억은 바로 그런 소중한 유물에 속한다.

평범하기 짝이 없고 케케묵은 시간의 조각이지만, 지금 내가 글을 쓰는 워싱턴 연안의 섬 저편 수평선 위에 어젯밤 떠올랐던 달의 모양만큼이나 생생하고 또렷하다.

조부모님은 무덥고 꽃이 가득하고 녹음이 우거진 아드모어 한구석의 3층짜리 미로 같은 집에서 다섯 자녀를 키웠고, 우리 어머니는 그중 둘째였다. 매년 여름 우리 가족은 남서부 사막을 차로 건너서 조부모님 댁이 있던 숨 막히게 무더운 평원으로 2주짜리 순례를 떠났다. 내게는 '사막 모래 오두막'이나 '분홍 벽돌 여관' 같은 이름을 달고 줄줄이 나타나는 허름한 모텔도, 땀투성이 자동차 여행에서 탈출한 꼬마부터 덩치 큰 어른까지 다양한 손님으로 가득한 좁아터진 수영장도, 광활한 고속도로에 산 채로 또는 죽은 채로 출몰하던 타란툴라(대형 거미)와 야생 토끼마저도 모두 신기했다. 대개는 동도 트기 전에 출발해야 했고, 나와 여동생이 담요에 감싸인 채 1950년형 녹색 플리머스 쿠페의 창문 열린 뒷자리에서 다시 까무룩 잠에 빠졌다가 마침내 눈을 뜨면 먼 동쪽에서 이글거리는 사막의 태양이 흙먼지 속에서 흐릿하게 떠올랐다.

초등학교에 들어갈 나이의 사내아이와 어린 여동생(그리고 나중에는 더욱 어린 남동생 짐)에게 길고 무더운 여정은 꽤나 부담스러웠지만, 아드모어에 도착하는 순간은 늘 황홀했다. 에어컨이 돌아가는 할아버지 댁은 기분 좋을 만큼 서늘했고, 집 주변 동네는 예기치 못한 모험과 낯선 세계로 통하는 샛길, 말썽거리가 가득한 축제의 장이었다. 다시는 돌아오지 않을 시공간의 한때, 메리와 나는 손톱만큼의 불안이나 위험에 대한 걱정도 없이 5센트짜리 포도 맛 소다나 이름 그대로 달콤했던 슈가 대디 캐러멜을 사 먹으러 주유소까지 우리끼리 걸어갔다. 요란한 매미와 장난감 폭스바겐 자동차 크기의 무지갯빛 풍뎅이가 우글우글한 거리를 따라 공공 도서관을 찾아가기도 했다. 그곳에서 집에 들고 올 수 있는 만큼 양껏 책을 빌려다가 할아버지 댁 베란다나 뒷마당 그물 침대에서 오후 내내 정신없이 읽었다.

우리는 축축하고 곰팡내 나는 지하실부터 박공지붕 아래 햇살 가득한 다락방까지 구석구석 숨을 곳이 가득하고, 놀러 오는 손주들을 위해 한쪽 벽을 꽉 채운 침대가 준비되어 있는 커다란 집을 함께 탐험했다. 고장 났지만 고치면 쓸 만한 라디오, 낡은 점괘판, 턱수염을 기른 19세기 선조의 사진, 버려진 골동품 카메라, 회색 페즈(챙 없는 원통형 모자 - 옮긴이)를 쓴 이국적 아랍인들이 이집트 피라미드를 둘러싸고 있는 장면이 3D로 보이는 입체경도 찾아냈다. 조부모님이 쓰시던, 송수화기가 따로따로인 구식 전화기를 보고 신기해하기도 했다. 커다란 검은색 본체 옆에 귀에 갖다 대는 줄 달린 수화기가 걸린 전화기였다. 귀에 대면 발신음이 아니라 아드모어 어딘가의 창문 없고 삐걱대는 실링팬이 달린 사무실에서 일하는 느릿한 말투의 여자분 목소리가 들려왔다. 그분은 동네 사람을 전부 알았고, 전화 거는 사람이 통화를 원하는 상대에게 수동으로 연결해주었다. 심지어 그 상대방이 잠깐 다른 사람 집에 가 있을 때도! 그분은 동네에 누가 사는지, 그들이 지금 어디 있는지 다 꿰고 있었다. 할아버지 댁에는 집에서 만든 당밀 쿠키가 끝없이 나오는 듯한, 다 먹었다 싶으면 어느새 가득 채워져 있는 항아리도 있었다. 매년 여름 우리는 이 살아 있는 박물관, 우리 어머니가 어린 시절에 남긴 흥미롭고 마음 따뜻해지는 유물이 가득한 집에서 잠시 머물며 놀라움과 신비로움에 흠뻑 빠져들었다.

하지만 그런 여름의 추억 가운데서도 가장 달콤했던 것은 덥고 습하고 귀뚜라미 울던 밤, 낮게 울리는 에어컨 아래 트윈 베드에 여동생과 나란히 누워 잠들었던 단순한 기억이다. 침대가 집에서 쓰던 것보다 높고 넓었기에 우리는 위험을 무릅쓰고 산꼭대기를 등반하듯 용을 써서 간신히 침대 위로 기어올랐다. 닫힌 침실 문 위에는 작은 장식 유리 창문이 있었고, 그 창은 늘 조금 열려 있어서 에어컨의 단조로운 웅웅거림 사이로 아래층에서 우리 부모님, 조부모님, 외삼촌과 이모들이 웃으며 이야기를 나누는 소리가 희미하게 들려왔다. 단순한 어린 시절 가운데 의외로 다른 때와는 확연히 구별되는 순간이었다. 오클라호마의 깊은 밤 빳빳하고 서늘한 깃털 베개에 머리를 깊이 묻은 채 우리는 조용히 누워 그날 있었던 일을 되새기며 내일은 어떤 모험이 기다릴까 생각하면서 계속 이어지는 서로의 고른 숨소리에 귀를 기울였다. 찌는 듯한 여름날을 마무리하는 그 순간이면 항상 우리 머릿속에는 꼭 알아야 할 것, 즉 할아버지 댁 커다랗고 새하얀 침대에 폭 파묻힌 우리는 세상 속 집이라는 장소에 있고, 내일이면 또 지독히 덥고 모험 가득한 날이 찾아올 것이며, 우린 안전하고 사랑받는다는 사실만이 남았다. 말로 하지 않아도 우리는 어떤 강력한 방식으로 분명하게 그 가족과 그 집에 속해 있었다.

내 난초 동생 옆에 누워 잠들었던 아드모어의 밤들은 비록 특별할 것 없고 평범했을지라도 우리 가족에게 곧 닥쳐올 슬픈 사건들과 대비되어 내게는 그리고 아마도 메리에게도 더욱 잊을 수 없는 평화로운 기억으로 남았다. 겉으로 드러나지 않고 대개는 얼개를 알 수 없는 인간의 감정에 대한 여동생의 섬세한 민감성은 다른 시대 또는 다른 아이의 가정에서는 귀중한 자산으로 받아들여졌을지도 모르는 특징이었다. 세상을 마주하는 어린 메리의 아프도록 여린 섬세함은 사랑받는 선생님의 뛰어난 직감, 재능 있는 상담사의 공감하는 능력, 위대한 신학자나 목자의 살아 숨 쉬는 지혜로 발휘될 수도 있었다. 그로 인해 메리는 존재 자체가 인간의 연민과 독창성을 기리고 상징하는 사람이 될 수도 있었다. 메리는 착각할 수 없을 만큼 확실한 난초 아이의 특징을 보였다. 강한 감각적, 감정적 자극에 몹시 민감했고, 새로운 사회적 환경에서는 입을 다물고 어색해했고, 삶에서 최고의 성취 또는 최악의 실패 양쪽을 가능케 하는 미묘한 가능성을 지녔다. 동생의 엄청난 감수성은 보기 드문 재능이자 묵직한 부담이었다. 메리의 성격에서 특출한 비범함과 풍부한 성취가 가득한 삶으로 이어지는 문을 열어줄 수도 있었던 것이 바로 그런 측면이었다. 하지만 동시에 결국 돌아오지 못할 고통의 영역으로 메리를 끌고 내려간 것 역시 같은 측면이었다.

인간의 삶은 각각 헤아릴 수 없는 가치를 지닌 진주와 같다. 이 눈부시고 험난한 세상에 우리는 각자 빛나는 복잡함과 이루 말할 수 없는 가치라는 알맹이를 품고 태어난다. 시편 말씀대로 우리는 모두 "두렵고도 놀랍게 만들어진(시편 139편 14절 – 옮긴이)" 존재다. 대단한 행운의 사다리를 올라가든 은둔하는 삶을 살든, 큰일을 해내든 작은 일을 해내든, 똑똑하든 보통이든, 외모가 뛰어나든 자기 어머니 외에는 사랑하기 어려운 외모를 지녔든 우리는 모두 신분, 지위, 권력 따위가 걸작 주위의 커튼처럼 보이게 할 정도로 기적같이 위대한 피조물이다.

그럼에도 세상에는 내 동생 메리의 삶과 같은, 고통과 기쁨 양쪽으로 향하는 막대한 가능성을 남몰래 품고 있어 시들어버릴 수도 활짝 피어날 수도 있는 인생이 있고, 어쩌면 우리는 개입해야 할 공통의 의무, 그 연약한 이들의 삶을 지키고 보호해야 할 공동의 책임을 함께 나누어 짊어져야 하는지도 모른다. 난초 아이의 삶에는 그 아이들 각자가 지닌 엄청난 잠재력을 일깨우고 최대한 끌어내기 위해 우리 모두, 즉 부모, 의사, 교사, 감독, 친구가 어떻게 하느냐에 달린 부분이 아주 많다. 우리 사회의 미래가 될 아이들의 삶에서 우리는 각자 또는 함께 어떤 역할을 해낼 수 있을까? 마지막으로 난초와 민들레 아이들이 모두 쑥쑥 자라 꽃피우게 할 방법을 보여주는 두 가지 이야기에 귀 기울여보자.

지진학과 민감성

1989년 10월 17일 화요일 오후 5시 4분에 나는 UCSF 서점에서 아동기 트라우마에 관한 도서가 꽂힌 서가를 훑어보고 있었다. 갑자기 콘크리트 바닥이 파도처럼 요동치기 시작했다. 책이 줄줄이 바닥으로 떨어지고, 사람들이 겁에 질려 눈을 휘둥그레 뜨고 서로 쳐다보고, 서점 안 전등은 깜박거리다 완전히 나가버렸다. 곧 비상등이 들어왔다. 다른 손님 한 명과 나는 반사적으로 문틀 아래로 물러나서 영원 같았던 15초 동안 서점 전체가 흔들리고 휘청거리고 신음하고 사인 곡선을 그리며 끔찍한 춤을 추는 광경을 바라보았다.

우리가 방금 겪은 것은 산타크루즈 북동쪽 16킬로미터 지점을 진앙으로 일어난 리히터 규모 6.9짜리 로마 프리에타 지진의 제1파였다. 이 지진은 샌프란시스코의 종합경기장 캔들스틱 파크에서 열리던 1989년 메이저리그 월드시리즈를 중단시킨 사건이자 20세기 초엽 샌프란시스코를 궤멸 상태에 빠뜨리고 대화재를 일으킨 1906년 대지진 이후로 산안드레아스 단층에서 일어난 파열 중 가장 큰 규모로 기록되었다. 캘리포니아 토박이인 내게 지진은 전혀 새로운 일이 아니었다. 어린 시절 한밤중에 자다 깨서 나는 내 방 문틀에, 부모님과 여동생도 각자 자기 방 문틀에 선 채로 흔들림이 가시고 발밑의 땅과 집이 원래대로 단단하고 안정감 있게 되돌아가기를 기다린 적도 많았다. 별로 대수로운 일도 아니었다. 하지만 이번에는 규모와 영향력 면에서 아예 종류가 다른 사건이었다.

　나는 서점을 나와 아직도 미세하게 진동하는 파나서스 거리를 걸어서 나를 비롯한 UCSF 교직원 여남은 명을 다리 건너 이스트 베이의 집까지 데려다줄 통근용 밴이 서 있는 곳으로 향했다. 하지만 밴 안에서 기다리던 중 방금 실제로 어떤 일이 일어났는지 설명해주는 라디오 재난 방송을 들었다. 샌프란시스코와 오클랜드를 잇는 베이 브리지의 위층 다리가 느슨해져 아래층 다리 위로 떨어지는 바람에 사상자가 나왔고 아수라장이 벌어져 양방향 통행이 완전히 막혔다고 했다. 동쪽으로 가던 운전자들은 차를 버리고 다시 샌프란시스코 해변 쪽으로 방향을 틀어 전속력으로 달려가고 있었다. 오클랜드에서는 고가 고속도로가 무너져서 콘크리트 덩어리와 철근 아래에 차들이 깔려 박살이 났다. 샌프란시스코 마리나 지구에서는 송유관이 파손되면서 산발적 화재가 일어났다. 곳곳에서 사망자가 발생했고, 오클랜드 고속도로 붕괴 현장에서 한 소아 외과 의사가 어떻게든 아이를 살리기 위해 아이의 다리를 절단하려고 시도하고 있다는 소식도 들어왔다. 그야말로 대참사가 일어났으며 그날 밤 내가 집에 가서 자기는 글렀다는 사실이 시시각각 분명해졌다.

　나는 배낭과 재킷을 챙기고 헐레벌떡 언덕을 올라가서 공중전화를 찾아 아내와 아이들에게 전화를 걸었다(알다시피 1989년은 휴대전화 이전 시대였다). "모든 회선이 통화 중이오니…"라는 안내방송이 몇 번 반복된 뒤 천만다행으로 질과 연락이 닿았다. 질은 자신과 아이들 모두 무사하며 동쪽으로 60여 킬로미터 떨어진 우리 집이 지진에 심하게 흔들리기는 했어도 심하게 부서진 데 없이 멀쩡하다고 나를 안심시켰다. 나는 오늘 집에 돌아가기 어렵겠다는 말을 전했다.

그런 다음 나는 모피트 병원Moffitt Hospital 응급실에 찾아가서 아동 부상자가 들어오면 거들겠다고 자원했다. 도시의 사방에서 사이렌 소리가 들려왔고, 북쪽에서는 불길한 검은 연기가 뭉게뭉게 피어올랐다. 그 무렵 태평양으로 해가 지고 있었고, 군데군데 정전으로 시커멓게 변한 동네들이 보였다. 한참 밤이 깊어갈 때쯤 병원을 나선 나는 그렇게 어두워진 거리를 몇 블록이나 걸어서 한 동료의 집으로 갔고, 그곳에는 나처럼 다음 날 집으로 갈 방법을 찾을 때까지 잠시 몸을 의지하려는 난민 동지가 잔뜩 모여 있었다. 1940~1941년 독일군의 런던 대공습 당시 영국 가족처럼 우리는 어둠 속에서 식탁에 둘러앉아 간간이 여진에 소스라치게 놀라며 저 멀리 마리나 지구를 불길하게 물들이는 화염을 바라보고, 산타크루즈에서 마린 카운티까지 베이 에어리어 전체의 수많은 사상자와 엄청난 재산 피해를 전하는 라디오 뉴스에 귀를 기울였다. 통계가 모두 집계된 결과 로마 프리에타 지진의 사망자는 63명, 부상자는 3,757명이었다.

공교롭게도 10월 지진이 일어난 시기는 더 개인적인 중대사, 즉 신학기가 시작되는 가을에 학교에 들어간다는 스트레스가 아동의 호흡기 질환에 대한 감수성에 미치는 영향을 살펴보는 우리 연구 프로젝트 데이터 수집 기간의 중간 지점과 딱 겹쳤다. 처음에 우리는 아동이 겪는 심리적 역경을 연구하는 프로젝트가 한창일 때 역사에 남을 자연재해가 일어났다는 데 한탄했다. 신중하게 계획되고 철저히 통제되었던 연구에 그렇게나 강력하고 무시무시한 외부 요소가 개입해버린 이 사태를 어떻게 수습하면 좋을까? 그러다 좀 더 깊이 생각해본 우리는 지진이 일어났을 무렵 대상 아동에게서 사실관계를 확인할 중요한 자료는 이미 꽤 많이 확보했으며, 이제 완전히 다른 종류의 데이터를 수집할 차례라는 사실을 깨달았다. 전혀 예상치 못했건만 로마 프리에타 지진은 연구를 망치는 주범이 아니라 자연 실험에 최적화된 기회였다.

아이들이 학교에 들어가기 직전과 직후에 면역 체계 반응성(면역 세포 기능과 숫자 변화)을 조사한 우리는 학교에 들어간다는 도전에 림프 세포가 큰 반응을 보인 아이들에게 지진 이후에 유의미하게 높은 호흡기 질환 발병률 증가가 나타났음을 알아냈다. 그래서 사소하고 일상적인 스트레스 요인(학교 입학)에 대한 면역 반응이 커다란 역경(지진) 이후의 감기나 바이러스성 질병 발병률과 연결된다는 점을 증명할 수 있었다.[2] 이는 아동의 면역 체계가 스트레스성 사건에 반응하며 그런 반응성이 콧물이나 폐렴, 중이염 같은 감염 질환이라는 눈에 보이는 결과로 나타난다는 사실을 보여주는 최초의 연구 가운데 하나였다.

덧붙여 우리는 참여 아동들에게 크레용 한 상자와 스케치북을 우편으로 보내고 "지진을 그림으로 그린" 다음 짧게 설명을 써

달라고 부탁했다. 거의 모든 아이가 지진을 그린 큼직하고 아름다운 그림을 보내주었다. 하지만 아이들의 그림은 내용, 색감, 분위기 면에서 놀라울 정도로 다양했다. 꽤 많은 아이가 밝고 명랑하고 안심되는, 별로 피해를 보지 않은 집과 행복한 가족, 웃고 있는 노란 해를 담은 그림을 보내왔다. 하지만 난초 성향이 강한 아이들은 검은색과 회색을 써서 심각한 파괴 현장과 두려움이나 슬픔이 역력한 표정을 짓고 일부는 눈에 띄는 상처가 있는 사람들을 그렸다. 다음의 그림을 참고하자.

왼쪽 그림에는 검정을 비롯한 어두운 색이 주로 쓰였다. 아이의 설명을 부모가 받아 적은 내용은 이러했다. "굴뚝이 부서진 집과 땅에 벌어진 커다란 틈(까만색), 작은 틈 두 개입니다." 오른쪽 그림은 분홍색으로 그려졌고 탁자 아래서 웃고 있는 사람들을 보여준다. 설명은 다음과 같았다. "식탁 아래에는 텐트 놀이를 하는 아기들이 있어요. 엄마는 부엌에서 쏟아진 치즈를 치우는 중이고 아이들이 들고 있는 동그란 건 떡이에요."

어떤 아이들이 참사 이후에 더 많이 아팠는지 맞힐 수 있겠는가? 우리에게 끔찍하고 괴로운 그림을 보낸 아이들은 지진 이후 비교적 건강하게 지낸 반면, 긍정적이고 밝은 그림을 그린 아이들은 호흡기 감염과 질병에 상당히 취약한 모습을 보였다. 이 이례적인 관찰 결과는 무엇을 뜻할까? 나는 의심의 여지가 없는 재앙, 붕괴, 화재, 두려움, 부상 등을 전부 솔직하게 심지어 가차 없이 묘사하는 것이 아이들에게 건강하고 이롭다는 뜻이라고 생각

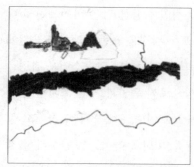

로마 프리에타 지진과 그 여파를 묘사한 두 아이의 그림.

한다. 인간은 아주 오랜 옛날부터 두려운 경험을 언어나 미술의
형태로 풀어내는 경향을 보였다. 무서운 것에 관해 자꾸 얘기하
면 점점 덜 무서워지고, 슬픔에 관해 얘기할 때마다 조금씩 덜 슬
퍼진다. 먼 옛날의 선조들도 분명 어두운 겨울밤 화롯가나 모닥불
주위에 둘러앉아 아슬아슬했던 위기, 두려운 역경, 하마터면 죽을
뻔한 이야기를 서로 들려주었으리라. 그리고 그때도 그런 이야기
에는 마음의 위안 외에 이로운 효과가 있었음이 틀림없다.[3]

　　난초 아이에게도 마찬가지다. 자기 삶에서 신나는 일과 무서
운 사건을 모두 대비가 뚜렷하고 선명한 총천연색으로 경험하는
아이들은 두려움과 고통을 표현함으로써 보호받는다. 여덟 살짜
리 난초는 대규모 지진이나 학교에서 일어나는 심각한 괴롭힘을
소름 끼칠 정도로 실감 나게 그린다. 네 살짜리는 눈물이 글썽글
썽한 채 엄마가 오늘 늦어서 어린이집 끝날 시간에 못 올지도 모
른다는 걱정을 털어놓는다. 열여섯 살 난초 소년은 듣는 사람의

눈시울이 뜨거워질 정도로 감동적인 슬픔을 담은 바이올린 소나타를 연주한다. 글, 말, 음악은 모두 감정을 표현해 긴장을 풀기에 좋은 방법이지만, 어린 난초는 특히 힘들거나 고통스러운 감정을 다른 사람에게 단순하게 표현함으로써 위안과 치유 효과를 얻는다. 그런 의미에서 말하기는 곧 보호이며, 감정을 받아들이고 공감하는 능력이 지나치게 뛰어난 우리 난초 아이들은 단순히 '실제 일어난 일'을 말하거나 보여줌으로써 그런 보호 효과를 얻을 가능성이 크다.

납 제거하기

오래전 내가 소아과 의사로 만났고 지금부터 홀리오라고 부를 네 살짜리 아이는 어린이집에서 공격적이고 수업에 방해가 되는 행동을 보여 내 진료실까지 오게 되었다. 어린이집 교사들은 홀리오가 "위험할 정도로 충동적"이며 다른 아이에게 짜증이 나거나 뭔가가 뜻대로 되지 않을 때마다 밀고, 소리 지르고, 때린다고 설명했다. 어린이집에 입학할 세 살 무렵에는 간헐적으로만 나타났던 이런 행동은 점점 횟수가 늘고 심해졌고, 교직원들은 홀리오의 퇴학을 심각하게 고려하기 시작한 상황이었다. 한부모이며 시간제로 일하면서 근근이 생계를 꾸리는 아이 엄마는 어린 두 아이와 함께 샌프란시스코에서 가장 황폐한 지역 한가운데 허물어져 가는 아파트 단지 내 저소득층 주택에 살았다. 엄마도 홀리오가 다른 아이들, 심지어 가끔은 두 살짜리 여동생에게까지 공격적으로 행동하는 모습을 직접 본 적이 있었다.

통상적으로 하는 초반 검사에서 훌리오에게 빈혈이 있음이 밝혀졌고, 진료실에서 보인 행동으로 판단할 때 네 살짜리 치고 과잉 행동이 비정상적으로 높았다. 발달 선별 검사에서는 훌리오가 집중력을 유지하거나 또래와 협동하면서 노는 능력 등의 인지적, 사회적 기술 면에서 뒤처져 있다는 결과가 나왔다. 문진을 할 때 엄마는 아파트 건물이 오랫동안 새로 단장하거나 재개발되지 않은 채 버려진 주유소 바로 옆에 딱 붙어 있다는 점을 언급했다.

이렇게 쌓인 신체적, 환경적 단서를 보고 나는 훌리오의 혈중 납 검사를 의뢰했고, 질병통제예방센터에서 '허용 가능'이라고 정한 기준치의 거의 세 배에 가까운 100밀리리터당 28마이크로그램의 납이 검출되었다. 소아 전문 독물학자의 도움을 받아 훌리오는 며칠에 걸쳐 약을 경구 투여해서 체내의 과도한 납을 효과적으로 제거하는 킬레이션chelation 요법을 받았다. 훌리오의 비협조적 행동이 즉각 개선되지는 않았지만, 몇 년 뒤 내가 마지막으로 그 가족과 연락을 취했을 때 훌리오는 학교에 다니는 중이었고 적어도 그 이후로는 퇴학 이야기가 나오지 않을 정도로 행동을 잘 조절하고 있었다.

2014년 미시간주 플린트에서 납이 함유된 수돗물이 공급된 사건으로 납에 노출된 아동이 정신장애를 겪을 수도 있다는 사실이 온 나라를 들썩이게 하기 전부터 납이 뇌 발달과 정신장애에 미치는 해로운 영향을 줄이는 것이 공중보건의 기본 요건이라는 것은 잘 알려져 있었다. 납의 독성은 아동의 IQ를 떨어뜨리고, 수업에 집중하는 능력을 손상시키고, 충동성을 강화해 부상과 약물남용, 부적절한 행동을 할 위험을 높인다. 플린트 아이들은 도시전체의 상수원을 바꾼다는 불운하고 심지어 불법적일 가능성이큰 정책 결정 탓에 납에 노출되었다. 하지만 아이들, 특히 불우한환경에서 자라는 아동은 납 성분이 든 오래된 페인트 가루를 먹거나, 납이 든 휘발유 증기를 들이마시거나, 버려진 배터리 공장 옆에 살거나, 납에 오염된 생활 먼지를 마시거나 뒤집어쓰는 등 다양한 경로로 납에 노출된다.

　　오래전부터 사람들은 납이 건강에 미치는 은밀한 해악을 알고 있었다. 고대 그리스인들은 이 금속의 치명적 영향을 알면서도 여전히 납이 든 금속으로 저수조, 수도관, 식기를 만들었다. 벤저민 프랭클린은 일상적으로 납에 노출되는 인쇄공들이 "납의 해로운 영향"에 주의해야 한다고 말했다. 그리고 현대 미국 사회에서는 납 노출을 규제한다. 1960년대에서 1991년까지 연방 정부는아동의 혈중 납 성분 허용치를 100밀리리터당 60마이크로그램에서 현행 100밀리리터당 10마이크로그램으로 줄여 치료가 필요한기준치를 대폭 낮췄다. 그 결과 납에 노출되어 피해를 본 미국 아동 수만 명이 조기 진단과 치료 혜택을 받았다.

　　그런 정책 변화가 일어난 데는 일부 아동이 헤모글로빈의 기본 구성 요소이자 색소 부분인 헴heme의 생산에 변화를 주는 유전자 변이형을 지니고 있다는 새로운 발견도 영향을 미쳤다. 그런 변이형을 가진 아이는 똑같은 수준으로 납에 노출되어도 혈액 속에 납이 더 많이 축적될 가능성이 높다. 전체 집단의 20퍼센트 정도를 차지하는 이 아이들은 납의 독성에 특수하게 강화된 민감성을 보이고, 그렇기에 납에 노출되면 더 심각한 수준의 신경 손상을 겪는다. 그러므로 사회에서 가장 납에 민감한 아이들을 발견하고 보호한 결과, 실제로는 **우리 아이들 전체**를 더 잘 보호하게 된 것이다.

트라우마에서 보호하기

그렇다면 납의 사례와 마찬가지로 우리가 공동체 내의 난초 아이를 보호할 보편적 방안을 마련해야 한다고 주장하는 것도 그리 비논리적이지는 않을 것이다. 지금까지 살펴본 대로 이들은 납이 아니라 가정 내 스트레스 요인과 경제적 역경, 가혹한 육아 태도, 지역의 빈곤함과 폭력에의 노출, 학대와 방치가 건강에 미치는 영향에 남다른 감수성을 보이는 아이들이다. **사회적** 환경의 '독성'에 특별한 민감성을 보이는 이 아이들이 가혹한 성장 환경이나 학대에 노출되는 빈도를 줄이는 것은 유해한 영향에서 이들을 보호할 뿐 아니라 우리 사회를 모든 아이에게 더 안전하고 더 건강한 곳으로 바꾸는 결과를 낳는다. 더욱 흥미로운 것은 이제 우리가 알다시피 가난, 폭력, 좌절이 발달 및 건강에 미치는 영향에 가장 민감한 난초 아이라는 이 소집단은 애정과 도움을 주고 격려를 아끼지 않는 사회 환경에서 가장 크게 이득을 보는 집단에 해당한다는 점이다. 이 극도로 민감한 아이들에게 일어나는 꽝장한 운명의 반전에 대해 지금까지 밝혀진 사실을 고려한다면 우리 사회와 국가가 난초 아이들에게 새로운 수준의 안전과 보호를 제공하지 **않고** 배길 재간이 있을지 물어야 하지 않을까?

그렇다면 부모와 형제자매, 교사와 의사, 과학자와 정책 입안자로서 실제로 우리는 무엇을 함께 할 수 있을까? 우리 사회에서 가장 나쁜 사회적 환경의 독성과 가장 좋은 환경의 생기를 불어넣는 이로움 양쪽에 유난한 반응을 보이는 사람(특히 어린이)을 발견하면 가정과 공동체 내에서 우리는 어떻게 대응해야 할까? 아이가 있는 가족, 특히 어려움에 처한 가족을 도와야 한다는 시민으로서의 의무를 더욱 진지하게 받아들여야 할까? 우리 시대의 정치적 현실은 종종 우리를 좌절하게 하지만, 우리가 지지해서 통과된 정책이 아이가 있는 가정의 경제적 복지를 확충하고, 결혼의 지속 가능성을 높이고, 아이가 태어나는 순간부터 부모와 자식 간에 끈끈한 관계를 구축하는 데 긍정적 영향을 미치기도 한다. 예를 들어 그런 정책에는 유급 육아휴직, 보편적 아동 의료보험, 어린이집 교육 지원, 유자녀 가정의 최저 생계비 보장, 학교 지원 확대 등이 있다.

부모, 교사, 의사들에게 아이가 배우고, 자라고, 건강해지는 데 도움을 주는 건전하고 더 좋은 환경을 만드는 방법을 가르치는 건 어떨까? 모든 예비 부모에게 앞으로 일어날 일, 대처 방법, 도움을 구할 곳에 관한 기본적인 교육을 제공하는 방법도 있다. 어린이집 교사에게 기본 수준의 대학원 과정 이수를 의무화하고, 초중등 교사에게 인지적 기술뿐 아니라 사회감정적 발달을 촉진하는 교수법을 교육할 수도 있다. 심지어 우리 아이들을 돌보는 의사에게 트라우마에 관련된 임상의학과 아동발달학의 기초를 가르치는 대담한 방법을 써볼 수도 있다.

생애 초기의 역경 노출 및 그 결과에 관해 과학적으로 더 자세히 이해하는 데 국가적 역량을 집중할 수는 없을까? 어린 시절이 생애 전체의 건강, 안녕, 생산성에 영향을 미치는 방식에 관한 새로운 지식을 추구하는 데 훨씬 더 많은 국가 연구비를 할애하는 것도 방법이다. 인간의 발달에 초점을 맞춘 강력한 학제 간 협업 체계를 구축하는 것도 좋다. 언젠가 우리 사회는 개인적 감수성의 메커니즘에 맞춰 학교 기반의 프로그램과 유익한 식생활, 치료약 등의 사회적, 생물학적 조치를 취하는 것이 가능한 수준에 도달할지도 모른다. 하지만 단순히 소수의 하위 집단 아동 및 성인이 지닌 특수하고 영향력 큰 감수성을 인지하고 인정하는 것만 해도 지금으로서는 충분히 가치 있는 시작이다. 그 소집단은 비율은 낮더라도 절대적 숫자로는 엄청나게 많으며, 이들의 삶을 특히 생애 초기에 더 나은 방향으로 바꿔주면 놀라울 정도로 훌륭한 사회적, 경제적 보상을 거두게 된다고 믿을 만한 근거가 있다.

근본적 오류

우리는 드디어 이 책이 전하고자 하는 가장 기본적이고 핵심적인 메시지에 도달했다. 트라우마와 역경에 관한 아동의 감수성 격차에 관해 과학 공동체 전체가 생각하는 방식에는 두 가지 근본적이며 중대한 오류가 숨어 있다. 하나는 범주 오류이며 다른 하나는 비율 오류다.

첫 번째 근본적 오류는 다음과 같다. 어린 시절 역경이 건강과 발달에 미치는 영향에 나타나는 격차를 인식한 사람들은 그런 역경에 **취약**한 아동과 **탄력** 있는 아동 간의 차이가 가장 중요한 원인이라고 추정한다. 어린 시절 해로운 스트레스 요인에 노출되어도 잘 자라나서 성공하는 아이들이 있다는 사실은 널리 알려졌다. 하지만 여기서 갑자기 아동이란 대개 역경의 영향에 취약한 반면 트라우마와 스트레스의 해로운 영향에 면역되었거나 아랑곳하지 않는, 특별하게 '탄력성 있는' 아이들이 존재한다는 가정이 튀어나온다.

이 가정에서 몇 가지 잘못된 추론이 생겨난다. 예를 들어 이 탄력성 있는 특별한 아동 집단은 불가사의하게 튼튼하고 절대 망가지지 않아서 인생이 가하는 거의 모든 공격과 충격을 버텨낼 수 있다고들 생각한다. 하지만 **망가지지 않는 아이란 없다.** 스트레스 요인이 충분히 범위가 넓고 유해하고 강력하다면 어떤 아이든 해를 입고 무너질 수밖에 없다. 2차 세계대전의 홀로코스트를 겪은 유대인 아이들만 생각해봐도 독일 제3제국의 잔혹함, 수용소의 위험, 사랑하는 가족과 소중한 친구들의 끔찍한 죽음에 전혀 영향받지 않고 살아남은 아이는 말 그대로 하나도 없었다. 물론 수용소로 보내진 수백만의 유대인과 집시 아이들의 피해에는 정도의 차이가 있었겠지만, 그들이 감당해야 했던 비인간적 행위와 학살에 전혀 다치지 않고 빠져나온 아이는 없었다. 로버트 콜스가 들려주는 루비 브리지스의 놀라운 이야기, 1960년대 뉴올리언스에서 백인들만 다니던 학교에 용기 있고 당당하게 들어간 여섯 살짜리 흑인 소녀의 이야기를 떠올려도 좋다. 물론 루비는 세상 어느 아이보다도 꿋꿋한 아이였겠지만, 루비가 겪은 경험 또한 그녀의 마음과 영혼에 분명한 흔적이나 영향을 남겼음이 틀림없다. 다만 루비 브리지스는 그런 어린 시절 트라우마의 영향을 딛고 성인이 되어 미국 인권 운동에 헌신하고 관용의 정신과 다름의 가치를 지지하는 삶을 살았다.

사람들은 홀로코스트 생존자와 루비 브리지스 같은 아이들의 이야기를 듣고 그런 아이들을 그토록 강하게 하는 것이 무엇인지 알아낸 다음 빈곤과 학대, 역경 속에서 자라는 취약한 아이들에게 그것을 심어서 루비나 안네 프랑크처럼 꿋꿋하게 만들면 해결된다는 잘못된 추론을 하기도 한다. 이는 너무도 쉽게 취약한 아이에게는 뭔가 잘못되었거나 빠진 것이 있다는 결론으로 흘러간다. 우리는 살아남지 못한 사람이 맞서야 했던 끔찍한 환경 탓을 하기보다는 좌절한 그 사람에게 책임이 있다고 여기는 경향이 있다. 망가지지 않는 아이는 없으며, 가망 없고 잔혹한 조건에서는 문자 그대로 모든 아이가 흔들리고 넘어지기 마련이다.

나아가 어린 시절 역경에 영향받는 정도의 차이는 아이가 취약한지 탄력성 있는지에 달렸다는 가정은 '취약한' 아이들이 부정적 환경에만 민감하고 긍정적 조건에는 별 영향을 받지 않는다는 또 하나의 오해를 낳는다. 하지만 우리 연구가 반복해서 증명했던 대로 **예민하고 민감한 아이들은 부정적이고 스트레스 많은 환경과 긍정적이고 따뜻하며 도움이 되는 환경 양쪽에 더 강한 반응을 보이고 더 큰 영향을 받는다.** 지원과 보살핌이 제공되는 환경에서 쭉쭉 자라서 활짝 피어나고 열매 맺을 가능성이 큰 아이들은 바로 나쁜 환경에 처하면 고통받고 시들어버릴 가능성이 큰 난초 아이들이다. 이는 그런 아이들, 그들의 부모, 교사, 친구들에게 진실로 좋은 소식이 아닐 수 없다! 부모, 교사, 친구로서 우리가 가장 걱정하는 이 아이들은 격려하고 도움을 주는 사회 환경에 가장 큰 반응을 보이고 거기서 가장 큰 이득을 얻는다. 난초 중에서도 가장 난초다웠던 내 환자 중에서도 좋은 예가 많고, 그중 상당수가 열린 마음으로 비범한 성취를 거둔 성인으로 자랐다. 훌륭한 엄마와 아빠가 되었고, 지역 병원의 병동에서 몸이 아프고 마음을 다친 아이들을 돌보는 의사와 간호사가, 해마다 자기가 가르치는 아이들의 삶에 극적인 변화를 일으키는 교사가, 자기가 속한 공동체의 양심이며 영혼인 친구이자 이웃이 되었다. 이들은 몹시 민감한 난초 아이가 훌륭한 어른으로 자랄 때도 많다는 증거다. 난초 아이들은 불운에 걸려 넘어지기도 쉽지만, 세상의 상냥함과 선의 속에서는 그만큼 싱싱하게 자라난다.

가장 근본적으로 취약성/탄력성 가정은 철학자 길버트 라일

Gilbert Ryle이 처음 언급했으며 실제로는 다른 유형에 속하는 무언가를 특정한 종류라고 잘못 생각하는 논리적 오류인 **범주 오류** category error를 범하고 있다.[4] 그건 마치 신체는 3차원 공간에 존재하고 물리/역학 법칙을 따르며(생리, 신경 처리 과정), 정신은 공간을 차지하지 않고 그런 법칙의 영향을 받지 않으므로(이성이나 사고 같은 정신의 산물) 몸과 마음은 두 가지 서로 다른 실체라고 추론하는 것과 마찬가지다. 생애 초기의 트라우마에 따르는 건강상의 영향 문제를 고려할 때 사람들은 트라우마의 영향으로 가장 고통받는 아이들은 '취약성'이라는 범주에 속하는 반면, 영향받지 않고 살아남는 아이들은 '탄력성'이라는 범주에 속한다고 착각하기 쉽다. 하지만 지난 30년에 걸친 우리 연구에서 더 적절하고 설득력 있는 대조는 자신을 둘러싼 **사회적 환경의 본질에 반응하는 감수성이 특수한 아이와 평범한 아이** 사이에 존재한다는 점이 밝혀졌다. 어린 시절의 역경이라는 조건하에서 잘 자라지 못하는 아이는 단순히 취약한 것이 아니라 난초와 마찬가지로 유해하거나 유익한 환경 양쪽의 영향에 훨씬 더 민감하고 예민한 것이다. 이는 결정적 중요성을 띤 개념상의 차이다. 역경에서 해방된 '취약한' 아이는 표준적인 건강과 안녕을 회복하겠지만, 지원과 사랑이 넘치는 환경에 놓인 고민감성 난초 아이는 거기서 그치지 않고 긍정적 건강, 탄탄한 발달, 그리고 때로는 탁월한 성취로 비범한 모습을 보인다.

흔히 보이는 **두 번째 근본적 오류**는 원래 취약한 존재인 아동 집단에서 이른바 꿋꿋한 어린이가 드물게 하나씩 나타난다는 가정이다. 이는 탄력성이 있다고 생각되는 아이들의 숫자와 비율을 잘못 생각하는 비율상의 오류다. 루비 브리지스 같이 진정으로 놀라운 어린이를 보면 역경에 대한 저항력과 살아남는 능력은 아동 집단에서 드물게 나타나는 재능이라고 생각하기 쉽다. 그래서 우리는 역경이 닥치면 위험과 불건전한 상태에 빠진다는 법칙의 예외를 보여주는 이 드문 '탄력성'의 표본에 생존의 신비로운 열쇠, 트라우마라는 독의 해독제가 있다고 여긴다. 하지만 우리 연구는 정반대가 사실임을 보여준다. 아이들은 대부분 극단적 사회적 환경에 상당한 탄력성과 강인함, 상대적 저항력을 지니고 있어서 가장 지독한 상황만 빼면 어떤 환경에서든 살아남고 발전할 수 있다.

여러 해 동안 우리 실험실에서 검사를 받았던 아이 중 80퍼센트가 적당한 스트레스를 주는 과제와 사건에 거의 또는 전혀 생리적 변화를 보이지 않았다는 점을 떠올려보자. 대다수 어린이는 우리가 제시한 인공적 역경에 상대적으로 무감각했으며 미미한 반응만을 보였다. 현실 세계에서도 별로 다르지 않다. 실제 사회적 환경에서 발생한, 심하지 않고 상대적으로 평범한 스트레스 요인을 마주한 아이들 대부분은 삶에 일어난 폭풍을 아무렇지 않게 잠재울 줄 안다. 가장 민감한 아이들을 제외하면 모두 시간이 지나면 가족의 이사, 부모의 다툼, 학교에서의 갈등, 반려동물의 죽음 등의 시련에 적응한다. 탄력성은 드물지 않고 오히려 흔하다.

하지만 그럼에도 북미를 포함한 세계 곳곳에서 우리 실험 참가자들에게 주어졌던 '평범한 스트레스 요인'보다 훨씬 큰 역경을 겪는 아이들이 너무 많다. 전 세계에서 수백만 명의 어린아이가 빈곤, 전쟁, 가정불화, 괴롭힘, 가정과 공동체 내 폭력에의 노출, 부모의 정신 질환과 중독, 신체적·정신적·성적 학대 같은 강력하고 지속적인 해악에 직면한다. 세계의 특정 지역에 극도로 만연한 이런 역경은 생물학적으로 보호받는 민들레 아이마저도 상처 입고 무너지게 한다.

그러므로 긍정적이고 도움이 되는 환경에서는 놀라운 운명의 반전이 일어날 가능성을 내포하기에 **취약성은 실제로는 민감성이라는 사실**은 좋은 소식이다. 이 덕분에 종종 괴로워하고 잘 넘어지는 연약한 난초 아이는 우리가 생각지 못했던 방식으로 잘 자라나서 성공을 거두고, 이처럼 일상적이고 전형적인 스트레스 요인을 거뜬히 이겨내는 사례는 드물지 않다. 나쁜 소식은 세상에 너무나 고질적으로 퍼진 비전형적이고 비일상적인 역경에 노출되면 난초 아이가 회복될 수 없다는 것이다.

내 여동생, 나 자신

우리 사회가 민들레와 난초의 민감성 차이, 사회적 환경의 특징과 지원 여부에 각기 다르게 반응하는 감수성을 인식하고 거기 맞춰 반응하면 어떤 결과를 불러올지 추측하는 것은 중요한 일이다. 하지만 이 새롭고 설득력 있는 관점이 지극히 개인적이고 사적인 영역에서 어떤 의미일지 생각하는 것은 별개의 이야기다. 처음에는 내게 매력적인 과학적 여행이자 흥미로운 지적 퍼즐이었던 이 문제는 결국 한 바퀴 빙 돌아 출발점, 다시 말해 얽히고설켜 복잡했던 내 어린 시절과 내가 나고 자랐던 가족에게로 돌아왔다. 모든 사진은 자화상이라는 말이 있다. 스스로 풀겠다고 마음먹은 퍼즐, 스스로 택한 직업은 결국 나는 누구이며 어디서 왔는가 하는 문제로 귀결된다.

내 여동생 메리의 삶은 어느 모로 보나 기쁨이나 의미가 전혀 없는 삶이 아니었다. 편집증과 망상적 사고에 빠져 있을 때도 메리는 사랑하는 외동딸에게는 늘 다정한 엄마였다. 깔끔하고 아름다우며 작은 보물이 가득한 집도 가꾸었다. 영화도 보러 가고 책도 읽었다. 셰이머스 히니의 시와 윌리엄 포크너의 소설을 특히 좋아했다. 변함없이 좋은 친구들도 있었고 40년 지기도 몇 명 있었으며 이웃에게도 친절하게 대했다. 음식과의 관계는 늘 좋지만은 않았고 굴곡이 있었지만, 고급 식당에서 좋은 식사를 즐기기도 했다.

하지만 메리 안에는 우리가 알지 못하는 아름답고도 두려운 연약함이 있었다. 내가 부모님의 다툼에 깜짝 놀라고 불안해할 때 아직 어렸던 메리는 몸이 완전히 굳어버릴 정도의 두려움에 사로잡혀 전혀 움직이지 못했다. 자정이 한참 지난 시간 아버지가 눈물을 흘리는 두렵고 슬픈 광경을 목격한 뒤 나는 다시 자러 갔지만, 메리는 언젠가 자기 정신과 마음을 온통 차지하게 될 악마와 싸우느라 몇 시간이고 뜬눈으로 지새웠으리라. 중학교 시절 사춘기의 이런저런 문제로 내가 가끔 스트레스를 받을 때 메리는 심술궂은 아이들의 강압과 잔디가 깔린 학교 운동장에서 수시로 벌어지는 갈등에 휘말려 무너졌다. 나는 파란 눈을 지닌 여자 친구의 품에서 위안을 찾았지만, 메리는 자신을 안아주는 사람의 품에서 자포자기와 슬픔만을 느꼈다.

성인이 된 뒤 메리는 자신을 따라다니며 괴롭히는 목소리, 자신을 집어삼키는 감정과 툭하면 치러야 하는 전쟁에 진력이 났던 게 틀림없다. 메리는 장애가 있는 딸의 학교생활을 위해 싸웠고, 딸을 가능한 범위에서 최고의 공립 특수학교에 보내기 위해 수천 킬로미터 떨어진 곳으로 이사했다. 140자 제한의 공허함이 판을 치는 시대에 길고 우아한 편지를 써서 집이나 가족이 없는 이들의 존엄성과 권리를 옹호하기도 했다. 몇 년 동안 정신을 흐리게 하는 약을 여러 종류 복용했지만, 어느 것도 메리의 가장 근본적이고 심각한 고통을 없애주지는 못했다. 결국 모든 희망과 염원을 버린 메리는 쉰세 번째 생일을 코앞에 두고 약을 잔뜩 삼켰고, 두어 주 뒤에 호흡부전으로 세상을 떠났다.

우리 중 가장 취약한 이들을 돌보고 보호해야 할 책임은 누구에게 있을까? 나는 여동생의 보호자이자 오빠로서의 의무를 유기한 것일까? 내가 너무 빨리 포기한 걸까? 손위였던 내가 어떻게든 세상이 퍼붓는 공격을 막고 닥쳐오는 운명에서 메리를 구할 수도 있었을까? 다른 가족이나 다른 오빠였다면 생기 없이 시드는 난초를 아름답게 되살리는 마법을 부렸을까? 핏속에 민들레 성분이 훨씬 많이 흐르는 우리 같은 이들은 우리 옆에서 자라고 잠자고 살아가는 난초에게 일종의 깊은 책임감을 느껴야 할까? 난초인 메리의 삶과 정신에는 내가 짐작만 할 수 있었던, 하지만 나중에 연구를 통해 밝혀냈던 탁월함과 가능성이 숨어 있었다. 메리는 운 좋고 축복받은 삶을 누렸을 수도 있다. 비범하고 드문 성취라는 꽃을 활짝 피운 난초가 되었을지도 모른다.

더 넓은 수준에서 보면 우리 종의 생존 자체는, 부분적으로나마 우리가 세상에서 가장 취약하고 민감한 이들을 어떤 식으로 인식하고 보호하기를 택하는지에 달려 있다. 이들은 인류 전체의 미래를 책임질 영아, 유아, 초등학생, 10대이다. 이들은 아직 오지 않은 세대의 희망이자 우리가 넘겨줄 낡고 초라하지만 참으로 아름다운 세상을 건네받을 순수한 존재다.

이 책과 우리의 여행은 시작할 때와 똑같이 구원을 향한 희망을 품은 채 끝난다. 정도의 차이는 있을지언정 우리는 모두 우리 연구가 밝혀낸 난초 또는 민들레, 예민한 자와 무던한 자 가운데 어딘가에 속하며 세상에 대해 때로는 각자 완전히 다른 감수성과 민감함을 보이는 사람이다. 과학적 시선에서는 보이지 않았던 난초 아이의 숨은 아름다움은 구원받지 못할 인간의 취약성이란 없음을 보여주는 증거일까? 인간의 가장 불리한 특성과 단점조차도 인생에서 꼭 알맞은 환경과 조건을 만나면 괜찮은, 심지어 이로운 방향으로 바뀔 수 있다는 뜻일까? 어쩌면 우리 연구가 지금 가고 있는 방향대로 그런 구원은 인간의 선천과 후천, 게놈과 부모의 양육, 우리의 내적 체질과 외적 세계의 상호작용에 의해 생겨나는 흔적, 즉 생리적 자취이자 게놈 위에 놓이는 후성유전적 분자 표지의 특정한 유형에서 생겨나는 것은 아닐까? 이 고통스러운 동시에 아름다운 진실은 같은 가족에서 자라고, 똑같이 성실하고 다정하나 길을 잘못 들었던 육아에 노출되고, 물론 형제자매답게 유전적으로 비슷한 점도 많았던 두 빨강머리 아이가 하나는 당혹스러울 정도로 운 좋고 유복한 삶을, 다른 하나는 무질서와 퇴행, 전락으로 얼룩진 괴로운 삶을 살며 불공평하게 완전히 다른 길을 걸었던 이유를 부분적, 잠정적으로나마 설명하고 있지 않은가? 그리고 이 이야기에서 분명히 느껴지는 슬픔뿐 아니라 진실하고, 아름답고, 바라건대 희망적인 무언가를 동시에 발견하는 이도 있지 않을까?

온전해진 낙원, 난초와 민들레

너는 어떻게 손에 넣었니?

난초가 민들레에게 물었다

그 엄청난 생명력을

그 놀라운 삶의 의지를?

도로의 갈라진 틈에도 어엿하게 깃들어

거기가 비옥한 들판인 듯

고요하되 찬란하게 피어나지

돌투성이 흙 속에서도.

멋쟁이 사자(dandy+lion=dandelion)란 이름과

한없는 행운은 누구에게 받았니?

살을 에는 추위와 바짝 마른 가뭄에도 끄떡없고

눈과 진눈깨비에도 아파하지 않고

낫에 베여도 열기가 덮쳐도 굴하지 않는 너.

다급하고 세찬 회오리바람도 어린아이의 숨결도

모두 날려 퍼뜨리기 위한 것일 뿐

하얗고 반투명한 구체 속

곱다란 날개 달린 씨앗을

네 홀씨는 안개처럼 부서져

수십 수백의 생명을 싣고

근사하게 날아 올라 널리 퍼지겠지

노랗게 물든 강기슭의 땅 위로.

나는 그 길밖에 몰라

민들레가 대답했다

나는 튼튼하게 만들어졌으니

뜨거워도 추워도 흔들리지 않아

폭풍을 막는 요새

삶의 칼날을 막는 방패

운명의 끈에 얽매이지 않고

태어난 모습대로 계속 나아가지.

하지만 고운 난초야, 너는 어떻게 날것의 삶을 그대로 품는지?

넘치는 슬픔과 지독한 기쁨을

네 존재라는 복된 흠결을?

정원사의 손길을 받아

보살핌을 눈부신 아름다움으로

기름진 흙을 섬세한 꽃으로 바꾸어

어찌 그리 사랑스레 피어날 수 있니?

너는 신비롭고 섬세하지만

나는 꿋꿋하게 살아가야 하고

너는 상처 받기 쉽지만

나는 태연히 살아가지.

나를 위해 슬퍼해줘, 친애하는 난초야

둔감한 정적 속에 틀어박혀

두려움에도 황홀함에도 꿈쩍하지 않고

산꼭대기와 산골짜기

삶의 양극단에도 마음이 동하지 않는 나를.

너희는 둘 다 사랑받고 없어선 안 될 존재란다

둘 모두에게 필요한 태양이 말했다

공기와 땅처럼 빛과 그림자처럼

노인과 젊은이처럼.

너희 둘은 서로

'이것' 아니면 '저것'이 아니라

반대라서 더욱 커지는

서로서로 채워주는 존재

지극히 섬세하고 귀한 꽃

초연하리만큼 꿋꿋한 영혼

너희는 함께 정원을 이루리라

비로소 온전해진 낙원을

서로 손을 맞잡으렴

두 꽃이 뿌리내린 땅이 말했다

그리고 너희 둘이 각자 받은 축복을

소중히 간직하렴.

- W. 토머스 보이스

감사의 말

인간의 삶과 일은 협력과 가르침, 우정이라는 겉으로 드러나지 않으나 근본적인 토대에 의존할 때가 수없이 많은 법이다. 이 책에 담긴 연구와 경험은 모두 그 무게를 나와 함께 짊어져준 아량 있는 친구와 동료들의 도움과 상상력, 선의 덕분이었다. 그중에서도 특히 다음의 사람들과 단체에 한없이 큰 감사를 전하고 싶다.

직업인으로서 내 삶과 연구는 처음부터 끝까지 평생의 스승들이 힘을 실어주신 덕분에 여기까지 올 수 있었다. 존 캐슬, 마이클 러터Sir Michael Rutter 경, 레너드 사임이 건넨 격려라는 뜻밖의 선물은 한참 꿈을 꾸던 어린 시절에 막연하게 상상했을 뿐인 장학금과 연구의 세계에 발을 들이도록 등을 밀어주었다. 아트 애먼Art Ammann, T. 베리 브레이즐턴, 로버트 콜스, 밥 해거티Bob Haggerty는 의사 겸 과학자가 어떻게 하면 생체의학 분야에 유의미한 기여를 하는 동시에 자신이 연구하는 아동의 삶에서 벌어지는 진짜 인간적인 비극과 승리를 입증할 수 있는지 몸소 본보기를 보였다.

낸시 애들러, 메릴린 에섹스, 척 넬슨Chuck Nelson, 잭 숀코프Jack Shonkoff, 말라 소콜라우스키. 이들이 없었다면 내 연구는 하나도 성공하지 못했을 만큼 가장 소중하고 존경스러운 동료일 뿐

418

만 아니라 친구이자 한편이 되어준다는 완벽한 선물을 내게 주었다. 이들은 자신의 지혜, 열정, 변치 않는 영민함을 아낌없이 내준 평생의 학문적 동반자다. 애비 올컨, 니키 부시, 마거릿 체스니 Margaret Chesney, 팸 덴베스틴Pam DenBesten, 브루스 엘리스, 존 페더스톤John Featherstone, 잰 제네브로, 김영신, 마이크 코버, 맥스 마이클Max Michael, 옐레나 오브라도비치, 조디 콰스Jodi Quas, 크레이그 레이미Craig Ramey, 대니엘 루비노프Danielle Roubinov, 줄리엣 스탬퍼달, 스티브 수오미, 멜라니 토머스Melanie Thomas, 앨런 윌콕스 Allen Wilcox 또한 이 책에 기록된 연구와 프로젝트에서 오랫동안 충실하고 소중한 협력 관계를 유지하며 나를 믿어주었다.

내 마음속에는 경력에서 꼭 알맞았던 순간에 아동 건강에서 특수 감수성이 지니는 의미를 짚어내고 내가 그 영향에 관해 마음껏 탐색하게 해주었던 고故 클라이드 허츠먼과 론 바를 비롯한 브리티시컬럼비아 대학교 인간 초기 학습 공동 연구Human Early Learning Partnership 소속 사람들을 위한 특별한 자리가 있다. 마찬가지로 내게 함께할 수 있는 영광을 주었던, 놀랄 만큼 명석하고 창조적인 사람들이 모인 몇몇 연구 네트워크, 즉 캐나다 혁신기술 연구소의 아동 및 두뇌 발달 프로그램, 유해 스트레스를 연구하는 JPB 연구 네트워크, 불평등 및 복잡성과 건강을 연구하는 국립보건원 후원 네트워크, 맥아더 재단 정신병리 및 발달 연구 네트워크는 인간이 겪는 역경의 기원과 영향을 찾는 내 연구에 새 생명을 불어넣었다. 이들 단체의 리더였던 앨런 번스타인Alan Bernstein,

하비바 호섹Chaviva Hošek, 조지 캐플런George Kaplan, 데이비드 쿠퍼David Kupfer, 프레이저 머스타드, 허미 우드워드Hermi Woodward에게 특별한 감사를 표한다. 학제 간 연구 유지를 위해 헌신한 이들이 아니었더라면 수많은 통찰이 그대로 사라졌으리라. 로버트 우드 존슨 재단은 내게 연구의 기쁨과 재미를 처음으로 알려주었고, WT 그랜트 재단은 내게 첫 연구 지원금을 주었다. 국립 아동 건강 및 인간 발달 연구소National Institute of Child Health and Human Development와 국립 정신 건강 연구소National Institute of Mental Health는 내 연구에 장기적 후원을 제안해 내가 전례 없던 방식으로 나아갈 수 있도록 도와주었다.

　나는 캘리포니아 대학교 샌프란시스코 캠퍼스 의과대학 소아학과와 정신의학과, 캘리포니아 대학교 버클리 캠퍼스 공중보건대학, 그리고 각 대학의 학장과 학과장인 고 퍼트리샤 버플러Patricia Buffler, 도나 페리에로Donna Ferriero, 고 멜 그럼바크Mel Grumbach, 에이브 루돌프Abe Rudolph, 래리 셔피로Larry Shapiro, 스티브 쇼텔Steve Shortell, 맷 스테이트Matt State에게도 큰 빚을 졌다. 이 학교들과 수장들은 의사 과학자로 나를 교육시켰을 뿐 아니라 이후에 다시 불러들여 어린이 한 명 한 명을 넘어서 세계 어린이들이 살아가는 공동체 전체를 생각하는 법을 가르쳐주었다. 샌프란시스코의 리사 & 존 프리츠커Lisa & John Pritzker 가족은 내게 캘리포니아 대학교 샌프란시스코 캠퍼스 학과장으로 일할 귀한 기회를 선사했다. UC 버클리와 브리티시컬럼비아 대학교의 니나 그린

Nina Green과 타냐 어브Tanya Erb는 내게 행정적 지원은 물론 연구할 자유와 우정까지 베풀어주었다.

이 책의 개념과 집필에 열광적 반응을 보여준 친구들도 있다. 캐런 & 러스 쿡Karen&Russ Cook, 줄리 & 크레이그 게이Julie & Craig Gay, 그레천 그랜트Gretchen Grant, 킴 & 테디 해밀턴Kim&Teddi Hamilton, 마크 래버튼Mark Labberton, 빌 새터리아노Bill Satariano, 루스프렁거Lew Sprunger, 존 슈와츠버그John Swartzberg, 톰 & 바버라 톰킨스Tom&Barbara Tompkins, 브루스, 세라, 데이브 & 홀리 윌리엄스Bruce, Sara, Dave&Holly Williams 같은 친구들이다. 킴 해밀턴, 필리스 로렌즈Phyllis Lorenz, 엘리사 마르코Elysa Marco는 초고를 읽고 유용한 제안을 해서 큰 도움을 주기도 했다.

베테랑 편집자이자 출판사 앨프리드 A. 노프Alfred A. Knopf의 부사장인 비키 윌슨은 초고를 읽고 통찰력 넘치는 평을 해주었을 뿐 아니라 완성본의 구조와 수사적 접근 방식에 관해서도 꼼꼼한 편집 실력을 발휘했다. "더 현명하고 건강하고 정의로운 세상을 창조하자"라는 야심에 찬 목표가 있는 저작권 대행업체 아이디어 아키텍츠Idea Architects의 창립자이자 열정적 리더인 더그 에이브럼스는 책의 탄생에 아무리 강조해도 지나치지 않을 만큼 중요한 안내자 역할을 했다. 2015년 더그가 초대한 점심 자리에서 나는 그에게 과학적으로는 탄탄하나 재미는 전혀 없는, 내 연구에 관한 1차 개요를 내밀었다. 그의 따스하고 꾸준한 격려와 세심한 조언 덕분에 적어도 내 생각에는 이 책이 훨씬 흥미로운 **이야기**로 다시 태어났다. 더그와 아이디어 아키텍츠의 보조 저자 에런 슐먼의 노련한 편집 감각이 아니었다면 독자 여러분이 시간을 들여 읽을 가치가 있는 책은 나오지 못할 뻔했다. 더그와 에런은 딱딱한 과학적 글밖에 쓸 줄 모르던 나를 이야기를 풀어내는 작가로 변신시켜주었다.

가족에게도 감사의 말을 전하고 싶다. 어머니와 아버지는 열심히 일해야 한다는 불멸의 교훈과 상냥한 마음씨를 사랑으로 가르쳐주셨다. 다른 모든 이와 똑같이 부모님은 힘들게 살아가며 쌓은 육아 기술과 통찰로 자신이 할 수 있는 최선을 다하셨다. 메리의 삶은 우리 가족에게 의도치 않았으나 결국 완전히 아물지 못한 상처를 남겼지만, 독자 여러분이 이미 목격했듯 남동생 짐과 여동생 메리는 내 삶에서 더없이 소중한 존재였다. 내가 이 어지럽고도 자비로운 삶 너머에 있다고 믿는 평화 속에서 메리가 평안하기를 바란다.

마지막으로 금이 간 그릇 같은 내 영혼을 사랑과 믿음과 인간적인 다정함으로 가득 채워준 사랑하는 가족 질, 앤드루, 에이미에게 말로 표현할 수 없을 만큼의 감사를 전한다.

머리말

1 궁금하시다면 가장 최근 기록으로 손자가 넷이다.

2 《미들마치》의 맨 마지막 부분에서 조지 엘리엇(결혼 전 본명은 메리 앤 에번스)은 주인공 도러시아 브룩에 관해 이렇게 썼다. "잘 다듬어진 그녀의 영혼은 널리 눈에 띄지는 않을지라도 여전히 좋은 결과를 냈다. 그녀의 온전한 본질은 키루스 대왕이 흐름을 막았던 강처럼 땅 위에서 변변한 이름도 붙지 않은 여러 갈래 물길로 흘러들어 사라지고 말았다. 하지만 주변 사람에게 그녀의 존재가 미친 영향은 헤아릴 수 없다. 점점 늘어나는 세상의 선함은 부분적으로는 역사에 남지 않는 행동 덕분이며, 당신과 내가 생각했던 것만큼 상황이 나쁘지 않은 이유의 절반은 눈에 띄지 않는 삶을 충실하게 산 뒤에 찾아오는 이도 없는 무덤에 묻혀 쉬는 수많은 사람 덕택이기 때문이다."

1장 두 아이 이야기

1 William Golding, *Lord of the Flies* (New York: Putnam, 1954), 24.

2 S. Minuchin 외, "A Conceptual Model of Psychosomatic Illness in Children: Family Organization and Family Therapy," *Archives of General Psychiatry* 32, no. 8 (1975): 1031~1038.

3 J. P. Shonkoff, W. T. Boyce, and B. S. McEwen, "Neuroscience, Molecular Biology, and the Childhood Roots of Health Disparities: Building a New Framework for Health Promotion and Disease Prevention," *Journal of the American Medical Association* 301, no. 21 (2009): 2252~2259.

4 B. J. Ellis 외, "Differential Susceptibility to the Environment: An Evolutionary—Neurodevelopmental Theory," *Development and*

Psychopathology 23, no. 1 (2011): 7~28.

2장 잡음과 음악

1 R. J. Dubos, *Man Adapting* (New Haven, CT: Yale University Press, 1965).

2 J. Cassel, "The Contribution of the Social Environment to Host Resistance," *American Journal of Epidemiology* 104 (1976): 107~123.

3 H. Selye, Stress: *The Physiology and Pathology of Exposure to Stress* (Montreal: Acta Medical Publishers, 1950); L. E. Hinkle and H. G. Wolff, "The Nature of Man's Adaptation to His Total Environment and the Relation of This to Illness," *Archives of Internal Medicine* 99 (1957): 442~460.

4 R. Ader, N. Cohen, and D. Felten, "Psychoneuroimmunology: Interactions Between the Nervous System and the Immune System," *Lancet* 345 (1995): 99~103.

5 W. T. Boyce 외, "Influence of Life Events and Family Routines on Childhood Respiratory Tract Illness," *Pediatrics* 60 (1977): 609~615.

6 N. Garmezy, A. S. Masten, and A. Tellegen, "The Study of Stress and Competence in Children: A Building Block for Developmental Psychopathology," *Child Development* 55 (1984): 97~111.

7 여기서 '정신 질환'은 《정신장애진단 및 통계편람 제5판Diagnostic and Statistical Manual 5(DSM-5)》이 정신의학적 진단에 관련해 설명하고 체계화한 대로 인식 가능하고 기준을 충족하는 정신장애를 가리킨다. 그런 장애 가운데 다수는 청소년기 또는 성인기 초기까지 완전히 발현되지 않으며, 부분적으로 발현된 초기 형태는 종종 '전증후군적 정신병리presyndromal psychopathology'라고 불린다.

8 C. E. Hostinar, R. M. Sullivan, M. R. Gunnar, "Psychobiological Mechanisms Underlying the Social Buffering of the Hypothalamic—Pituitary—Adrenocortical Axis: A Review of Animal Models and

Human Studies Across Development," *Psychological Bulletin* 140, no. 1 (2014): 256~282.

9 R. M. Sapolsky, *Why Zebras Don't Get Ulcers*, 3판. (New York: Henry Holt, 2004).

10 생물학에 관심이 많은 독자를 위해 덧붙이자면 첫 번째 스트레스 반응 체계는 부신피질 자극 호르몬 분비 호르몬corticotropin-releasing hormone(CRH) 체계라고도 불리며, 뇌하수체의 여러 기능을 촉발하거나 바꾸는 CRH를 비롯한 호르몬과 다양한 신경전달물질을 분비하는 두 개의 시상하부 핵, 즉 실방핵과 활꼴핵의 통제를 받는다. 뇌하수체의 기능 중 하나는 부신이 코르티솔을 분비하게 하는 부신피질 자극 호르몬(ACTH)의 발현이다. 스트레스를 받으면 분비되는 코르티솔은 심혈관계, 면역, 신진대사에 여러 영향을 미치는 강력한 내분비 호르몬이다. 그런 영향에는 혈압 통제, 포도당과 인슐린 조절, 세포와 체액의 면역력을 구성하는 여러 요소의 억제 등이 포함된다. 시상하부 핵, 뇌하수체 전엽, 부신피질은 함께 시상하부-뇌하수체-부신(HPA) 축을 구성하며, 이 축은 사회심리적 스트레스 경험에 예민하게 반응해 몸 전체의 조절과 신진대사 과정에 커다란 영향을 미친다. 두 번째 스트레스 반응 체계는 청반이라고 불리는 뇌간 핵을 중심으로 구성된다. 이 청반-노르에피네프린The locus coeruleus-norepinephrine (LC-NE) 체계 또한 스트레스 상황에서 활성화하며, 아드레날린성 뉴런(신호를 보내는 분자인 노르에피네프린을 분비하는 뇌세포)을 통해 시상하부와 연결되어 자율신경계(ANS)의 투쟁-도피 반응을 일으킨다. 이런 반응은 교감(활성화)신경계와 부교감(비활성화)신경계의 흥분도 사이의 상대적 균형을 반영한다. CRH와 LC-NE 체계는 긴밀한 상호 통신을 유지하며, CRH가 LC-NE 회로를 활성화하기도 하고 ANS가 CRH 체계의 반응성을 조절하는 효과를 발휘하기도 한다. 양쪽 체계 모두 여러 말초적 생리 과정, 이를테면 혈중 포도당 농도, 혈압, 심장박동 수, 기타 심혈관 기능, 꽃가루나 백신 같은 미생물과 이물질에 대한 면역 반응의 균형 등을 강력하게 감시하고 통제하는 영향력을 행사한다. 스트레스성 환경에 급성 또는 만성적으로 강

한 반응을 보이는 아동은 높은 혈당치, 제2형 당뇨, 고혈압, 관상동맥 및 뇌혈관 질환, 면역 기능 변화 등을 겪을 위험이 커진다.

11 "The Brain on Stress: How the Social Environment Gets Under the Skin," *Proceedings of the National Academy of Sciences USA* 109, 부록 2 (2012): 17180~17185.

3장 예기치 못한 발견

1 낡은 장난감 대 새 장난감 딜레마는 오래전 스탠퍼드 교수 월터 미셸 Walter Mischel이 어린이의 자제력을 평가하기 위해 고안한 이른바 마시멜로 테스트를 변형한 것이다. W. Mischel, E. B. Ebbesen, A. R. Zeiss, "Cognitive and Attentional Mechanisms in Delay of Gratification," *Journal of Personality and Social Psychology* 21 (1972): 204~218 참조.

2 W. T. Boyce 외, "Psychobiologic Reactivity to Stress and Childhood Respiratory Illnesses: Results of Two Prospective Studies," *Psychosomatic Medicine* 57 (1995): 411~422.

3 J. Kagan, J. S. Reznick, N. Snidman, "Biological Bases of Childhood Shyness," *Science* 240 (1988): 167~171.

4 S. Chess, A. Thomas, *Temperament in Clinical Practice* (New York: Guilford Press, 1986).

5 J. Belsky, K. Hsieh, K. Crnic, "Mothering, Fathering, and Infant Negativity as Antecedents of Boys' Externalizing Problems and Inhibition at Age 3: Differential Susceptibility to Rearing Influence?," *Development and Psychopathology* 10 (1998): 301~319.

6 J. Belsky, S. L. Friedman, K. H. Hsieh, "Testing a Core Emotion–Regulation Prediction: Does Early Attentional Persistence Moderate the Effect of Infant Negative Emotionality on Later Development?," *Child Development* 72, no. 1 (2001): 123~133.

7 브루스 엘리스의 연구에 관한 학문적 자료를 더 보고 싶다면 데이비드 비요클룬드와 함께 쓴 다음 책을 살펴보자. B. J. Ellis, D. F.

Bjorklund, *The Origins of the Social Mind: Evolutionary Psychology and Child Development* (New York: Guilford Press, 2014).

8 W. T. Boyce, B. J. Ellis, "Biological Sensitivity to Context: I. An Evolutionary–Developmental Theory of the Origins and Functions of Stress Reactivity," *Development and Psychopathology* 17, no. 2 (2005): 271~301; B. J. Ellis, M. J. Essex, W. T. Boyce, "Biological Sensitivity to Context: II. Empirical Explorations of an Evolutionary–Developmental Hypothesis," *Development and Psychopathology* 17, no. 2 (2005): 303~328.

9 S. F. Gilbert, D. Epel, *Ecological Developmental Biology: Integrating Epigenetics, Medicine, and Evolution* (Sunderland, MA: Sinauer Associates, 2009).

10 J. Belsky, L. Steinberg, P. Draper, "Childhood Experience, Interpersonal Development, and Reproductive Strategy: An Evolutionary Theory of Socialization," *Child Development* 62 (1991): 647~670.

11 J. Belsky, "Variation in Susceptibility to Environmental Influence: An Evolutionary Argument," *Psychological Inquiry* 8, no. 3 (1997): 182~186.

12

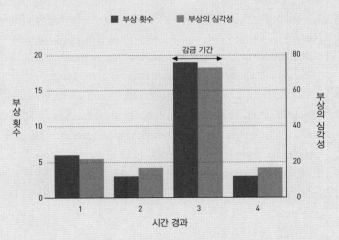

W. T. Boyce 외, "Crowding Stress and Violent Injuries Among Behaviorally Inhibited Rhesus Macaques," *Health Psychology* 17, no. 3 (1998): 285~289. 앞의 그래프는 히말라야 원숭이 무리가 스트레스가 심한 6개월 간의 강제 집단 감금 생활 이전, 도중, 이후에 당한 부상의 횟수와 심각성 점수를 보여준다. 그래프에 나타난 대로 감금 기간에는 폭력적 부상의 빈 도와 심각성 모두 다섯 배 증가했다.

4장 난초와 민들레의 오케스트라

1 J. Belsky, K. Hsieh, K. Crnic, "Mothering, Fathering, and Infant Negativity as Antecedents of Boys' Externalizing Problems and Inhibition at Age 3: Differential Susceptibility to Rearing Influence?," *Development and Psychopathology* 10 (1998): 301~319.

2 S. B. Manuck, A. E. Craig, J. D. Flory, I. Halder I, R. E. Ferrell, "Reported Early Family Environment Covaries with Menarcheal Age as a Function of Polymorphic Variation in Estrogen Receptor–Alpha," *Development and Psychopathology* 23, no. 1 (2011): 69~83.

3 A. Knafo, S. Israel, R. P. Ebstein, "Heritability of Children's Prosocial Behavior and Differential Susceptibility to Parenting by Variation in the Dopamine Receptor D4 Gene," *Development and Psychopathology* 23, no. 1 (2011): 53~67.

4 인간의 정상 심부 체온은 37℃ 또는 98.6℃인 반면, 히말라야 원숭이 의 정상 체온은 약간 더 높은 37.3℃또는 99.1℃이다.

5 뇌의 비대칭에 특히 관심이 있는 독자라면 정신과 의사 이언 맥길크리 스트Iain McGilchrist의 뛰어난 저서를 참고하기 바란다. *The Master and His Emissary: The Divided Brain and the Making of the Western World* (New Haven, CT: Yale University Press, 2009).

6 N. A. Fox, "If It's Not Left, It's Right: Electroencephalograph Asymmetry and the Development of Emotion," *American Psychologist* 46, no. 8 (1991): 863~872; R. J. Davidson, K. Hugdahl, *Brain Asymmetry* (Cambridge, MA: MIT Press, 1995).

7 W. T. Boyce 외, "Tympanic Temperature Asymmetry and Stress Behavior in Rhesus Macaques and Children," *Archives of Pediatric and Adolescent Medicine* 150 (1996): 518~523.

8 W. T. Boyce 외, "Temperament, Tympanum, and Temperature: Four Provisional Studies of the Biobehavioral Correlates of Tympanic Membrane Temperature Asymmetries," *Child Development* 73, no. 3 (2002): 718~733.

9 W. T. Boyce 외, "Autonomic Reactivity and Psychopathology in Middle Childhood," *British Journal of Psychiatry* 179 (2001): 144~150.

10 M. J. Essex 외, "Biological Sensitivity to Context Moderates the Effects of the Early Teacher—Child Relationship on the Development of Mental Health by Adolescence," *Development and Psychopathology* 23, no. 1 (2011): 149~161.

11 식물에 조예가 있는 독자라면 실제로 난초는 흙에서 자라지 않는다고 정당한 지적을 할지도 모르겠다. 그러므로 확실히 하고 넘어가자. 흙에서 자라는 일부 육생형 난초가 있기는 하지만, 열대 난초는 대부분 흙이 아니라 공중에서 자라는 착생식물이다. 그러므로 여기와 이후에 등장하는, 난초 아이가 자라는 '토양'이라는 비유는 수사적 표현을 위한 도구일 뿐이며, 독자 여러분의 너그러운 이해를 구하는 바이다.

12 지난 100년간 초경 평균 연령은 17세에서 12세로 낮아졌다. 40년에 걸쳐 여자아이들의 초경은 평균 두어 달 앞당겨졌지만, 가슴 몽우리가 생기는 시기는 1~2년이나 빨라졌다. 전문가들은 대부분 이런 대중적 현상의 원인이 질병률 감소와 풍부해진 영양 섭취에 있다고 여긴다. 이 현상에 관심이 많은 독자는 샌드라 스타인그래버Sandra Steingraber의 《점점 빨라지는 미국 소녀들의 사춘기The Falling Age of Puberty in U.S. Girls》(http://gaylesulik.com/wp-content/uploads/2010/07/falling-age-of-puberty.pdf)를 읽어보기 바란다.

13

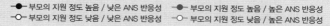

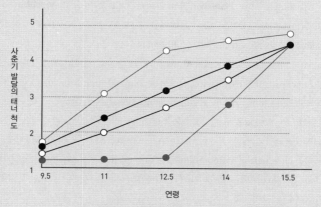

이 그래프는 부모의 지원과 투쟁-도피 반응(자율신경계[ANS] 반응으로 측정)에 따른 시기별 사춘기 발달 궤도(태너 척도 1~5로 측정)를 보여준다. 반응성이 높은 난초 청소년은 부모의 다정함과 지원 여부에 따라 가장 빠르거나 가장 느린 사춘기 발달 속도를 보인다. B. J. Ellis 외, "Quality of Early Family Relationships and the Timing and Tempo of Puberty: Effects Depend on Biological Sensitivity to Context," *Development and Psychopathology* 23, no. 1 (2011): 85~99.

14 과학적 연구를 해석하는 엄격한 방식에 관해 더 자세히 알고 싶다면 다음 책을 추천한다. M. Michael, W. T. Boyce, A. J. Wilcox, *Biomedical Bestiary: An Epidemiologic Guide to Flaws and Fallacies in the Medical Literature* (Boston: Little, Brown, 1984)

15 J. A. Quas, A. Bauer, W. T. Boyce, "Physiological Reactivity, Social Support, and Memory in Early Childhood," *Child Development* 75, no. 3 (2004): 797~814.

5장 난초 아이의 기원과 형성

1 C. A. Nelson, N. A. Fox, C. Zeanah, *Romania's Abandoned*

Children (Cambridge, MA: Harvard University Press, 2014); K. L. Humphreys 외, "Serotonin Transporter Genotype (5HTTLPR) Moderates the Longitudinal Impact of Atypical Attachment on Externalizing Behavior," *Journal of Developmental and Behavioral Pediatrics* 36, no. 6 (2015): 409~416.

2   M. J. Bakermans−Kranenburg, M. H. van Ijzendoorn, "Differential Susceptibility to Rearing Environment Depending on Dopamine− Related Genes: New Evidence and a Meta−analysis," *Development and Psychopathology* 23, no. 1 (2011): 39~52.

3   N. Razaz 외, "Five−Minute Apgar Score as a Marker for Developmental Vulnerability at 5 Years of Age," *Archives of Disease in Childhood. Fetal and Neonatal Edition* 101, no. 2 (2016): F114~F120.

4   출생 시 아프가 점수가 낮았던 5세 아동은 10점 점수 분포 전체에 걸쳐 유치원 교사의 평가에서 유의미하게 높은 발달 취약성을 보였다. 아동 발달검사Early Development Instrument의 각 발달 영역 전체에서 아프가 점수 와의 단계별 연관성이 나타났고, 낮은 점수는 일관성 있게 높은 취약 성을 예측했다. 위의 책.

5   "선천 대 후천"이라는 말을 처음 사용한 것은 찰스 다윈의 사촌이자 영 국 자연사학자인 프랜시스 골턴Francis Galton이었으며, 선천과 후천이 하 나로 수렴하는 후성유전체의 발견 덕분에 이 양자택일의 이원론은 마 침내 왕좌에서 내려오게 되었다.

6. S. Kierkegaard, *Either/Or*, trans. S. L. Ross, G. L. Stengren (New York: Harper & Row, 1986 [초판은 1843년에 출판됨]).

6장 같은 가정, 다른 경험

1   R. Plomin, D. Daniels, "Why Are Children in the Same Family so Different from One Another?," *Behavioral and Brain Sciences* 10 (1987): 1~16.

2   미니와 스지프의 후성유전적 육아 행동 연구에 관해 더 알고 싶은

독자는 다음 자료를 참고하기 바란다. J. D. Sweatt 외, *Epigenetic Regulation in the Nervous System: Basic Mechanisms and Clinical Impact* (London: Elsevier, 2013); M. J. Meaney, "Epigenetics and the Biological Definition of Gene × Environment Interactions," *Child Development* 81 (2010): 41~79; M. Szyf, P. McGowan, M. J. Meaney, "The Social Environment and the Epigenome," *Environmental and Molecular Mutagenesis* 49 (2008): 46~60; I. C. Weaver 외, "Epigenetic Programming by Maternal Behavior," *Nature Neuroscience* 7 (2004) 847~854.

3 우리 인간은 다른 포유류 종과 유전자, 생리, 행동 면에서 놀라울 정도로 많은 부분을 공유하지만 능력과 창조성, 상상력과 적응력 면에서 **호모 사피엔스**만이 지닌 차별성을 인식하는 것도 중요하다. 우리는 침팬지와 유전적으로 1퍼센트밖에 다르지 않지만, 그 1퍼센트가 얼마나 놀라운 차이인지!

4

적은 핥기와
털 고르기

많은 핥기와
털 고르기

DNA 메틸화

코르티솔 수용체 발현 억제

코르티솔 수용체 발현

높은 코르티솔 반응성,
적은 핥기와 털 고르기

낮은 코르티솔 반응성,
많은 핥기와 털 고르기

이 그림은 스트레스에 대한 코르티솔 체계 반응성, 불안에 대한 감수성, 육아 행동 유형이 생후 며칠 동안 어미의 핥기와 털 고르기 빈도에 따라 영향받는 과정을 보여준다. 출생 시에는 메틸화하지 않은 당질코르티코이드glucocorticoid(코르티솔) 수용체(GR) 유전자는 적게 핥는 어미의 새끼에게서는 메틸화해서 더 높은 스트레스 반응성, 더 많은 불안, 관심을 덜 쏟는 부모가 되는 경향성이라는 결과를 낳는다. M. J. Meaney, M. Szyf, "Maternal Care as a Model for Experience-Dependent Chromatin Plasticity?," *Trends in Neurosciences* 28, no. 9 (2005): 456~463.

5 옥시토신의 생리는 길고 흥미로운 역사를 지녔으며, 이는 세라 허디와 메그 올머트의 저서에 잘 정리되어 있다. S. B. Hrdy, *Mother Nature: Maternal Instincts and How They Shape the Human Species* (New York: Ballantine, 1999); Meg Olmert: M. D. Olmert, Made for Each Other: *The Biology of the Human-Animal Bond* (Cambridge, MA: Da Capo, 2009). 최근 밝혀진 옥시토신 관련 과학적 관점에 관해 더 알고 싶다면 다음 자료를 찾아보자. C. S. Carter, "Oxytocin Pathways and the Evolution of Human Behavior," *Annual Review of Psychology* 65 (2014): 17~39.

6 A. K. Beery 외, "Natural Variation in Maternal Care and Cross-Tissue Patterns of Oxytocin Receptor Gene Methylation in Rats," *Hormones and Behavior* 77 (2016): 42~52.

7 C. A. Nelson, *Romania's Abandoned Children* (Cambridge, MA: Harvard University Press, 2014).

8 P. Pan 외, "Within-and Between-Litter Maternal Care Alter Behavior and Gene Regulation in Female Offspring," *Behavioral Neuroscience* 128, no. 6 (2014): 736~748.

7장 아이들의 순수함과 잔인함

1 E. N. Aron, *The Highly Sensitive Child* (New York: Broadway Books, 2002).

2 N. I. Eisenberger, M. D. Lieberman, K. D. Williams, "Does

Rejection Hurt? An FMRI Study of Social Exclusion," *Science* 302, no. 5643 (2003): 290~292.

3 "'Ouch Zone' in the Brain Identified," University of Oxford News & Events, March 10, 2015, www.ox.ac.uk/news/2015-03-10-ouch-zone-brain-identified 참조.

4 J. B. Richmond, "Child Development: A Basic Science for Pediatrics," *Pediatrics* 39, no. 5 (1967): 649~658.

5 L. Thomsen 외, "Big and Mighty: Preverbal Infants Mentally Represent Social Dominance," *Science* 331, no. 6016 (2011): 477~480.

6 원숭이 서열의 발생과 구조에 관해 더 자세히 알고 싶은 독자에게 는 다음 책을 추천한다. Frans de Waal, *Chimpanzee Politics: Power and Sex Among Apes* (Baltimore: Johns Hopkins University Press, 2007); Christopher Boehm, *Hierarchy in the Forest: The Evolution of Egalitarian Behavior* (Cambridge, MA: Harvard University Press, 1999).

7 R. M. Sapolsky, L. J. Share, "A Pacific Culture Among Wild Baboons: Its Emergence and Transmission," *PLoS Biology* 2, no. 4 (2004): E106.

8 A. M. Dettmer, R. A. Woodward, S. J. Suomi, "Reproductive Consequences of a Matrilineal Overthrow in Rhesus Monkeys," *American Journal of Primatology* 77, no. 3 (2015): 346~352.

9 C. Boehm, *Hierarchy in the Forest: The Evolution of Egalitarian Behavior* (Cambridge, MA: Harvard University Press, 1999).

10 C. Hertzman, W. T. Boyce, "How Experience Gets Under the Skin to Create Gradients in Developmental Health," *Annual Review of Public Health* 31 (2010): 329~347.

11 R. M. Sapolsky, "The Influence of Social Hierarchy on Primate Health," *Science* 308, no. 5722 (2005): 648~652.

12 현대 사회에서도 원주민들의 수렵 채집 집단에서는 더 평등주의적 인 관행과 사회 구조가 발견되며, 선사 시대의 선행 인류 사회도 이와

비슷했으리라 짐작할 수 있다. K. E. Pickett, R. G. Wilkinson, *The Spirit Level: Why Greater Equality Makes Societies Stronger* (New York: Bloomsbury, 2009) 참조.

13 M. Marmot, The Health Gap: *The Challenge of an Unequal World* (London: Bloomsbury, 2015).

14 다음 그래프는 가족의 사회경제적 지위(SES)에 따른 아동기의 만성 건강 문제 발생 횟수를 보여준다. 가족의 사회경제적 위치와 아동의 귓병, 천식, 부상, 신체적 무기력, 기타 불편을 초래하는 건강 문제 발생 수준 사이에는 연속적이고 단계적인 연관성이 존재한다. E. Chen, K. A. Matthews, W. T. Boyce, "Socioeconomic Differences in Children's Health: How and Why Do These Relationships Change with Age?," *Psychological Bulletin* 128, no. 2 (2002): 295~329에서 수정 발췌.

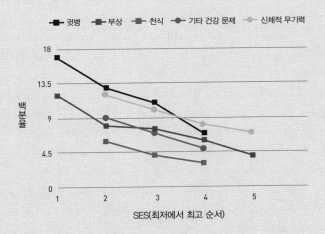

15 Pickett and Wilkinson, *The Spirit Level*.

16 A. Singh—Manoux, M. G. Marmot, N. E. Adler, "Does Subjective Social Status Predict Health and Change in Health Status Better Than Objective Status?," *Psychosomatic Medicine* 67, no. 6

(2005): 855~861; MacArthur Foundation Research Network on Socioeconomic Status and Health, *Reaching for a Healthier Life: Facts on Socioeconomic Status and Health in the U.S.* (Chicago, John D. and Catherine T. MacArthur Foundation, 2007); E. Goodman, S. Maxwell, S. Malspeis, N. Adler, "Developmental Trajectories of Subjective Social Status," *Pediatrics* 136, no. 3 (2015): e633~640.

17 K. L. Tang 외, "Association Between Subjective Social Status and Cardiovascular Disease and Cardiovascular Risk Factors: A Systematic Review and Meta–analysis," *BMJ Open 6*, no. 3 (2016): e010137.

18 이 영상 시청 방식의 원조를 알고 싶다면 다음을 참조하자. W. R. Charlesworth, P. J. La Frenière, "Dominance, Friendship, and Resource Utilization in Preschool Children's Groups," *Ethology and Sociobiology* 4 (1983): 175~186.

19 Raj Chetty: R. Chetty 외, "How Does Your Kindergarten Classroom Affect Your Earnings? Evidence from Project Star," *Quarterly Journal of Economics* 126, no. 4 (2011): 1593~1660.

20 G. W. Ladd, "Having Friends, Keeping Friends, Making Friends, and Being Liked by Peers in the Classroom: Predictors of Children's Early School Adjustment?," *Child Development* 61 (1990): 1081~1100; R. C. Pianta, B. K. Hamre, "Classroom Processes and Positive Youth Development: Conceptualizing, Measuring, and Improving the Capacity of Interactions Between Teachers and Students," *New Directions for Youth Development* 2009, no. 121 (2009): 33~46; D. Stipek, "Context Matters," *Elementary School Journal* 112, no. 4 (2012): 590~606.

21 V. G. Paley, *You Can't Say You Can't Play* (Cambridge, MA: Harvard University Press, 1992).

22 W. T. Boyce 외, "Social Stratification, Classroom 'Climate' and the Behavioral Adaptation of Kindergarten Children," *Proceedings of the*

National Academy of Sciences 109, 부록 2 (2012): 17168~17173.

23 반대 주장도 일리가 있을지도 모른다. 즉 종속적 역할 탓에 우울증 증상이 나타나는 것이 아니라 그런 증상 탓에 아이가 서열상의 바닥으로 떨어진다는 것이다. 이는 사회과학 연구에 따라붙기 마련인 '역인과성reverse causality'이라는 해석상의 딜레마다. 하지만 우리 버클리 유치원 연구에서 우울증 같은 정신 건강 증상은 교실 내 사회적 위치 확인 관찰이 끝나고 한참 뒤인 봄에 평가되었다. 그런 순서로 변수를 평가한 덕분에 (사회적 위치 먼저, 우울증을 비롯한 정신 건강 징후는 나중에) 종속이 우울증을 초래한 것이지 그 반대는 아닐 가능성이 커졌다. 의심의 여지없이 이를 증명하는 유일한 방법은 아이들에게 임의로 지배적 또는 종속적 역할을 배분하는 것이지만, 이런 실험은 실행이 극히 어려워 불가능에 가깝다.

24 Https://parenting.blogs.nytimes.com/ 2009/03/12/parents-and-school-shootings/.

8장 난초 아이를 위한 육아법

1 B. S. Dohrenwend, B. P. Dohrenwend, *Stressful Life Events: Their Nature and Effects* (New York: Wiley, 1974).

2 B. H. Fiese, H. G. Rhodes, W. R. Beardslee, "Rapid Changes in American Family Life: Consequences for Child Health and Pediatric Practice," *Pediatrics* 132, no. 3 (2013): 552~559.

3 W. T. Boyce, "Life After Residency: Setting Priorities in Pediatric Professional Life," *American Journal of Diseases of Children* 144 (1990): 858~860.

4 M. A. Milkie, K. M. Nomaguchi, K. E. Denny, "Does the Amount of Time Mothers Spend with Children or Adolescents Matter?," *Journal of Marriage and Family* 77, no. 2 (2015): 355~372.

5 L. M. Berger, S. S. McLanahan, "Income, Relationship Quality, and Parenting: Associations with Child Development in Two-Parent Families," *Journal of Marriage and Family* 77, no. 4 (2015):

996~1015.

6 R. L. Repetti, S. R. Taylor, T. E. Seeman, "Risky Families: Family Social Environments and the Mental and Physical Health of Offspring," *Psychological Bulletin* 128, no. 2 (2002): 330~366.

7 M. E. Lamb, *The Role of the Father in Child Development*, 3판. (New York: Wiley, 1997).

8 A. Miller, *The Drama of the Gifted Child: The Search for the True Self* (New York: Basic Books, 1997).

9 최근 인터넷과 대중 미디어는 아이들의 자연스러운 놀이에서 위험을 과도하게 제거하려는 부모들에게 위험 요소가 있는 놀이터와 '야생' 의 유희를 대수롭잖게 여겼던 지난 세대를 본받으라는 고언으로 떠들썩했다. 이렇게 새로 찾은 자유 체제에서 자란 아이들을 "방목 아동"이라고 부르는 모양이다. 예를 들어 다음 자료를 참조하자. Hanna Rosin, "The Overprotected Kid: A Preoccupation with Safety Has Stripped Childhood of Independence, Risk Taking, and Discovery— Without Making It Safer. A New Kind of Playground Points to a Better Solution," *Atlantic*, April 2014; Amy Joyce, "Are We Protecting Kids or Ruining Families?," *Washington Post*, July 22, 2014; Tim Elmore, "Three Huge Mistakes We Make Leading Kids⋯and How to Correct Them," GrowingLeaders.com; Eleanor Harding, "Parents in England Are Among the Most Overprotective: Fears over Traffic Mean Children in Germany, Finland, Norway, Sweden and Denmark All Have Greater Freedom," *Daily Mail*, August 10, 2015. 덜 규제받는 어린 시절로의 회귀와 그런 움직임이 아동 발달에 미치는 긍정적 영향은 역학자와 심리학자들이 진지하게 연구하는 학문적 주제가 되었다. M. Brussoni 외, "Risky Play and Children's Safety: Balancing Priorities for Optimal Child Development," *International Journal of Environmental Research and Public Health* 9 (2012): 3134~3148; and K. Clarke, P. Cooper, and C. Creswell, "The Parental Overprotection Scale: Associations with Child and Parental Anxiety," *Journal of Affective*

Disorders 151 (2013): 618~624 참조.

9장 30년 후, 난초와 민들레 아이의 삶

1 M. Oliver, *New and Selected Poems* (Boston: Beacon, 1992).

2 D. J. Barker, C. Osmond, "Infant Mortality, Childhood Nutrition, and Ischaemic Heart Disease in England and Wales," *Lancet* 1, no. 8489 (1986): 1077~1081.

3 "Konrad Lorenz Experiment with Geese," YouTube, www.youtube. com/watch?v=2UIU9XH-mUI 참조.

4 J. P. Shonkoff, D. A. Phillips 편집, *From Neurons to Neighborhoods: The Science of Early Child Development* (Washington, DC: National Academies Press, 2000); M. Marmot, Fair Society, Healthy Lives (*The Marmot Review*) (Institute of Health Equity, February 2010); M. Boivin, C. Hertzman 편집, *Early Childhood Development: Adverse Experiences and Developmental Health* (Ottawa: Royal Society of Canada, 2012).

5 스트레스성 생활 사건과 건강과의 관계를 주제로 한 초기 연구 (1950~1960년대)에서 로런스 힝클과 해럴드 울프 같은 연구자들은 개인의 삶에서 발생하는 그런 사건을 매달, 매년 단위로 꼼꼼하게 기록했다. 예를 들어 L. E. Hinkle, H. G. Wolff, "The Nature of Man's Adaptation to His Total Environment and the Relation of This to Illness," *Archives of Internal Medicine* 99 (1957): 442~460을 보자. 힝클과 울프는 부정적 사건이 개인의 삶 전체에 무작위로 분포하는 것이 아니라 생애에서 일정 기간에 집단을 이루며 군데군데 뭉쳐 일어나는 경향이 있음을 발견했다. 전체는 아닐지라도 이런 군집 사건의 일부는 한 스트레스성 사건이 다음 사건을 부르는 탓일 수도 있다. 예를 들어 이혼은 종종 이사를 동반한다. 하지만 스트레스성 사건 연구자들에 의해 반복적으로 기록된 그런 군집 현상이 왜 일어나는지는 명확히 밝혀지지 않았다.

10장 끊임없이 이어지는 기억

1 20세기 초 오스트리아 생물학자인 파울 캄머러Paul Kammerer가 라마르크 학파에서 세웠던 공적은 흥미롭게도 아서 케스틀러Arthur Koestler의 책《산파 두꺼비 사건The Case of the Midwife Toad》(New York: Random House, 1971)에 자세히 기록되어 있다. 개구리가 사는 수중 환경의 온도를 바꿈으로써 두꺼비의 교미 장소가 땅 위에서 물속으로 바뀌며, 그로 인해 물속의 교미를 용이하게 하기 위한 '교미용 돌기'가 발달해서 다음 세대로 전해진다고 캄머러는 주장했다.

2 Denyse O'Leary, "Epigenetic Change: Lamarck, Wake Up, You're Wanted in the Conference Room!," *Evolution News & Science Today*, August 25, 2015, www.evolutionnews.org/2015/08/ epigenetic_chan/.

3 E. Susser, H. W. Hoek, A. Brown, "Neurodevelopmental Disorders After Prenatal Famine: The Story of the Dutch Famine Study," *American Journal of Epidemiology* 147, no. 3 (1998): 213~216; U. G. Kyle, C. Pichard, "The Dutch Famine of 1944-1945: A Pathophysiological Model of Long—Term Consequences of Wasting Disease," *Current Opinion in Clinical Nutrition and Metabolic Care* 9, no. 4 (2006): 388~394.

4 D. J. Barker, C. Osmond, "Infant Mortality, Childhood Nutrition, and Ischaemic Heart Disease in England and Wales," *Lancet* 327, no. 8489 (1986): 1077~1081.

5 M. E. Bowers, R. Yehuda, "Intergenerational Transmission of Stress in Humans," *Neuropsychopharmacology* 41, no. 1 (2016): 232~244.

6 R. Yehuda외, "Transgenerational Effects of Posttraumatic Stress Disorder in Babies of Mothers Exposed to the World Trade Center Attacks During Pregnancy," *Journal of Clinical Endocrinology and Metabolism 90*, no. 7 (2005): 4115~4118.

7 L. Taouk, J. Schulkin, "Transgenerational Transmission of Pregestational and Prenatal Experience: Maternal Adversity, Enrichment, and Underlying Epigenetic and Environmental Mechanisms," *Journal of Developmental Origins of Health and Disease* 7, no. 6 (2016):

588~601; T. Garland Jr., M. D. Cadney, R. A. Waterland, "Early-Life Effects on Adult Physical Activity: Concepts, Relevance, and Experimental Approaches," *Physiological and Biochemical Zoology* 90, no. 1 (2017): 1~14.

8 B. G. Dias, K. J. Ressler, "Parental Olfactory Experience Influences Behavior and Neural Structure in Subsequent Generations," *Nature Neuroscience* 17, no. 1 (2014): 89~96.

9 세대 간(두 세대의), 초세대(세 세대의) 후성유전적 상속 메커니즘에 관해 자세히 알고 싶은 독자는 (a) S. D. van Otterdijk, K. B. Michels, "Transgenerational Epigenetic Inheritance in Mammals: How Good Is the Evidence?," *FASEB Journal* 30, no. 7 (2016): 2457~2465 또는 (b) T. Klengel, B. G. Dias, K. J. Ressler, "Models of Intergenerational and Transgenerational Transmission of Risk for Psychopathology in Mice," *Neuropsychopharmacology* 41, no. 1 (2016): 219~231를 참조하기 바란다. 후손의 표현형이 '프로그래밍'되는 데 후성유전적 과정이 개입할 때에도 초세대간 후성유전적 상속이 반드시 일어나는 것은 아니라는 점에 유념해야 한다. 예를 들어 미니와 동료들의 획기적 연구(6장에서 설명함)는 코르티솔 수용체 유전자 위의 후성유전적 표지가 새끼 쥐의 코르티솔 반응성을 조절하고, 그 표지는 어미 쥐의 핥기와 털 고르기 수준에 따라 달라진다는 사실을 보여주었다. 하지만 그렇다고 해서 그런 후성유전적 표지가 배아 상태에서 어미에게서 새끼에게로 전달된다는 뜻은 아니다. 핥기와 털 고르기 행동 빈도는 한 세대에서 2대째와 3대째까지 전해지지만, 전달 메커니즘은 생식 세포를 통한 상속이 아니라 행동적인 것일 가능성이 크다.

10 Flannery O'Connor, "The Teaching of Literature," in *Mystery and Manners: Occasional Prose* (New York: Farrar, Straus and Giroux, 1969), 124.

11 M. Guite, "Ascension" (sonnet), https://malcolmguite.wordpress.com/2011/06/02/ascension-day-sonnet/.

맺음말

1 하지만 특이하게도 "자서전적" 기억력이라는 드문 능력을 지닌 이들도 있음을 흥미 삼아 알아두자. 예를 들어 이들은 20년 전 11월의 어느 화요일에 점심으로 먹었던 메뉴도 기억한다(Gary Stix, "Exceptional Memory Explained: How Some People Remember What They Had for Lunch 20 Years Ago," *Scientific American*, November 16, 2011, http://blogs .scientific american.com/observations/group−with−exceptional−memory−remembers −what−was−for−lunch−20−years−ago/ 참조). 지금까지 이들의 뇌에 구조적 또는 신경생물학적 차이점이 있다거나 그런 능력이 삶에서 가치 있는 역할을 한다는 증거는 발견되지 않았다.

2 W. T. Boyce 외, "Immunologic Changes Occurring at Kindergarten Entry Predict Respiratory Illnesses Following the Loma Prieta Earthquake," *Journal of Developmental and Behavioral Pediatrics* 14, no. 5 (1993): 296~303.

3 트라우마와 부정적 감정을 털어놓는 행위가 위협과 역경을 경험하며 치러야 하는 건강상의 대가를 어느 정도 경감한다는 심리학적 증거는 상당히 많다. 예를 들어 J. W. Pennebaker, J. R. Susman, "Disclosure of Traumas and Psychosomatic Processes," *Social Science and Medicine* 26, no. 3 (1988): 323~332를 참조하자.

4 1949년 저서 《정신의 개념The Concept of Mind》에서 길버트 라일은 정신의 작용과 이성이 비물질적 과정의 산물이라고 보는 데카르트 학파의 심신이원론이 범주 오류를 범하고 있다고 주장했다. 그 말은 무언가를 특정 범주로 잘못 분류했다는 뜻이다. 그가 든 여러 예 중에 보병 대대, 포병 중대, 기병 대대의 행진을 보고 사단은 언제 오는지 묻는 아이의 이야기가 나온다. 아이는 사단이 대대나 중대를 모두 포함한다는 사실을 이해하지 못하고 사단과 나머지가 동등한 범주라고 착각한다. G. Ryle, *The Concept of Mind* (San Francisco: Barnes & Noble, 1949).

당신의 아이는 잘못이 없다

ⓒ 토머스 보이스, 2020

2020년 11월 30일 초판 1쇄 인쇄
2020년 12월 10일 초판 1쇄 발행

지은이 | 토머스 보이스
옮긴이 | 최다인
발행인 | 윤호권·박헌용
책임편집 | 엄초롱

발행처 | (주)시공사
출판등록 | 1989년 5월 10일(제3-248호)

주소 | 서울시 서초구 사임당로82(우편번호 06641)
전화 | 편집 (02)2046-2896·마케팅 (02)2046-2800
팩스 | 편집·마케팅 (02)585-1755
홈페이지 | www.sigongsa.com

ISBN 979-11-6579-313-5 03590

이 도서의 국립중앙도서관 출판예정도서목록(CIP)은 서지정보유통지원시스템 홈페이지(http://seoji.nl.go.kr)와 국가자료공동목록시스템(http://www.nl.go.kr/kolisnet)에서 이용하실 수 있습니다.(CIP제어번호: CIP2020047544)